白耳黄鸡

大骨鸡

固始鸡

狼山鸡

淮扬麻鸡

仙居鸡（黄）

出雏苗注射疫苗

产蛋期平养

放养

孵化车间

鸡舍通风

简易鸡场

简易笼养

降温湿帘

排风扇

乌骨鸡二层笼养

现代二层笼养

现代鸡场外景

小间育种鸡舍

育成期平养

简易鸡舍远景

现代鸡场外景

放养

简易平养

这样就能办好家庭养鸡场

主　编　童海兵　　王克华

副主编　蔡　娟　　高玉时　　徐　步

　　　　王建华　　强伟平　　孔令武

科学技术文献出版社

SCIENTIFIC AND TECHNICAL DOCUMENTATION PRESS

·北京·

图书在版编目(CIP)数据

这样就能办好家庭养鸡场 / 童海兵, 王克华主编. —北京:科学技术文献出版社, 2015.5

ISBN 978-7-5023-9592-6

Ⅰ.①这… Ⅱ.①童… ②王… Ⅲ.①鸡—饲养管理 ②养鸡场—经营管理 Ⅳ.① S831

中国版本图书馆 CIP 数据核字(2014)第 271225 号

这样就能办好家庭养鸡场

策划编辑:乔懿丹　责任编辑:白　明　责任校对:赵　瑷　责任出版:张志平

出　版　者	科学技术文献出版社	
地　　　址	北京市复兴路15号　邮编100038	
编　务　部	(010)58882938,58882087(传真)	
发　行　部	(010)58882868,58882874(传真)	
邮　购　部	(010)58882873	
官 方 网 址	www.stdp.com.cn	
发　行　者	科学技术文献出版社发行　全国各地新华书店经销	
印　刷　者	北京时尚印佳彩色印刷有限公司	
版　　　次	2015 年 5 月第 1 版　2015 年 5 月第 1 次印刷	
开　　　本	850×1168　1/32	
字　　　数	213千	
印　　　张	10.625　彩插4面	
书　　　号	ISBN 978-7-5023-9592-6	
定　　　价	26.00元	

前　言

建设新农村，培养新农民，关键是通过加速发展先进生产力，依靠科技进步，提升农业生产者的操作技能和经营素质，推动传统农业向优质、高产、高效、生态、安全的现代农业转变，促进农村经济繁荣。

发展养鸡业是解决人类对动物性蛋白质需求的主要途径。近年来，我国养鸡业迅速发展，家庭养鸡场、养鸡专业户、养鸡联合体不断涌现，在畜牧业中发挥了重要作用。掌握和运用科学技术和科学的管理方法使养鸡生产向着高产、优质、低耗、高效的方向发展是当前市场经济发展的必然趋势，也是广大养鸡生产者的迫切需要。

为适应我国畜牧业发展的新形势，满足新时期养鸡生产的需要，笔者在参阅大量国内外的资料，结合20年养鸡科研和生产实践的基础上编写了这本书。本书跳出一般农业科普书籍的编撰老模式,充分吸取生产第一线丰富的实践经验,从养鸡产业的宏观和深度方面入手,重点突出了可操作性和实用性,强化市场意识,非常适合于养鸡生产者、经营者阅读。

本书由童海兵、蔡娟撰写第一章、第六章,王克华、王建华撰写第二章、第八章,高玉时撰写第三章,孔令武、强伟平撰写第四章、第五章,徐步撰写第七章。蔡娟同时负责编辑插图工作。

在编著本书的过程中,有诸多专家教授提出了宝贵的建议,一些基层技术人员也提供了很好的补充修改意见,在此一并致谢。同时,对书中不妥之处,也敬请同行和广大读者批评指正。

编　者

目　　录

一、怎样选择鸡的优良品种

（一）常用鸡种介绍

1. 肉用型鸡种

（1）惠阳胡须鸡：也叫三黄胡须鸡、龙岗鸡、龙门鸡、惠州鸡。因其颌下有张开的肉髯，状似胡须而得名。原产于东江和西枝江中下游沿岸各县。该鸡具有胸肌发达、早熟易肥、肉质佳的特点，与清远麻鸡、杏花鸡一起被誉为广东省3大出口名鸡。

惠阳胡须鸡肥育性能良好，具有脂肪沉积能力强的特点。农家散养母鸡，开产前体重可达1 000～1 200克。如果在此时选择笼养育肥，只需12～15天即可增重350～400克，并具有皮薄骨软、脂丰肉满的特点。据测定，120日龄公鸡半净膛屠宰率为86.6%，全净膛屠宰率为81.2%；150日龄公鸡半净膛屠宰率为87.5%，全净膛屠宰率为78.7%。

受到当地气候条件、日粮营养水平、饲养方式、就巢性强和腹脂多的影响，惠阳胡须鸡产蛋率很低。即使在较好的饲养管理水平下，也仅在28%左右。在农家以稻谷为主，结合放养并以母鸡自然孵化与育雏的方式下,年平均产蛋只有 45～55 枚。改善饲养管理后,平均每只母鸡年产蛋可达 108 枚。平均蛋重45.8 克,蛋壳浅褐色,平均开产日龄 150 天。

公鸡性成熟早,最早的 3 周龄会啼叫。一般公、母配种比例为 1：10～1：12,平均种蛋受精率为 88.6%,受精孵化率为84.6%。育雏率较高,平均育雏成活率在 95% 以上。

(2)清远麻鸡:原产于广东省清远县。因其羽毛背侧有细小的黑色斑点,故称为麻鸡。它以体型小、皮下和肌间脂肪发达、皮薄骨软而著名,素为我国活鸡出口的小型肉用名鸡之一。

在农家饲养放牧为主,天然食饵丰富的条件下生长速度较快,120 日龄公鸡体重 1 250 克,母鸡体重 1 000 克。该品种具有肥育性能良好,屠宰率高的特点。未经肥育的仔母鸡半净膛屠宰率平均为 85%,全净膛屠宰率平均为 75.5%,阉公鸡半净膛屠宰率为 83.7%,全净膛屠宰率为 76.7%。

母鸡 5～7 月龄开产,年产蛋 70～80 枚,蛋重 47 克,蛋壳浅褐色。公、母配比 1：13～1：15,种蛋受精率在 90% 以上,受精蛋孵化率 83.6%。自然育雏方法育雏率一般较低,人工育雏 30日龄育雏率达 93.6%。

(3)杏花鸡:原产于广东省封开县一带,当地又称为"米仔鸡"。它具有早熟、易肥、皮下脂肪和肌间脂肪分布均匀、骨细皮薄、肌纤维细嫩等特点,属小型肉用鸡种。

农家饲养条件下,杏花鸡早期生长缓慢。在使用配合饲料情况下,112 日龄公鸡的体重为 1 256 克,母鸡平均体重 1 032克,未开产的母鸡,一般养到 5～6 月龄,体重达 1 000～1 200克。半净膛屠宰率,公鸡为 79.0%,母鸡为 76.0%;全净膛屠宰率,公鸡为74.7%,母鸡为70.0%。因皮薄且有皮下脂肪,故细腻光滑,肌肉脂肪分布均匀,肉质特优,适宜做白条鸡。

农村放养和自然孵化条件下,年产蛋量为60～90个,蛋重45克左右,蛋壳褐色。母鸡在150日龄时有30%开产。公、母配比,农家放养的为1:15,种蛋受精率达90%以上;群养的为1:13～1:15,种蛋受精率为90.8%,受精蛋孵化率为74%。30日龄的育雏率在90%左右。

(4)桃源鸡:原产地湖南省桃源县的三阳巷和深水巷一带,它以体型高大而出名,故又称为桃源大种鸡。

生长缓慢,特别是早期生长发育迟缓。90日龄公、母鸡平均体重分别为1 093.45克和862克。肉质细嫩,肉味鲜美,富含脂肪。半净膛屠宰率公鸡为84.9%,母鸡为82.06%。雏鸡出壳后绒羽较稀,长羽速度迟缓。主、副翼羽一般要3周龄才能全部长出。同时成年羽生长速度也比较慢,因此在育成阶段常表现为光背、裸腹、秃尾和胸部袒露。

开产日龄平均为195天,年产蛋100～120枚,高产群体平均可达158枚。蛋壳浅褐色,平均蛋重51克。公、母配种比例1:10～1:12,种蛋受精率为83.83%,受精蛋孵化率为83.81%。母鸡就巢性强,放牧饲养条件下,30日龄育雏率为75.66%。

(5)溧阳鸡:溧阳鸡是江苏省西南丘陵山区的著名鸡种,当地也称为"三黄鸡"或"九斤黄",属于大型肉用品种。

一般放养条件下生长速度比较慢,成年鸡体重,公鸡为3.3千克,母鸡为2.6千克。90日龄公鸡半净膛屠宰率为82.0%,全净膛屠宰率为71.9%;母鸡半净膛屠宰率为83.2%,全净膛屠宰率为 72.4%。成年公鸡半净膛屠宰率为 87.5%,全净膛屠宰率为 79.3%;母鸡半净膛屠宰率为 85.4%,全净膛屠宰率为 72.9%。肉质鲜美。

溧阳鸡产蛋性能差,平均开产日龄 243 天,年产蛋 145 个,平均蛋重 57.2 克,蛋壳褐色。母鸡就巢性强,公、母配种比例 1:13,种蛋受精率为 95.3%,受精蛋孵化率为 85.6%,育雏率高,一般 5 周龄育雏率为 96%。

(6)河田鸡:原产于福建省西南地区。属于优良的肉用型品种,具有肉质细嫩、肉味鲜美的特点。

该品种具有屠体丰满、皮薄骨细、肉质细嫩、肉味鲜美的特点。但是生长速度缓慢,150 日龄公、母鸡体重分别为 1 294.8 克和 1 093.7 克。同时屠宰率低,据测定,120 日龄屠宰,半净膛屠宰率,公鸡为 85.8%,母鸡为 87.08%,全净膛屠宰率,公鸡 68.64%,母鸡为 70.53%。

母鸡开产日龄在 180 天左右,年产蛋量 100 枚,蛋重为 42.89 克,蛋壳颜色以浅褐色为主,少数灰白色。农村放养公、母配比 1:15,种蛋受精率 90%;饲养场 1:10,种蛋受精率 82%～97%,入蛋孵化率为 67.75%。母鸡自然孵化育雏率达 90% 以上,人工孵化育雏 30 日龄的育雏率为 85.76%。母鸡具有极强的就巢性。

(7)霞烟鸡:霞烟鸡原名下烟鸡,又名肥种鸡,原产于广西容县石寨乡下烟村,是国内优良的地方鸡种。

在较好的饲养管理水平下,90 日龄公鸡活重 922.0 克,母鸡 776.0 克;150 日龄公、母活重分别为 1 595.6 克,1 293.0 克。半净膛屠宰率公、母鸡分别为 82.4%,87.89%;全净膛屠宰率公、母鸡分别为 69.19％和 81.16％。由于肌间和皮下沉积脂肪，霞烟鸡具有肉质好、肉味鲜的特点。特别是经过肥育后，肌脂丰满，屠体美观，肉质嫩滑，很受消费者欢迎。

母鸡开产日龄平均在 170～180 天，产蛋量随饲养条件变化，农家饲养年产蛋 80 枚，饲料条件好可以达到 140～150 枚。平均蛋重 43.6 克，蛋壳浅褐色。一般公、母配种比例为 1∶8～1∶10，种蛋受精率为 78.46％，受精蛋孵化率为 80.5％。

(8)丝毛乌骨鸡：原产江西省泰和县和福建省泉州市、厦门市和闽南沿海等县均有分布且饲养量较大。以其体躯披有白色的丝状羽，皮肤、肌肉及骨膜皆为黑色而得名。被国际上认为是标准品种，称为丝羽鸡。国内在不同的产区有不同的命名，如江西称泰和鸡、武山鸡，福建称白绒鸡，两广称竹丝鸡等。

该品种被国际列为观赏用鸡，头小、颈短、脚矮，体小轻盈。外貌与其他品种有较大区别，标准的丝毛乌骨鸡可概括为 10 大特征，又称"十全"。

①桑葚冠：草莓冠类型，公鸡比母鸡略为发达。颜色在性成熟前为暗紫色，与桑葚相似；成年后颜色减退，略带红色，有荔枝冠之称。

②缨头：头顶有冠羽，为一头缨状丝羽，母鸡羽冠较为发达，状如绒球，又称"凤头"。

③绿耳：耳叶呈暗紫色，在性成熟前呈现明显的蓝绿色彩，在成年后此色彩逐渐消失，仍呈暗紫色。

④胡须：在下颌和两颊着生有较细长的丝羽，母鸡较为发达，形如胡须，肉垂很小或仅有痕迹，颜色与鸡冠一致。

⑤丝羽：除翼羽和尾羽外，全身的羽片因羽小枝没有羽钩而

分裂成丝绒状,一般翼羽较短,羽片末端常有不完全的分裂。尾羽和公鸡的镰羽不发达。

⑥五爪:脚有五趾,通常由第一趾向第二趾的一侧多生1趾,也有个别从第一趾再多生一趾成为六趾的,其第一趾连同多生的一趾均不着地。

⑦毛脚:胫部和第四趾着生有胫羽和趾羽。

⑧乌皮:全身皮肤以及眼、脸、喙、胫、趾均呈乌色,往往乌黑的部位和程度,随个体而表现出不同程度的差异。

⑨乌肉:全身肌肉略带黑色,内脏膜及腹脂膜均呈乌色。

⑩乌骨:骨质暗乌,骨膜深黑色。

150日龄在福建公、母鸡平均体重分别为1 460克,1 370克;在江西分别为913.8克,851.4克。半净膛屠宰率公鸡为88.35%,母鸡为84.18%;全净膛屠宰率公鸡为75.86%,母鸡为69.5%。显著高于一般肉鸡,并且肉质细嫩,肉味醇香。

福建、江西两地开产日龄分别为205天,170天;年产蛋量分别为120～150枚,75～86枚;平均蛋重分别为46.85克,37.56克;受精率分别为87%,89%,受精蛋孵化率分别为84.53%,75%～86%。公、母配比比例一般为1∶15～1∶17。母鸡就巢性强,年平均就巢4次,平均持续期17天。

(9)江村黄鸡:江村黄鸡是广州市江村家禽企业发展公司经过10多年的个体选育、品系杂交配套试验培育出来的优质黄鸡新品种。为了适应不同市场、不同客户的需要,江村黄鸡分为JH-1号特优质鸡、JH-2号快大型鸡、JH-3号中速型鸡。该鸡具有香港石歧鸡和本地土种鸡的优点。

江村黄鸡抗逆性好,饲料转化率高。既适合于大规模集约化饲养,也适合于小群放养。其肉质味道好,肌纤维幼细,皮脂适中,皮脂及皮肤呈黄色。父母代母鸡 22 周龄开产,27～29 周龄为产蛋高峰期,至 66 周龄产种蛋 150 枚;肉用母鸡饲养期 100 天,体重 1 700～1 900 克,肉料比 1:3.0;肉用公鸡饲养期 63 天,体重 1 500 克,肉料比 1:2.3。22 周龄达 5% 产蛋率,开产母鸡体重为 1 750 克,高峰产蛋率(约 28 周龄)达 90%,68 周龄入舍母鸡产种蛋数 190 枚,产健雏数 160 羽,平均入孵蛋孵化率 84%,用于父母代配套繁殖,生产黄羽肉鸡饲料消耗量节省 25% 以上,饲养面积及设备可节省 20%,综合经济效益可提高 30%～40%。全期成活率为 90% 以上。

(10)石岐杂鸡:又称中山沙栏鸡或三角鸡,属中小型肉用品种。原产于广东省中山市三角沙栏。

平均初生重为 32 克,70 日龄体重为 723 克,150 日龄体重为 1 111 克;成年公鸡为 2 150 克,母鸡为 1 550 克。成年公鸡平均半净膛屠宰率为 86.16%,母鸡为 85.93%;成年公鸡平均全净膛屠宰率为 81.12%,母鸡为 78.82%。

母鸡平均开产日龄 165 天,平均年产蛋 80 枚,平均蛋重 45 克。蛋壳多为褐色、浅褐色,蛋形指数为 1.34。公鸡平均性成熟期 105 天。公、母配种比例 1:15～1:20。平均种蛋受精率为 92%,平均受精蛋孵化率为 91%,母鸡有就巢性,公、母鸡利用年限 1～2 年。

(11)伊莎肉鸡:伊莎肉鸡属于白羽肉鸡配套系,分为哈伯德常规型,伊莎 30MPK、伊莎 20、伊莎 15、雪佛星宝等。

哈伯德常规型父母代种鸡 20 周龄体重 2 100～2 250 克;60 周龄入舍母鸡产蛋 166～171 枚,合格种蛋 157～163 枚,产雏 138～143

只,体重 3 700～4 000 克。商品鸡 35 日龄公、母鸡平均体重 1 800 克,料肉比 1.68：1;42 日龄公、母鸡平均体重 2 300 克,料肉比 1.82：1;49 日龄公、母鸡平均体重 2 770 克,料肉比 1.96：1。

伊莎 30MPK 父母代种鸡 20 周龄体重 2 100～2 250 克;60 周龄入舍母鸡产蛋 165～170 枚,合格种蛋 155～160 枚,产雏 132～138 只,体重 3 700～4 000 克。商品鸡 35 日龄公、母鸡平均体重 1.770 克,料肉比 1.66：1;42 日龄公、母鸡平均体重 2 270 克,料肉比 1.80：1;49 日龄公、母鸡平均体重 2 740 克,料肉比1.94：1。

伊莎 20 父母代种鸡 20 周龄体重 1 750～1 800 克;60 周龄入舍母鸡产蛋 155～160 枚,合格种蛋 147～152 枚,产雏 126～130 只,体重 2 800～2 900 克。商品鸡 35 日龄公、母鸡平均体重 1 765 克,料肉比 1.65：1;42 日龄公、母鸡平均体重 2 250 克,料肉比 1.81：1;49 日龄公、母鸡平均体重 2 710 克,料肉比 1.95：1。

伊莎 15 父母代种鸡 20 周龄体重 1 750～1 800 克;60 周龄入舍母鸡产蛋 157～162 枚,合格种蛋 150～154 枚,产雏 126～130 只,体重 2 800～2 900 克。商品鸡 35 日龄公、母鸡平均体重 1 765 克,料肉比 1.65：1;42 日龄公、母鸡平均体重 2 255 克,料肉比 1.79：1;49 日龄公、母鸡平均体重 2 715 克,料肉比 1.98：1。

雪佛星宝父母代种鸡 20 周龄体重 2 100～2 250 克;60 周龄入舍母鸡产蛋 165～170 枚,合格种蛋 154～158 枚,产雏134～138 只,体重 3 700～4 000 克。商品鸡 35 日龄公、母鸡平均体重 1 760 克,料肉比 1.67：1;42 日龄公、母鸡平均体重 2 260 克,料肉比 1.81：1;49 日龄公、母鸡平均体重 2 760 克,料肉比 1.96：1。

(12)苏禽黄鸡:苏禽黄鸡是由中国农业科学院家禽研究所

培育的优质黄鸡系列配套系,分为优质型、快速型和快速青脚型。其中优质型和快速型于 2000 年通过江苏省畜禽品种审定委员会审定。

优质型父母代种鸡 1~20 周龄成活率为 97%;开产日龄为 147~154 天,开产体重为 1 730~1 820 克,28~29 周龄达产蛋高峰期,高峰期产蛋率为 88%;68 周龄产蛋 190~205 枚;21~68 周龄成活率为 95%。商品鸡 56 日龄公、母鸡平均体重 1 039克,料肉比 2.41:1。

快速型父母代种鸡 1~20 周龄成活率为 95%;平均开产日龄 161 天,开产体重 1 860~1 940 克,28~29 周龄达产蛋高峰期,高峰期产蛋率为 83%;68 周龄产蛋 185~190 枚;21~68 周龄成活率为 93%。商品鸡 56 日龄公、母鸡平均体重 1 707 克,料肉比 2.31:1。

快速青脚型父母代种鸡 1~20 周龄成活率为 94%;平均开产日龄 161 天,开产体重 1 820~1 910 克,29~30 周龄达产蛋高峰期,高峰期产蛋率为 78%;68 周龄产蛋 175 枚;21~68 周龄成活率为 92%。商品鸡 49 日龄公、母鸡平均体重 1 142 克,料肉比 2.21:1;56 日龄公、母鸡平均体重 1 332 克,料肉比 2.43:1。

(13)邵伯鸡:邵伯鸡是由中国农业科学院家禽研究所培育的优质黄鸡系列配套系。于 2005 年通过国家畜禽品种审定委员会审定。

父母代:成年鸡胫长 5.4~6.2 厘米,呈青色。皮肤白色。蛋壳呈粉色。21 周龄达 5%产蛋率,高峰产蛋率 80%,66 周入舍母鸡产蛋 183 个,66 周龄母鸡体重 1.590 千克。

商品代:正常型体型。90 日龄平均体重 1 350 克,饲料转化比 3.71：1，全期饲养存活率 95％以上。

(14)维扬麻鸡：维扬麻鸡是由中国农业科学院家禽研究所培育的优质黄鸡系列配套系。于 2004 年通过江苏省畜禽品种审定委员会审定。

父母代：24 周龄母鸡体重 1 650 克，23 周龄达 5％产蛋率，29 周龄达产蛋高峰，高峰产蛋率 78.6％，66 周龄产蛋 174 个，产合格种蛋 172 个，受精率 95.92％，受精蛋孵化率 95.11％，0～24 周龄成活率 99％，25～66 周龄成活率 95％，66 周龄母鸡体重 2235 克，蛋壳浅褐色。

商品代：84 日龄成活率 98.52％，公鸡平均体重 1 643 克，母鸡 1 243 克，饲料转化比 3.12：1，屠宰率 87.38％，腹脂率 3.14％，骨肉比 4.6：1。

(15)京星黄鸡：京星黄鸡是由中国农业科学院畜牧研究所培育的优质黄鸡系列配套系，分"100"、"101"和"102"3 个配套系，其中"100"、"102"配套系已于 2002 年通过国家畜禽品种审定委员会审定。

"100"配套系父母代种鸡 1～20 周龄成活率为 94％～97％；平均开产日龄 154 天，20 周龄母鸡平均体重为 1 600 克，29 周龄达产蛋高峰期，高峰期产蛋率为 83％；66 周龄入舍母鸡平均产蛋 183 枚，平均合格种蛋 174 枚，产雏鸡 140 只，体重 2 480～2 500 克。商品鸡 60 日龄公、母鸡平均体重 1 500 克，料肉比 2.10：1。

"101"配套系父母代种鸡 1～20 周龄成活率为 95％～98％；开产日龄 154 天，20 周龄母鸡平均体重为 1 600 克，29 周龄达产蛋高峰期，高峰期产蛋率为 83％；66 周龄入舍母鸡平均产蛋 183 枚,平均合格种蛋 174 枚,产雏鸡 140 只,体重为 2 480～2 500 克。商品鸡 56 日龄公、母鸡平均体重为 1 450 克,料肉比 2.45：1。

"102"配套系父母代种鸡 1～20 周龄成活率为 94%～97%;开产日龄 168 天,20 周龄母鸡平均体重为 1 720 克,30 周龄达产蛋高峰期,高峰期产蛋率为 80%;66 周龄入舍母鸡平均产蛋 163 枚,平均合格种蛋 153 枚,产雏鸡 127～132 只,体重为 2 860～2 900 克。商品鸡 50 日龄公、母鸡平均体重为 1 500 克,料肉比 2.03：1。

(16)岭南黄鸡:岭南黄鸡是由广东省农业科学院畜牧研究所家禽研究室培育的优质黄鸡系列配套系,分Ⅰ型(中速型)、Ⅱ型(快大型)和Ⅲ型(优质型)。

Ⅰ型父母代种鸡平均开产日龄 161 天,平均开产体重 2 100 克;29～30 周龄达产蛋高峰,高峰产蛋率 83%;68 周龄入舍母鸡平均产种蛋 175 个,平均产雏鸡 140 只。商品鸡 63 日龄公鸡平均体重 1 950 克,料肉比 2.40：1;母鸡 1 450 克,料肉比 2.70：1。

Ⅱ型父母代种鸡平均开产日龄 168 天,平均开产体重 2 350 克,30～31 周龄达产蛋高峰,高峰产蛋率 83%;68 周龄入舍母鸡平均产蛋 175 个,平均产雏鸡 135 只。商品鸡 42 日龄公鸡平均体重 1 431 克,料肉比 1.65：1;母鸡 1 174 克,料肉比 2.01：1。

Ⅲ型父母代种鸡平均开产日龄 161 天,平均开产体重 1 500 克,29～30 周龄达产蛋高峰,高峰产蛋率 85%;68 周龄入舍母鸡平均产种蛋 180 个,平均产雏鸡 142 只。商品鸡 70 日龄公鸡平均体重 1 500 克,料肉比 2.80：1;98 日龄母鸡 1 250 克,料肉比 3.10∶1。

(17)新兴黄麻鸡:新兴黄麻鸡是由广东温氏食品集团南方家禽育种有限公司培育的优质鸡系列配套系,分新兴黄鸡和新兴麻鸡,新兴黄鸡又分特快型、快大型和优质型。

特快型父母代种鸡平均开产日龄 182 天,平均开产体重 2 350克,高峰产蛋率 85%;68 周龄入舍母鸡平均产种蛋 185个,平均产雏鸡 145 只。商品鸡 50 日龄公鸡平均体重 1 580 克,料肉比 1.95∶1;53 日龄母鸡平均体重 1 550 克,料肉比 2.15∶1。

快大型父母代种鸡平均开产日龄 168 天,平均开产体重 2.320 克,高峰产蛋率 85%;68 周龄入舍母鸡平均产种蛋 185 个,平均产雏鸡 145 只。商品鸡 55 日龄公鸡平均体重 1 650 克,料肉比 2.00∶1;65 日龄母鸡平均体重 1 750 克,料肉比2.20∶1。

优质型父母代种鸡平均开产日龄 161 天,平均开产体重 2 030克,高峰产蛋率 83%;68 周龄入舍母鸡平均产种蛋 183 个,平均产雏鸡 142 只。商品鸡 60 日龄公鸡平均体重 1 600 克,料肉比 2.05∶1;90 日龄母鸡平均体重 1 500 克,料肉比 2.70∶1。

新兴麻鸡(快大型)父母代种鸡平均开产日龄 168 天,平均开产体重 2 000 克,高峰产蛋率 82%;68 周龄入舍母鸡平均产种蛋 170 个,平均产雏鸡 130 只。商品鸡 70 日龄公鸡平均体重 1 500 克,料肉比 2.45∶1;75 日龄母鸡平均体重 1 400 克,料肉比 2.70∶1。

2. 肉蛋兼用型鸡种

(1)固始鸡:是我国优良的地方鸡种,主产于河南省固始县,俗称"固始黄"。其因外观秀丽、肉嫩汤鲜、风味独特、营养丰富等而驰名海内外。

早期生长速度慢,60 日龄体重公、母鸡平均为 265.7 克;90 日龄公鸡体重为 487.8 克,母鸡为 355.1 克;180 日龄体重公鸡为 1 270 克,母鸡为 966.7 克。150 日龄半净膛屠宰率,公鸡为 81.76%,母鸡为 80.16%;全净膛屠宰率,公鸡为 73.92%,母鸡为 70.65%。

平均开产日龄 170 天,年平均产蛋量 150.5 枚,平均蛋重 50.5 克。繁殖种群公母配比 1∶12～1∶13,平均种蛋受精率为 90.4%,受精蛋孵化率为 83.9%。

(2)萧山鸡:产于浙江省萧山市,又称萧山大种鸡、越鸡。成熟早、生长快、体型肥大、肉质细嫩、产蛋率高等特点。

萧山鸡早期生长速度快,特别是 2 月龄阉割以后的生长速度更快,体型高大,俗称"萧山红毛大阉鸡"。90 日龄公鸡体重为 1 247.9 克,母鸡为 793.8 克;120 日龄体重公鸡为 1 604.6 克,母鸡为 921.5 克;150 日龄公鸡体重为 1 785.8 克,母鸡为 1 206.0 克;一般成年公鸡体重 3～3.5 千克,母鸡约 2 千克,阉鸡达 5 千克。150 日龄半净膛屠宰率,公鸡为 84.7%,母鸡为 85.6%;全净膛屠宰率公鸡为 76.5%,母鸡为 66%。屠体皮肤黄色,皮下脂肪较多,肉质好而味美。鸡肉脂肪含量较普通鸡少,据测定,100 克肌肉中含蛋白质 23 克,脂肪仅 1 克左右。

平均开产日龄 180 天,年产 120～150 枚,枚重 54～56 克。蛋壳褐色。公、母配种比例通常为 1∶12,种蛋受精率为 90.95%,受精蛋孵化率为 89.53%。

(3)寿光鸡:原产于山东省寿光县稻田乡一带,以慈家村、伦家村饲养的鸡最好,所以又称慈伦鸡。该鸡的特点是体型硕大、蛋大。

　　个体高大,屠宰率高。成年母鸡脂肪沉积能力强,肉质鲜美。90日龄体重公鸡为1 310.0克,母鸡为1 056.6克;120日龄体重公鸡为2 187.0克,母鸡为1 775.3克。据测定,公鸡半净膛屠宰率为82.5%,全净膛屠宰率为77.1%,母鸡半净膛屠宰率为85.4%,全净膛屠宰率为80.7%。初生重为42.4克,大型成年体重公鸡为3 609克,母鸡为3 305克,中型公鸡为2 875克,母鸡为2 335克。

　　开产日龄大型鸡240天以上,中型鸡145天,产蛋量,大型鸡年产蛋117.5枚、中型鸡122.5枚,大型鸡蛋重为65~75克,中型鸡为60克。蛋形指数,大型鸡为1.32,中型鸡为1.31。蛋壳厚度,大型鸡0.360毫米,中型鸡0.358毫米。在繁殖性能上,大型鸡公、母配种比例为1:8~1:12,中型为1:10~1:12。种蛋受精率为90.7%,受精蛋孵化率为80.85%。

　　(4)北京油鸡:原产于北京市安定门和德胜门外的近郊地带。以肉味鲜美、蛋质优良著称。

　　油鸡生长速度缓慢,初生重为38.4克,4周龄重为220克,8周龄重为549.1克。12周龄重959.7克。成年体重公鸡为2 049克,母鸡为1 730克。北京油鸡屠体皮肤微黄,紧凑丰满,肌间脂肪分布良好,肉质细腻,肉味鲜美。尤其适合山区散养。肉料比为3.5:1。

　　成年公鸡半净膛屠宰率为83.5%,全净膛屠宰率为76.6%;母鸡半净膛屠宰率为70.7%,全净膛屠宰率为64.6%。

　　性成熟较晚,母鸡7月龄开产,年产蛋110~125枚,平均蛋重为56克,蛋壳厚度0.325毫米,蛋壳褐色,个别呈淡紫色,蛋形指数为 1.32。鸡群的公、母比例为 1∶8～1∶10,种蛋受精率为 95%,受精蛋孵化率为 90%,雏鸡成活率高,在正常的饲养管理条件下,2 月龄的成活率可达 97%,部分个体有抱窝性。

(5)庄河鸡:主产辽宁省庄河市,因该鸡体躯硕大,腿高粗壮,结实有力,故名大骨鸡。

庄河鸡 90 日龄平均体重,公母分别为 1 039.5 克,881.0 克;120 日龄体重公鸡为 1 478.0 克,母鸡为 1 202.0 克;150 日龄体重公鸡为 1 771.0 克,母鸡为 1 415.0 克;成年体重公鸡为 2 900～3 750 克,母鸡为 2 300 克。产肉性能较好,全净膛屠宰率平均在 70%～75%。

开产日龄平均 213 天,年平均产蛋 164 枚左右,高的可达 180 枚以上。蛋大是庄河鸡的一个突出优点,平均蛋重为 62～64 克,有的可达 70 克以上,蛋壳深褐色,壳厚而坚实,破损率低。蛋形指数 1.35。公、母配种比例一般为 1∶8～1∶10,种蛋受精率约为 90%,受精蛋孵化率为 80%,就巢率为 5%～10%,就巢持续期为 20～30 天,60 日龄育雏率达 85% 以上。

(6)狼山鸡:原产于江苏如东县境内,附近有一游览胜地,称为狼山,因而得名。以体型硕大、羽毛纯黑、冬季产蛋多、蛋大而著称于世。

狼山鸡属蛋肉兼用型,虽然个体较大,但前期生长速度不快,初生重 40 克,30 日龄体重 157 克,60 日龄为 463 克,90 日龄公鸡为 1 070 克,母鸡为 940 克,120 日龄公鸡为 1 750 克,母鸡为 1 333 克,150 日龄公鸡为 2 403 克,母鸡为 1 673 克。1～150 日龄每千克增重耗混合饲料 4.46 千克。6.5 月龄屠宰测定,公鸡半净膛屠宰率为 82.8% 左右,全净膛屠宰率为 76% 左右;母鸡半净膛屠宰率为80％,全净膛屠宰率为69％。

年平均产蛋135～175枚,最高达252枚,平均蛋重58.7克。蛋壳浅褐色。公、母配种比例为1∶15～1∶20,种蛋受精率保持在90％左右,最高可达96％。农家放牧条件下,一般公、母比例为1∶20～1∶30,平均性成熟期为208天,就巢率为11.89％,平均持续就巢期为11.23天。

3. 蛋用型鸡种

(1)仙居鸡:又名梅林鸡,原产地为浙江省台州地区,仙居县是重点产区。

体型小,生长速度中等,早期增重慢,属于早熟品种,180日龄时,公鸡体重为1 256克,母鸡体重为953克,半净膛屠宰率公鸡为85.3％,母鸡为85.7％;全净膛屠宰率公鸡为75.2％,母鸡为75.7％。经选育后的仙居鸡,目前在放牧饲养条件下,公鸡90日龄体重可达1.5千克,母鸡120日龄可达1.3千克,平均料肉比为3.2∶1。

仙居鸡一般在150～180日龄开产,年产蛋量在180～200枚,最高可达270～300枚,蛋重平均为42克,蛋壳以浅褐色为主,蛋形指数为1.36。因体小而灵活配种能力强,可按公、母配比1∶16～1∶20配种,受精率为94.3％,受精蛋孵化率为83.5％。该品种有一定就巢性,一般就巢母鸡占鸡群10％～20％,多发生于4～5月份,1月龄育雏成活率为96.5％。

(2)白耳黄鸡:又名白耳银鸡、江山白耳鸡、上饶地区白耳鸡。主产于江西上饶地区广丰、上饶、玉山3县和浙江的江山市。以其全身羽毛黄色,耳叶白色而得名,是我国稀有的白耳鸡种。

原为蛋用型鸡种,体型小,60 日龄平均体重公鸡为 435.78
克,母鸡为 411.5 克。150 日龄公鸡体重为 1 265 克,母鸡为
1 020 克。成年公鸡体重为 1.37 千克,母鸡体重为 1.5 千克。
成年鸡半净膛屠宰率公鸡为 83.33%,母鸡为 85.25%;全净膛
屠宰率公鸡为 76.67%,母鸡为 69.67%。

开产日龄平均为 150 天,年产蛋 180 枚,蛋重为 54 克,蛋壳
深褐色,壳厚 0.34～0.38 毫米,蛋形指数 1.35～1.38。在公、
母鸡配比为 1∶12～1∶15 的情况下,种蛋受精率为 92.12%,
受精蛋孵化率为 94.29%,入蛋孵化率为 80.34%。

(3)绿壳蛋鸡:国内许多家禽育种场开展绿壳蛋鸡的培育,
并且都形成了自己的品种特征。目前养殖的绿壳蛋鸡主要有以
下几个品种。

①黑羽绿壳蛋鸡:东乡黑羽绿壳蛋鸡由江西省东乡县农科
所和江西省农业科学院畜牧研究所培育而成。体型较小,产蛋
性能较高,适应性强,羽毛全黑、乌皮、乌骨、乌肉、乌内脏、喙、趾
均为黑色。母鸡成年体重 1.1～1.4 千克,公鸡成年体重 1.4～
1.6 千克。大群饲养的商品代,绿壳蛋比率为 80% 左右。抱窝
性较强(15% 左右),因而产蛋率较低。

②苏禽青壳蛋鸡:苏禽青壳蛋鸡由江苏省家禽研究所(暨中
国农业科学院家禽研究所)选育而成。有黄羽、黑羽两个品系,其
血缘均来自于我国的地方品种,单冠、黄喙、黄腿、耳叶红色。开
产日龄 155～160 天,开产体重母鸡 1.25 千克,公鸡 1.5 千克;300
日龄平均蛋重 45 克,500 日龄产蛋量 180～185 枚,父母代鸡群绿
壳蛋比率 97% 左右;大群商品代鸡群中绿壳蛋比率为 93%～

95％。成年公鸡体重 1.85～1.9 千克,母鸡 1.5～1.6 千克。

③三益绿壳蛋鸡:三益绿壳蛋鸡由武汉市东湖区三益家禽育种有限公司杂交培育而成。商品代鸡群中麻羽、黄羽、黑羽基本上各占 1/3,可利用快慢羽鉴别法进行雌雄鉴别。母鸡单冠、耳叶红色、青腿、青喙、黄皮;开产日龄 150～155 天,开产体重为 1.25 千克,300 日龄平均蛋重 50～52 克,500 日龄产蛋量 210 枚,绿壳蛋比率为 85％～90％,成年母鸡体重为 1.5 千克。

④新杨绿壳蛋鸡:新杨绿壳蛋鸡由上海新杨家禽育种中心培育。商品代母鸡羽毛白色,但多数鸡身上带有黑斑;单冠,冠、耳叶多数为红色,少数黑色;60％左右的母鸡青脚、青喙,其余为黄脚、黄喙;开产日龄 140 天(产蛋率 5％),产蛋率达 50％的日龄为 162 天;开产体重为 1.0～1.1 千克,500 日龄入舍母鸡产蛋量达 230 枚,平均蛋重 50 克,蛋壳颜色基本一致,大群饲养鸡群绿壳蛋比率 70％～75％。

⑤招宝绿壳蛋鸡:招宝绿壳蛋鸡由福建省永定县雷镇闽西招宝珍禽开发公司选育而成。该鸡种母鸡羽毛黑色,黑皮、黑肉、黑骨、黑冠。开产日龄较晚,为 165～170 天,开产体重为 1.05 千克,500 日龄产蛋量为 135～150 枚,平均蛋重 42～43 克,商品代鸡群绿壳蛋比率 80％～85％。

⑥昌系绿壳蛋鸡:昌系绿壳蛋鸡原产于江西省南昌县。大致可分为 4 种类型:白羽型、黑羽型(全身羽毛除颈部有红色羽圈外,均为黑色)、麻羽型(麻色有大麻和小麻)、黄羽型(同时具有黄肤、黄脚)。体重较小,成年公鸡体重 1.30～1.45 千克,成年母鸡体重 1.05～1.45 千克,部分鸡有胫毛。开产日龄较晚,大群饲养平均为 182 天,开产体重 1.25 千克,开产平均蛋重 38.8

克,500 日龄产蛋量 89.4 枚,平均蛋重 51.3 克,就巢率 10%左右。

(4)柴鸡:又叫笨鸡,因体型瘦小如柴而得名。具有耐粗饲、适应性广、觅食性强、遗传性能稳定、就巢性弱和抗病力强等特性。主要分布于河北省的广大地区。

平均初生重 27 克,30 日龄体重 76 克,60 日龄 180 克,90日龄 470 克;成年公鸡平均体重为 2 千克,母鸡为 1.5 千克;7月龄公鸡平均半净膛屠宰率为 82.82%,平均全净膛屠宰率为62.59%;成年母鸡平均半净膛屠宰率为 79.26%,平均全净膛屠宰率为 60.00%。其肉质鲜嫩,肉味鲜美,风味独特,十分可口。

母鸡平均开产日龄 198 天,平均年产蛋 100 枚,高者达 200枚,平均蛋重 43 克,蛋壳厚度 0.4 毫米,平均蛋形指数 1.32。蛋壳淡褐色、红褐色和白色。其蛋黄比例大且颜色发黄,蛋清黏稠,色泽鲜艳,适口性好。公鸡性成熟期 80~120 天。公、母配种比例 1:10~1:15。平均种蛋受精率为 91%,平均受精蛋孵化率为 93%,母鸡就巢性弱,占群体的 2%~5%,公母鸡利用年限 1~2 年。

(5)农大矮小鸡:农大矮小鸡是由中国农业大学培育的优良蛋鸡配套系,分为农大褐和农大粉两个品系。

农大褐父母代种鸡 1~120 日龄成活率为 94%;120 日龄平均体重为 1 550 克,开产日龄 151~155 天,高峰产蛋率为 94%;72 周龄入舍母鸡平均产蛋 276 枚,产合格种蛋 230~240 枚,产母雏 80~87 只;母鸡体重为 1 900~2 200 克,产蛋期日耗料110~115 克/只,产蛋期成活率为 93%。商品鸡 120 日龄平均体重为 1 250 克,成活率为 97%;开产日龄 150~156 天,高峰产蛋率 93%;72 周龄入舍鸡平均产蛋 275 枚,总蛋重 15.7~16.4 千克,蛋重 55～58 克,料蛋比 2.0∶1～2.1∶1,产蛋期成活率为 96％。

农大粉父母代种鸡 1～120 日龄成活率为 94％;120 日龄平均体重 1 350 克,开产日龄 148～153 天,高峰产蛋率为 95％;72 周龄入舍母鸡平均产蛋 280 枚,产合格种蛋 230～240 枚,产母雏 85～90 只;母鸡体重 1 800～2 000 克,产蛋期日耗料 100～105 克/只,产蛋期成活率为 93％。商品鸡 120 日龄平均体重 1 200 克,成活率为 96％;开产日龄 148～153 天,高峰产蛋率为 93％;72 周龄入舍鸡平均产蛋 278 枚,总蛋重 15.6～16.7 千克,蛋重 55～58g,料蛋比 2.0∶1～2.1∶1,产蛋期成活率为 96％。

(6)海兰蛋鸡:海兰蛋鸡为我国多家蛋种鸡场直接从美国海兰国际公司引进的著名蛋鸡商业配套系(引祖代)鸡种。共分为海兰褐、海兰白、海兰灰 3 个品系。

①海兰褐鸡:父母代海兰褐 1～18 周龄公、母鸡平均成活率为 94％,18～65 周龄平均成活率为 92％。28 周龄达产蛋高峰,产蛋率为 92％,平均每只母鸡可提供种蛋 248 只,其中合格种蛋数 214 枚,种蛋平均孵化率为 87％。限饲条件下 18 周龄公、母鸡体重分别为 2.38 千克和 1.51 千克,60 周龄公、母鸡体重分别为 3.58 千克和 2.10 千克。

商品代蛋鸡成活率可达 96％～98％,高峰产蛋率 94％～96％,149 日龄产蛋率可达 50％。32 周龄平均蛋重 62.3 克,70 周龄平均蛋重 66.9 克。18 周龄体重可达 1.55 千克,料蛋比平均为 2.31∶1。

②海兰白鸡:父母代海兰白 1～18 周龄母鸡平均成活率为 97％,公鸡平均为 93％;18～65 周龄母鸡平均成活率为 96％,公鸡平均成活率为 93％。平均 148 日龄产蛋率可达 50％,26

周龄达产蛋高峰,产蛋率为91%,平均每只母鸡可提供种蛋258只,其中合格种蛋数221枚,种蛋平均孵化率为88.6%。限饲条件下18周龄公、母鸡体重分别为1.45千克和1.23千克,60周龄公、母鸡体重分别为2.12千克和1.68千克。

商品代蛋鸡成活率可达97%～98%,高峰产蛋率93%～94%,153日龄产蛋率可达50%。32周龄平均蛋重为58.4克,70周龄平均蛋重为63.4克。18周龄体重可达1.28千克,料蛋比平均为1.91:1。

③海兰灰鸡:父母代海兰灰1～18周龄母鸡平均成活率为95%,公鸡平均为92%;18～65周龄母鸡平均成活率为96%,公鸡平均成活率为92%。平均145日龄产蛋率可达50%,28周龄达产蛋高峰,产蛋率为93%,平均每只母鸡可提供种蛋252只,其中合格种蛋数219枚,种蛋平均孵化率为88%。限饲条件下18周龄公、母鸡体重分别为2.40千克和1.39千克,60周龄公、母鸡体重分别为3.16千克和1.84千克。

商品代蛋鸡成活率可达98%,高峰产蛋率93%～94%,151日龄产蛋率可达50%。32周龄平均蛋重为60.1克,70周龄平均蛋重为65.1克。18周龄体重可达1.42千克,料蛋比平均为2.16:1。

(7)伊莎蛋鸡:伊莎蛋鸡由法国哈伯德伊莎公司提供,有四个常用品系。

①伊莎褐蛋鸡:父母代种鸡1～19周龄成活率为97%;平均开产日龄为154天,26周龄达产蛋高峰期,高峰产蛋率达93%以上;68周龄入舍母鸡平均产蛋271枚,平均产合格种蛋233枚,平均产母雏93只;20～68周龄成活率为91%。商品鸡18周龄平均体重为1 550克,成活率为98%;开产日龄140～147

天,25～26周龄达产蛋高峰期,高峰产蛋率达95%以上;76周龄入舍母鸡平均产蛋330枚,总蛋重21.3千克,平均蛋重63克,体重1 950～2 050克;料蛋比2.00∶1～2.10∶1,成活率为93%。

②伊莎新红褐蛋鸡:父母代种鸡1～18周龄成活率达98%以上;平均开产日龄147～154天,27周龄达产蛋高峰期,高峰产蛋率达95%以上;70周龄入舍母鸡平均产蛋272枚,平均产合格种蛋239枚,平均产母雏95只;19～70周龄成活率为95%。商品鸡18周龄平均体重为1 565克,成活率为97%～98%;开产日龄147天,25～27周龄达产蛋高峰期,高峰产蛋率为94%;76周龄入舍母鸡平均产蛋332枚,总蛋重20.8千克,平均蛋重62克,体重2 050～2 150克;料蛋比2.12∶1～2.18∶1,成活率为94%～96%。

③伊莎金彗星蛋鸡:商品鸡18周龄平均体重为1 430克,育成期成活率为97%;高峰产蛋率为93%;76周龄入舍母鸡平均体重2 000克,平均产蛋305枚,平均蛋重63克,成活率为95%。

④伊莎白蛋鸡:父母代种鸡1～18周龄成活率为97%;平均开产日龄154天,29周龄达产蛋高峰期,高峰产蛋率为92%;72周龄入舍母鸡平均产蛋283枚,平均产合格种蛋231枚,平均产母雏98只;19～72周龄成活率为93.7%。商品鸡1～18周龄成活率为98%;开产日龄147～154天,29周龄达产蛋高峰期,高峰产蛋率为93.5%以上;76周龄入舍母鸡平均产蛋317枚,总蛋重19.6千克,平均蛋重62克,19～76周平均料蛋比2.06∶1,成活率为93%。

(二)鸡的优良品种的选择及引种注意事项

1. 优良鸡种的选择原则

(1)调查鸡种的生产性能：鸡种的性能特点是引种的基本出发点，应选择高产、稳产、优质、低耗料、抗逆性强的优良品种。根据生产方向及鸡种特性有选择性的重点调查种鸡的开产日龄、开产体重、阶段蛋重、产蛋量、产蛋曲线的阶段特征、阶段耗料量、受精率、受精蛋孵化率、存活率、生产周期、饲料营养需求、淘汰老鸡体重及品相；商品蛋鸡的性成熟期、经济成熟期、产蛋率、阶段蛋重、蛋的品质、料蛋比，商品肉鸡的上市日龄、早熟性、羽色、肤色、胫色、肉的品质、料重比、产肉率、屠宰率、胸肌率、腿肌率、存活率等。

(2)调查鸡种的消费区域及市场需求选择鸡种：我国地域辽阔，消费习惯与水平差别较大。必须调查目标市场需要什么？需要多少？什么时候需要什么规格？产品价位如何？分析当前和较长时间内对有关鸡种的需求情况及潜在发展的可能。绿色健康食品是目前消费的主流，在放养鸡的养殖中也应当遵循这一特点，着重选择那些能够提供优质产品的品种，符合市场的需求。例如，在蛋鸡的养殖中饲养绿壳蛋鸡，其鸡蛋含有丰富的微量元素，并且胆固醇含量低；在肉鸡的饲养中可以选择屠体美观，肉质鲜嫩的霞烟鸡、庄河鸡等品种。由于不同地区消费者的嗜好不同，因此，不同地区应根据当地的消费习惯选择适宜的品种。

(3)根据饲养方式选择鸡种：放养和笼养相比，鸡所处的生存环境差。例如，冬天没有保暖措施，自由野外活动导致接触病原物质的概率增加。实践中也证明放养除了呼吸道病发病率低（空气清新）之外，其他疾病如球虫、白痢均不同程度地高于笼养鸡。因此在品种的选择上应当选择对环境、气候适应性强，抗病能力高的品种。

放养的优点在于能够改善产品品质和节约饲料资源。野外可采食的物质包括青草和昆虫等，这些物质作为饲料资源一方面可以减少全价饲料的使用、节约资金；另一方面这些物质所含的成分能够改善鸡产品的品质。例如，提高蛋黄颜色，降低产品中胆固醇含量。要充分利用这些饲料资源，鸡只必须活泼好动，觅食能力强。

放养鸡的选择应当以中、小型鸡为主，应当选择那些体重偏轻，体躯结构紧凑、结实，个体小而活泼好动，对环境适应能力强的品种。对于大型鸡种来说，体躯硕大、肥胖，行动笨拙，不适于野外生活。

2. 引进鸡种应注意的事项

(1)调查供种单位的资质与服务水平：调查供种单位供应的鸡种是否是通过省级以上畜牧行政主管部门审定或认定的品种（配套系），或是经中试所在地省级人民政府畜牧兽医行政主管部门批准中试的新培育畜禽品种、配套系；是否具有《营业执照》、《种畜禽生产经营许可证》和《动物防疫合格证》，并且供应的鸡种及代次是否在许可证许可的生产经营范围及有效期内；是否具有《产品质量合格证》和经产地动物防疫监督机构检疫后签发的《出县境动物检疫合格证明》;是否提供其销售鸡种的生产性性能、免疫情况、饲养技术要求等技术资料。此外,查看各级主管部门对供种单位的核查、验收资料、生产性能记录档案、鸡病防治档案(尤其是鸡白痢、霉形体、白血病检测档案)、观察鸡群内部结构,了解鸡种的推广区域、推广量,索取若干大、中、小规模的现有用户的联系方式进行核查。

调查供种单位的技术服务的态度及质量,在供种单位资质、产品价位基本相同的情况下,应首选单位服务态度好、服务质量高、口碑佳的单位引种。

(2)选择引种季节:引种季节直接或间接影响到饲养时期、产品的上市适期、价位。商品肉鸡生产具有较强的季节性。为了开拓市场,除要保障全年产品均衡上市外,还要考虑我旧民俗节日。种鸡及蛋鸡的产蛋高峰期应尽量避开酷暑与严寒季节。

(3)确定引种代次必须从实际情况出发,考虑价位、防疫、运输的方便性等,确定引进种蛋、种雏、商品雏、成鸡等何种代次与规格。

种蛋要新鲜。应符合蛋重标准,不同品系要有相应的标识。选择好的包装,选好运输方式及交通工具,轻提轻放,防雨防晒,码堆不超过 3 箱;种用雏鸡要鉴别雌雄,母本与父本要有相应的标识,一般母本与父本按 100∶15 配比;非万不得已一般不引进成年种鸡,即便引进母鸡也不能超过 18 周龄。

(4)调查供种单位是否是疫区:引种前必须调查供种单位所在的地区有无烈性传染病的流行,是否是畜牧兽医行政主管部门公布的疫区。

(5)调查供应鸡种的价位:价位多为随行就市,常因品种(配套系)、代次、季节、数量、鉴别与否、批次、免疫何种马氏疫苗、是否送货上门等而异。在引进种鸡时,价格并非是首要因素。

(6)审视自身条件:引种前必须做一个可行性估算。根据投入到产出各个阶段,加上多种影响因素,粗略地估测出最终的盈亏情况,避免投资损失。

深入了解自己所在地区的自然条件、物产气候及适合于自己的饲养方法。应根据自身技术、资金、鸡舍设备等主客观条件,确定适度规模,做到既发挥主观能动性,也遵从客观事物发展规律,初期规模不宜过大。实施引种前一定要签订规范的引种合同。

(7)引种成功的客观标准:引进鸡种各项生产性能指标都达到或超过规定指标,鸡种被多数饲养户认可且市场占有率保持较大的份额。

二、鸡的生物学特性

（一）鸡的外貌特征

1. 鸡体表各部分名称

（1）头部：头部的形态能表现出鸡的健康、生产性能、性别等情况。鸡体表各部位名称见图 2-1。

①喙：由表皮衍生而来，是采食器官，呈锥形，其颜色与胫部颜色一致。健壮的鸡喙粗短，稍弯曲，利于采食。但肉种鸡在出壳后的 7 日龄时应进行断喙，以防止发生啄癖，并可节约饲料。

②脸：肉用鸡脸清秀，皮下有少量脂肪沉积。大部分脸皮裸露，呈鲜红色。

③眼：位于脸的中央。健康的鸡，眼圆大有神，向外突出，反应敏锐。

④耳叶：位于耳孔下部，椭圆形或圆形，有皱纹，耳叶的颜色常见的有红色和白色。

⑤肉垂：又称肉髯，为皮肤衍生物。位于下颌的下方，左右成对，大小对称，颜色鲜红。

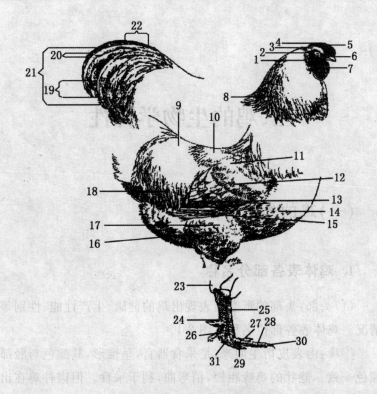

图 2-1　鸡体表各部分名称

1. 耳叶　2. 耳　3. 眼　4. 头　5. 冠　6. 喙　7. 肉髯　8. 颈羽(梳羽)

9. 鞍(腰)　10. 背　11. 肩　12. 翼　13. 副翼羽　14. 胸　15. 主翼羽

16. 腹　17. 小腿　18. 鞍羽(蓑羽)　19. 小镰羽　20. 大镰羽　21. 主

尾羽　22. 履尾羽　23. 踝关节　24. 距　25. 跖　26. 第一趾

27. 第二趾　28. 第三趾　29. 第四趾　30. 爪　31. 脚

(引自邱祥聘,家禽学,1994)

⑥冠:为皮肤衍生物,位于头顶,能表示特征。公鸡冠比母
鸡冠大而厚,健壮鸡冠鲜红、肥润、柔软、光滑。冠的种类很多,

在20世纪80年代以前,肉鸡鸡冠中有单冠,也有豆冠和草莓冠,但现代所有的育种公司培育的肉用种鸡基本上是单冠的。因此,不能根据冠形来判断现代肉用种鸡是真品种还是假冒品种。鸡的冠形见图2-2。

图 2-2　鸡的主要冠型
1. 单冠　2. 豆冠　3. 玫瑰冠　4. 草莓冠

　　(2)颈:以颈椎为基础,长而灵活,但长度随品种不同而不同,肉用鸡一般较蛋用鸡粗短。

　　(3)体躯:体躯包括下列几个部位

　　①胸:心脏与肺所在位置。健壮的鸡,胸向前突出,胸围大,胸骨长而直。

　　②背:颈部延续为背部,背较长、宽而直。

　　③腹:腹是消化器官、生殖器官所在位置。

　　④盆腔:位于背、腹的后方,高产母鸡盆腔丰满、开阔。

　　⑤尾:盆腔的后方为尾部。尾以游离的尾椎和尾综骨为支架,附着有尾肌和尾羽。

　　(4)翅、腿

　　①翅膀:相当于家畜的前肢,游离部形成翼。平时折叠成"Z"字形,紧贴胸廓,不下垂。病态鸡的翅下垂。

②腿:由大腿、小腿(胫)、趾爪组成。小腿表面有角质化的鳞片,公鸡小腿内侧有角质化的突出物,称为距。小腿下部称为趾,趾端的角质物称爪。

2. 皮肤

鸡的皮肤较薄,由表皮、真皮和皮下组织构成。皮肤没有汗腺和脂腺、表面干燥,可以防止由于蒸发而降低体温。在夏季,依靠张口增加呼吸次数散发体内的热量。皮肤颜色因品种而异,有黄色、白色、黑色等,黄色最受人们喜爱。

3. 尾脂腺

尾脂腺位于鸡的尾综骨背侧左右两叶,两叶各有一个导管,各经一狭窄的开口在一个位于中央的乳头两侧通向体外,腺体分泌物为一种类脂物质。其功能说法不一致,有人认为,其分泌物经过日光的照射,鸡在进行梳饰时成为维生素 D 的来源,还可能有助于羽毛、喙和鳞的柔软和防湿。

4. 羽毛

羽毛是皮肤衍生物,除了喙与脚外,全身外覆羽毛,有很好的保温作用。肉用鸡的羽毛颜色有白羽、黄羽、黄麻羽、红羽等。羽毛颜色是由遗传基因所决定的,是品种的标志。按部位不同,羽毛可分为颈羽、翼羽、鞍羽、尾羽。

(1)颈羽:着生在颈部。公鸡颈羽长而尖,色彩鲜艳,母鸡颈羽短而圆,无光泽,可以此判断性别。

(2)翼羽:翅膀外侧 10 根长硬羽毛称主翼羽,内侧 17～18

根硬羽为副翼羽,覆盖着每根主翼羽及副翼羽的称覆主翼羽及覆副翼羽。在主、副翼羽中间有1根较短的称轴羽。

(3)鞍羽:鞍羽是鸡背腰部上面的羽毛。公鸡的鞍羽长而尖,母鸡的鞍羽短而圆,以此判断性别。

(4)尾羽:尾羽附着在尾部,分主尾羽和覆尾羽。公鸡的覆尾羽特别发达,形如镰刀,又叫镰羽。健康的鸡尾羽上翘,病鸡的尾羽常下垂。

5. 鸡的体尺测量

为了研究鸡生长发育和品种的特征,除用外貌观察叙述外,还可用体尺测量数据表示。常用的体尺指标为:

(1)跖长:原习惯称为胫长,是指跖骨的长度。用卡尺度量跖骨上关节到第三趾与第四趾间的垂直距离,可作为衡量鸡生长发育的一个重要指标。

(2)胸角:用胸角器卡放在胸骨前端,测量两胸肌夹角。测量胸角是为了了解肉鸡胸肌发育的情况,肉鸡理想的胸角应在90°以上。

(3)体斜长:用皮尺测量锁骨前上关节到坐骨结节间的距离。

(4)胸宽:用卡尺测量两肩关节间距离。

(5)胸深:用卡尺量度第一胸椎至胸骨前缘间的距离。

(6)胸骨长:用皮尺度量胸骨前后两端间距离。

(二)鸡的生理特点

1. 新陈代谢旺盛

鸡生长迅速,繁殖能力高。因此,其基本生理特点是新陈代谢旺盛。表现为:

(1)体温高:成年鸡的体温为 41.5℃,比成年家畜高。但刚孵出的幼雏体温比成年鸡约低 2.7℃,10 日龄时达到 41℃,20 日龄左右才接近成年鸡体温。

(2)心率高、血液循环快:鸡每分钟平均心率为 300 次以上。一般体型小的比体型大的心率高,幼禽的心率比成年鸡高,以后随年龄的增长而有所下降。鸡的心率还有性别差异,母鸡和阉鸡的心率较公鸡高。心率还受环境的影响,比如,环境温度增高、惊扰、噪音等,都将使鸡的心率增高。另外,鸡的血液循环较大家畜快,从测定的资料表明:白来航鸡的血液平均 2.8 秒可循环身体一周,而马从颈动脉到股动脉则 30 秒。

(3)呼吸频率高:鸡的呼吸频率波动很大,据测定资料为每分钟 18～285 次,主要与环境温度、湿度以及环境安静程度的影响有关。此外,同一品种中,雌性较雄性高。鸡对氧气不足很敏感,它的单位体重的耗氧量为其他家畜的 2 倍。

2. 体温调节机能不完善

鸡与其他恒温动物一样,依靠产热、隔热和散热来调节体温。产热除直接利用消化道吸收的葡萄糖外,还利用体内贮备的糖原、体脂肪或在一定条件下利用蛋白质通过代谢过程产生热量,供机体生命活动包括调节体温需要。隔热主要靠皮下脂肪和覆盖贴身的绒毛和紧密的表层羽片,可以维持比外界环境高得多的体温。散热也像其他动物,依靠传导、对流、辐射和蒸发。但由于鸡皮肤没有汗腺,又有羽毛紧密覆盖而构成非常有效的保温层,因而当环境气温达到26.6℃时,辐射、传导、对流的散热方式受到限制,而必须靠呼吸排出水蒸气来散发热量以调节体温。随着气温的升高,呼吸散热则更加明显。一般说来,鸡在5～30℃的范围内,体温基本上能保持不变。若环境温度低于7.8℃,或高于30℃时,鸡的调节机能就不够完善,尤其对高温的反应更比低温的反应明显。当鸡的体温升高到42～42.5℃时,则出现张嘴喘气,翅膀下垂,咽喉颤动。这种情况若不能纠正,就会影响生长发育和生产。通常当鸡的体温升高到45℃时,就会昏厥死亡。

3. 繁殖潜力大

母鸡虽然仅左侧卵巢与输卵管发育和机能正常,但繁殖能力很强,高产鸡年产蛋可以达到300个以上:母鸡卵巢上用肉眼可见到很多卵泡,在显微镜下则可见到上万个卵泡。每个蛋就是一个巨大的卵细胞。

公鸡的繁殖能力也是很突出的。根据观察,一只精力旺盛的公鸡,一天可以交配40次以上,每天交配10次左右是很平常的。一只公鸡配10～15只母鸡可以获得高受精率,配30～40只母鸡受精率不低。精子一般在母鸡输卵管内可以存活5～10天,个别可以存活30天以上。

　　禽类要飞翔须减轻体重,因而繁殖表现为卵生,胚胎在体外发育。可以用人工孵化法来进行大量繁殖。当种蛋被排出体外,由于温度下降胚胎发育停止,在适当温度(15～18℃)下可以贮存 10 天,长的达 20 天,仍可孵出雏禽。要扬其繁殖潜力大的长处,必须实行人工孵化。

　　母鸡产蛋是卵巢、输卵管活动的结果,是和母鸡营养状况和外界环境条件密切相关的。外界环境条件中,以光照、温度和饲料对繁殖的影响最大。在自然条件下,光照和温度等对性腺的作用常随季节变化而变化,所以产蛋也随之而有季节性,春、秋是产蛋旺季。随着现代科学技术的发展,在现代养鸡业中,这一特征正为人们所控制和改造,从而改变为全年性的均衡产蛋。

三、怎样做好鸡蛋孵化工作

(一)种蛋的选择、消毒与保存

提高种蛋的孵化率和健雏率,保持种蛋的质量是前提和基础。种蛋的品质好坏直接影响孵化效果和雏鸡质量。因此,必须采取各种技术措施来保持种蛋的质量。

1. 种蛋的收集

蛋产出母体后,在自然环境中很容易被细菌、病毒污染,刚产出的种蛋细菌数为 100～300 个,15 分钟后为 500～600 个,1 小时后达到 4 000～5 000 个,并且有些细菌通过蛋壳上的气孔进入蛋内。细菌的繁殖速度随蛋的清洁程度、气温高低和湿度大小而异。种蛋虽然有胶护膜、蛋壳和内、外膜等几道自然屏障,但细菌仍可能进入蛋内,这对孵化率和雏鸡质量都构成较大影响。加之有些鸡种就巢性较强,就巢的母鸡常对过夜种蛋进行提前自然孵化,致使在孵化前期死胎率过高。因此,每天产出的蛋都应及时收集,不应留在产蛋箱中过夜,否则会降低孵化率。蛋产出后,应立即清洁蛋壳和消毒,以防细菌侵入蛋内,若在第二天进行就毫无意义了。

每日在产蛋箱中收集种蛋不应少于 4 次,在气温过高或过低时则每天集蛋 5～6 次,勤收集种蛋可降低种蛋在产蛋箱中的破损,并有助于保持种蛋的质量。收集到的种蛋应及时剔除破损、畸形、脏污蛋等,合格种蛋应立即放入种蛋舍配备的消毒柜中,用甲醛液密闭熏蒸 30 分钟。

2. 种蛋选择的标准

健康、优良的种鸡所产的种蛋并非 100％都合格,还必须严格选择。选择的原则是,首先注重种蛋的来源;其次要对外形进行表观选择。

(1)种蛋来源:种蛋应来自生产性能好、无白痢和霉形体等蛋传播的疾病、受精率高、管理良好的鸡场。受精率在 80％以下、患有严重传染病或患病初愈以及有慢性病的种鸡所产的蛋,均不能用做孵化场种蛋来孵化苗鸡。

(2)种蛋的外观选择

①蛋形:接近卵圆形的蛋孵化最好,过长、过瘦的或完全呈圆形的蛋都不能很好孵化,合格种蛋的蛋形指数为 0.72～0.75。

②蛋重:品种不同,对蛋重大小的要求不一。蛋重过大或过小都会影响孵化率和雏鸡质量。

③蛋壳颜色:壳色应符合品种要求,尽量一致。

④清洁度:合格种蛋的蛋壳上,不应有粪便或破蛋液污染。用脏蛋入孵,不仅本身孵化率很低,而且可污染孵化器以及孵化器内的正常胚蛋,增加白蛋和死胚蛋,导致孵化成绩降低,健雏

率下降,并影响雏鸡成活率和生长速度。

⑤蛋壳厚度:蛋壳过厚的钢皮蛋、过薄的沙皮蛋以及薄厚不均的皱纹蛋,都不宜用来孵化。

(3)种蛋的消毒措施:种蛋产出母体时会被泄殖腔排泄物污染,接触到产蛋箱内粪便时会加重污染。为了保持种蛋的清洁卫生,必须对种蛋进行严格消毒。

从理论上讲,最好在蛋产出后立即消毒,这样可以消灭蛋壳上的绝大部分细菌,防止其侵入蛋内,但在实践中无法做到。比较切实可行的办法是每次捡蛋完毕,立刻在鸡舍里的消毒室或者送到孵化场消毒。种蛋入孵后,应在孵化器里进行第二次消毒。

消毒方法主要有:

①甲醛熏蒸消毒法:每立方米空间用 42 毫升甲醛加 21 克高锰酸钾密闭熏蒸 20 分钟,可杀死蛋壳上 95％以上的病原体。在孵化器中进行消毒时,每立方米用甲醛 28 毫升加高锰酸钾 14 克,但应避开发育到 24～96 小时的胚龄。

②过氧乙酸熏蒸消毒法:每立方米用 16％过氧乙酸 40～60 毫升加高锰酸钾 4～6 克,熏蒸 15 分钟。

③消毒王熏蒸消毒:用消毒王Ⅱ号按规定剂量熏蒸消毒。

④新洁尔灭浸泡消毒法:用含 5％的新洁尔灭原液加水 50 倍,即配成 1∶1 000 的水溶液,浸泡 3 分钟,水温保持在 43～50℃。

⑤碘液浸泡消毒法:将种蛋浸入 1∶1 000 的碘溶液中 0.5～1 分钟。浸泡 10 次后,溶液浓度下降,可延长消毒时间至 1.5 分钟或更换碘液。溶液温度保持在 43～50℃。

消毒的程序是:在鸡舍内或种蛋进贮存室前,在消毒柜或消毒室中进行第一次消毒;入孵到孵化器中进行第二次消毒;落盘到出雏器中进行第三次消毒;雏鸡大部分出壳,但毛还未干时,用消毒王Ⅱ号按规定剂量和时间消毒,或用 7 毫升甲醛加 3.5 克高锰酸钾熏蒸雏鸡 10 分钟,但此时熏蒸对雏鸡气管上皮有一定的损伤,应慎重考虑。

(4)种蛋保存的条件:种蛋产出母体外,胚胎发育停止。随后,在一定的外界环境刺激下,胚胎又开始发育,胚胎发育的临界温度为 23.9℃(75 ℉)。贮存温度低于这个界限,胚胎处于休眠状态;反之则发育。尽管发育有限,但由于细胞代谢,会逐渐导致胚胎衰老和死亡。

种鸡在持续生产过程中,所产种蛋除大小、蛋重发生变化外,结构也发生曲线变化,尤其是蛋壳、蛋清的变化更为明显。

根据种蛋的物理特性,将种母鸡的生产周期划分为 3 个时期,即产蛋前期、产蛋中期和产蛋后期。依产蛋期不同采取不同的贮存条件,才能充分发挥种蛋的孵化潜力。

①产蛋前期:种母鸡刚开产或开产不久,蛋形较小,但钙的摄入量在产蛋率 45%～55%时即达到高峰。因此,该时期蛋壳厚、色素沉积较深,且有质地较好的胶护膜,但此阶段的蛋白浓稠,不易被降解。种蛋在孵化期间表现为早期死胎率高,雏鸡质量差,孵化时间相对较长,晚期胚胎啄壳后而无法出雏的比例高。对于此阶段产的种蛋要改变蛋白浓度,使之变稀,不加湿,孵化可以降低早期死胎率。此阶段的种蛋能贮存较长时间,较长的贮存能改进孵化率。若只贮存 1～3 天,则贮存的湿度要降低,不要超过 50%～60%。

②产蛋中期:该产蛋期内,蛋壳厚度、胶护膜以及蛋白质量为最佳,孵化时间为 20.5～21 天。对于此阶段的种蛋,贮存期在 1 周以内的种蛋,温度为 18℃、相对湿度为 75% 的贮存条件较为合适。超过 1 周时间的保存,则须降低贮存温度,提高湿度,才能收到良好的效果。

③产蛋后期:与前期和中期相比,蛋白的胶状特性已减弱,蛋壳也变薄,这时的蛋如果贮存较长时间孵化,孵化初期就容易失水,造成早期死胎率高。产蛋后期的种蛋建议贮存时间不要超过 5 天,降低贮存温度,保持在 15℃ 左右,提高贮存相对湿度到 80%。总之,这段时间的种蛋贮存期应尽可能缩短。

(二)鸡的胚胎发育

1. 鸡的胚胎发育特点

鸡是卵生动物,胚胎发育与家畜有所不同,具体表现如下:鸡的卵子排出后,可以是受精的,也可以是未受精,但都要通过母鸡的整个生殖道。在通过生殖道过程中,被渐渐包上蛋白、蛋壳膜、蛋壳,直至蛋产出体外为止,最后卵子藏在蛋内与母体完全脱离关系。所以鸡的胚胎主要是在母体外发育,胚胎发育所需的营养物质来源于种蛋。此外,鸡的胚胎发育时间较短,其孵化期为 21 天。

2. 鸡的孵化期

鸡的胚胎发育可分为两个阶段:第一阶段,从排卵—受精—

蛋形成—排出母体外(约需 25 小时);第二阶段,受精蛋排出母体外在一定的条件下(孵化条件),经过一定的时间,胚胎发育成雏。胚胎在体外发育成雏所用的方法叫孵化。胚胎在母体外发育成雏所需的时间称孵化期。鸡蛋的孵化期为 21 天,其孵化期相对稳定,但受各因素影响也有所差异。肉用鸡种孵化期比兼用型鸡种、蛋用型鸡种略长;种蛋贮存时间长则孵化期也较长;孵化温度低则孵化期长。

3. 鸡的胚胎发育

(1)胚胎发育:鸡的成熟的卵细胞在输卵管的漏斗部受精后形成受精卵需要经过 24～25 小时,才能形成完整的鸡蛋通过输卵管产出母体外。受精卵在经母体内 24～25 小时发育。胚胎已发育至原肠期,形成内、外两个胚层。受精蛋产出母体外后,胚胎发育暂时停止。剖视受精蛋,在卵黄表面肉眼可见形似圆盘状的胚盘,而未受精的蛋黄表面只见一白点,称胚珠。种蛋在母体外获得适合的孵化条件后,胚胎重新开始继续发育,并很快形成中胚层。机体的所有组织和各个器官都由三个胚层发育而来。内胚层形成呼吸系统、上皮系统、消化系统的黏膜部分和内分泌器官;中胚层形成肌肉、骨骼、生殖、泌尿系统、血液循环系统、消化系统的外层和结缔组织;外胚层形成羽毛、皮肤、喙、趾、感觉器官和神经系统。

(2)胚膜发育:胚胎发育早期形成四种胚外膜,即卵黄囊膜、羊膜、浆膜和尿囊膜,这几种胚膜虽然都不形成鸡体的组织或器官,但是它们对胚胎发育过程中的营养物质利用和各种代谢等生理活动的进行是必不可少的。

①卵黄囊:鸡的卵黄囊膜,从孵化的第二天开始形成,第5～6天覆盖1/3的蛋黄,到第9天几乎覆盖整个蛋黄表面。卵黄囊由卵黄囊柄与胚体脐部连接,其上面分布许多血管而构成卵黄囊膜血液循环。卵黄囊分泌一种酶将蛋黄变成可溶状态,从而使胚胎通过卵黄囊膜血液循环吸收卵黄中的营养物质。在出壳前,卵黄囊和连同剩余的卵黄(约5克)一起在雏鸡出壳前被吸入腹腔内,以供雏鸡出壳后24～36小时内的营养物质来源。在卵黄被利用完后,卵黄囊也萎缩变小,最后仅在空肠、回肠交界处遗留一小突起叫卵黄囊柄。

②羊膜与浆膜:羊膜在孵化的第30～33小时开始生出,首先形成头褶,随后头褶向两侧延伸形成侧褶,40小时覆盖头部,第3天尾褶出现。第4～5天由于头、侧、尾褶继续生长的结果,在胚胎背上方相遇合并,称羊膜脊,形成羊膜腔,包围胚胎。羊膜褶包括两层膜,内层靠胚胎,称羊膜,外层紧贴内壳膜上,称浆膜。羊膜腔内充满着透明体的羊水,羊水可提供胚胎早期发育所需的水分,并起缓冲作用,防止胚胎受震动损伤,羊膜壁上的平滑肌纤维起节奏性收缩,使羊水波动以防止胚胎与羊膜粘连。孵化后期羊水减少,到出壳后羊膜残留在壳膜内。浆膜后因尿囊膜的发育把浆膜与羊膜分离,与尿囊膜融合在一起,帮助尿囊膜完成其代谢功能。

③尿囊:尿囊膜位于羊膜、卵黄囊膜之间,在孵化第3天开始形成,在第6天就接触到蛋壳,然后绕过胚体的背部从蛋的大端向两侧迅速伸展,到第10～11天时在蛋的小端"合拢"即包围整个胚蛋的全部蛋白。尿囊膜可起循环系统作用,其功能:通过尿囊膜的血液循环吸收蛋白和蛋壳上营养物质,交换气体,贮存

胚胎排泄的代谢产物,保护胚胎。孵化后期,尿囊膜逐渐枯萎,气体交换功能衰退,胚胎转为肺呼吸。

4. 鸡胚胎发育过程主要形态特征变化

第 1 天　胚胎开始发育,首先在胚盘明区的后端形成半月形胚质,然后胚质逐渐加厚变长,在胚盘中央形成原条,胚体以原条为中轴进行发育、分化,直到形成脊索,然后原条逐渐消失。中胚层的细胞沿着神经管的两侧,形成左右对称的呈正方形薄片状的体节 4～5 对。中胚层进入胚盘的暗区,在胚的边缘分化形成许多红点,称血岛。照蛋时,可见"鱼眼珠"样的结构。

第 2 天　卵黄囊,羊膜、浆膜开始形成。血岛合并形成血管。入孵 25 小时,心脏开始形成,30～42 小时后,心脏开始跳动。形成卵黄囊血液循环。照蛋时可见卵黄囊血管区,形似樱桃,俗称"樱桃珠"。此时有 25～27 对体节。

第 3 天　尿囊开始从胚胎后肠的腹侧突起。羊膜已形成,并包围胚胎于羊膜腔中。此时胚胎的头尾已能区分,眼的色素开始沉着。已有 35 对体节,前后肢芽开始形成,内脏器官开始发育。卵黄由于蛋白水分的渗入而明显增大。照蛋时,可见卵黄囊血管形似蚊子,俗称"蚊虫珠"。

第 4 天　卵黄囊血管包围卵约 1/3,肉眼可见尿囊。羊膜腔形成,胚胎头部明显增大,舌开始形成。胚胎和蛋黄分离。胚胎与卵黄囊血管形似蜘蛛,俗称"小蜘蛛"。

第 5 天　生殖器官开始分化,出现了两性的区别,心脏完全形成,面部和鼻部也开始有了雏形。眼的黑色素大量沉积,照蛋时可明显看到黑色的眼点,俗称"单珠"。

第 6 天　尿囊达到蛋壳膜内表面,卵黄囊包围蛋黄表面的1/2 以上,由于羊膜壁上的平滑肌的收缩,胚胎有规律的运动。蛋黄由于蛋白水分的渗入而达到最大的重量。喙原基出现,躯干部增长,翅和脚已可区分。照蛋时可见头部和增大的躯干部两个小圆点,俗称“双珠”。

第 7 天　胚胎出现鸟类特征,颈伸长,翼和喙明显,肉眼可分辨机体的各个器官,口腔、肌胃、鼻孔已形成,性腺雏形已出现。照蛋时,蛋的正面布满血管,胚胎在羊水中不容易看清,俗称“沉”。

第 8 天　羽毛按一定羽区开始发生,上下喙可以明显分出,右侧卵巢开始退化,四肢完全形成,腹腔愈合。

第 9 天　喙开始角质化,软骨开始硬化,喙伸长并弯曲,鼻孔明显,眼睑已达虹膜,翼和后肢已具有鸟类特征。胚胎全身披覆羽乳头,解剖胚胎时,心脏、肝脏、胃、食道、肠和肾脏均已发育良好,肾脏上方的性腺已可明显区分出雌雄。

第 10 天　腿部鳞片和趾开始形成,尿囊在蛋的锐端合拢。照蛋时,除气室外整个蛋布满血管,俗称“合拢”。

第 11 天　背部出现绒毛,冠出现锯齿状,尿囊液达最大量。

第 12 天　身躯覆盖绒羽,肾脏、肠开始有功能,开始用喙吞食蛋白,蛋白大部分已被吸收到羊膜腔中。

第 13 天　身体和头部大部分覆盖绒毛,胫出现鳞片,照蛋时,蛋小头发亮部分随胚龄增加而减少。

第 14 天　胚胎发生转动而同蛋的长轴平行,其头部通常朝向蛋的大头。

第 15 天　翅已完全形成,体内的大部分器官大体上都已形成,眼睑闭合。

第16天 冠和肉髯明显,蛋白几乎全被吸收到羊膜腔中。

第17天 肺血管形成,但尚无血液循环,亦未开始肺呼吸。羊水和尿囊也开始减少,躯干增大,脚、翅、胫变大,眼、头日益显小,两腿紧抱头部,蛋白全部进入羊膜腔。照蛋时蛋小头看不到发亮的部分,俗称"封门"。

第18天 羊水、尿囊液明显减少,头弯曲在右翼下,眼开始睁开,胚胎转身,喙朝向气室,照蛋时气室倾斜,俗称"斜口"。

第19天 卵黄囊收缩,连同蛋黄一起开始吸入腹腔内,喙进入气室,开始肺呼吸。照蛋时可见气室内有翅、喙、颈部闪动,俗称"闪毛"。

第20天 卵黄囊已完全吸收到体腔,胚胎占据了除气室之外的全部空间,脐部开始封闭,尿囊血管退化。雏鸡开始大批啄壳,啄壳时上喙尖端的破壳齿在近气室处凿一圆的裂孔,然后沿着蛋的横径逆时针敲打至周长2/3的裂缝,此时雏鸡用头颈顶,两脚用力蹬挣,20.5天大量出雏。颈部的破壳肌在孵出后8天萎缩,破壳齿也自行脱落。

第21天 雏鸡破壳而出,绒毛干燥蓬松。

(三)鸡蛋的孵化条件

1. 温度与孵化

(1)胚胎发育的适宜温度:温度是胚胎发育的首要条件,发育中的胚胎对外界环境温度的变化最敏感。只有在适宜的温度下,胚胎才能正常发育并按时出雏。一般情况下,孵化温度保持在 37.8℃(100 ℉)左右,出雏温度在 36.9℃(98.5 ℉)左右,即为胚胎的适宜温度。温度过高、过低都会影响胚胎的发育,严重时会造成胚胎死亡。一般来讲,温度高,胚胎发育快,但很软弱,温度超过 42℃,经 2～3 小时以后胚胎死亡;相反,温度太低则胚胎的生长发育迟缓,温度低至 23℃,经 30 小时胚胎便会全部死亡。

胚胎发育时期不同,对外界温度的要求也不一样。孵化初期,胚胎物质代谢处于低级阶段,本身产热很少,因而需要较高的孵化温度;孵化中期,随着胚胎的发育,物质代谢日益增强;到了孵化末期,胚胎产生大量的体热,因而温度需适当降低。

(2)变温孵化与恒温孵化:变温孵化也称多阶段孵化,是根据不同的环境温度、孵化机型、不同类型的种蛋和不同的家禽胚龄而分别施以不同的孵化温度。一般在蛋源比较充足、一次性装满孵化机时,用变温孵化较为理想。肉鸡种蛋变温孵化施温参考方案见表 3-1。

表 3-1　肉鸡种蛋变温孵化施温参考方案

单位:℃(℉)

胚龄室温	5～10℃ (41～50 ℉)	15～25℃ (59～77 ℉)	28～33℃ (82.4～91.4 ℉)
1～6 天	38.4(101.1)	38.2(100.8)	38.0(100.4)
7～12 天	38.0(100.4)	37.8(100)	37.7(99.8)
13～18 天	37.9(100.2)	37.6(99.7)	37.4(99.3)
19～21 天	37.2(99)	36.9(98.5)	36.7(98)

从表 3-1 中可以看出,整个孵化过程中分为 4 个阶段逐渐降温,故称变温孵化。

恒温孵化是指鸡胚发育过程中,1～18 胚龄施以同一温度,约为 37.8℃(100 ℉),19～21 天为 36.9℃(98.5 ℉)。在孵化器具容量较小,一次装不满需分批孵化,或者在外界环境温度较高的情况下,使用恒温孵化制较为理想。

对每一个鸡场来说,常年保持高产的孵化成绩是极为重要的,是提高经济效益的关键环节。然而,要保持优秀的孵化成绩,正确使用适宜的孵化温度又是关键之关键。温度是孵化的首要条件,在孵化生产过程中,更新过的新型孵化机如何定温?外界气候条件变化时,孵化温度如何调整?种蛋类型不同、产蛋日龄不同的种蛋孵化温度有何区别?上面虽然列出了一些孵化的施温方案,但在遇到以上实际问题时还需根据情况灵活、合理地调节,才能获得理想的孵化效果。

2. 通风与孵化

选择适当的通风换气量,也是促进胚胎正常发育、提高孵化率的重要措施。为了保持鸡胚胎正常的气体代谢,就必须供给新鲜的空气。在孵化过程中空气给氧量每下降 1%,则孵化率将下降 5%。大气中含氧量一般保持在 21% 左右,是胚胎发育的最佳含氧量。孵化机内空气越新鲜,越有利于胚胎的正常发育,出雏率也越高。但过大的通风换气量不仅使热能大量散失,增加了孵化成本,而且使机内水气也大量散失,使胚胎失水过多,影响胚胎的正常代谢。

孵化过程中,胚胎除了与外界进行气体交换外,还不断与外界进行热能交换。胚胎产热是随着胚龄的增加而增加的,尤其是孵化后期胚胎新陈代谢更旺盛,入孵后 19 天是第四天的 230 倍。如果热量散不出去,孵化器内积温过高,就会严重阻碍胚胎正常发育以至引起胚胎的死亡。所以,通风换气,其作用不仅只供给胚胎发育所需的氧气和二氧化碳,还具有排除余热使孵化器内温度保持均匀的功能。

3. 翻蛋与孵化

(1)翻蛋的作用:翻蛋可避免鸡胚胎与蛋壳膜粘连,并使鸡胚各部受热均匀,有利于胚胎发育的整齐一致。翻蛋还有利于胚胎运动,保持胎位正常。孵化前 2 周的翻蛋非常重要,对孵化效果影响很大。

(2)翻蛋次数:如果孵化器各个部位温差较小,每 3 小时翻 1 次蛋就足够了;如果孵化机温差较大,就要增加到 2 小时甚至 1 小时翻蛋 1 次;此外,还要注意倒盘、调架。

(3)翻蛋角度:翻蛋角度以 90°为宜,即每次翻水平位置的左或右的 45°角,下次则翻向另一侧。

4. 湿度与孵化

当温度偏高、胚蛋减重增大时,增加湿度可以起到降温和减少失重的作用。当温度偏低时,胚胎失重减少,增加湿度则没有好处,这时不但推迟出壳,还会造成胚胎失水过少,增加大肚脐弱雏的比率。

加湿与不加湿孵化都是相对的。当种蛋保存时间过长,胶护膜被破坏及老龄鸡所产种蛋蛋壳相对薄时,在孵化过程中,增加湿度可以减少胚蛋的水分过快散失,对维持正常的代谢有重要的作用;反之,当保存期仅有 3 天左右的新鲜种蛋及青年种鸡所产蛋壳相对较厚的种蛋入孵时,加湿孵化反而会阻碍其胚蛋内的水分蒸发,影响其正常的物质代谢,从而影响出雏。

5. 凉蛋与孵化

凉蛋是指种蛋孵化到一定时间,关闭电热甚至将孵化器门打开,让胚蛋温度下降的一种孵化操作程序。只有禽胚发育受热充血,凉蛋才作为孵化的要素之一。其目的是驱散孵化器内余热,让胚胎得到更多的新鲜空气,不根据禽胚发育规律盲目地、机械地凉蛋,会使发育慢的禽胚发育受阻,同时也加大了劳动强度。

(1)凉蛋的作用:抱鸡孵蛋,由于抱鸡每天都要出窝排粪、采食,因此认为凉蛋是必不可少的。但是,凡抱性强的抱鸡,不是每天都出窝排粪、采食,且凉蛋时间也是很不一致的。室温高,胚胎发育到中、后期,抱鸡频繁地站立凉蛋;室温低,到中、后期若将窝中垫草减薄,凉蛋次数明显减少,甚至不凉蛋。因此,抱鸡本能地凉蛋与否取决于蛋温的高低,并不是一定要凉蛋,即凉蛋要根据禽胚发育标准(即蛋温的高低)来确定。凉蛋的主要作用在于帮助散热,并随之为胚胎提供充足的新鲜空气。

(2)凉蛋方法:凉蛋时,先将电热关闭,箱门打开,鼓风放温。在室温不高时,为避免下部蛋温过凉,箱门宜开小些,使机内温度控制在 35℃左右,持续 3～5 小时;然后,开启电热,重新恢复室温。在室温偏高或孵化机通风不良时,只有将一盘盘蛋端出凉蛋,必要时喷水降温。在胚蛋受热充血还不严重的情况下,凉蛋降温及时,对孵化率、健雏率将会起到补救作用;如果胚蛋已严重受热,则凉蛋效果甚微。

凉蛋时间随着胚龄增长而逐渐加长,次数逐渐增多。头照后至尿囊绒毛膜"合拢"前,每天凉蛋 1～2 次;"合拢"后至"封门",每天凉蛋 2～3 次;"封门"后至大批出雏前,每天凉蛋 3～4 次。鸡胚至"封门"前采用不开门、关闭电热、风扇鼓风措施降温;鸡胚从"封门"后采用开门、关闭电热、风扇鼓风乃至把蛋盘抽出、喷冷水等措施进行降温。一般将蛋温降至 30～33℃,即把胚蛋放在眼皮上,感觉"温而不凉"为度。室温低,凉蛋时间短;室温高,凉蛋时间长。每次凉蛋约 30 分钟,少则 10 分钟,多则 1～2 小时,炎热地区凉蛋时间更长些。

(3)凉蛋时机的掌握:凉蛋并不是必不可少的工序,应根据胚胎发育情况、孵化天数、气温及孵化器性能等情况灵活掌握:①如孵化器供温和通风换气系统设计合理,尤其是有冷却设备,可不凉蛋,但在炎热的夏季,孵化后期胚胎自温超温时,可根据情况进行适当凉蛋;②胚胎发育偏慢,不能凉蛋,以避免胚胎发育受阻;③大批出雏以后,不仅不能凉蛋,还应将胚蛋集中放在出雏器顶层;④孵化器通风换气系统设计不合理,通风不良时,凉蛋是必不可少的降温措施;⑤由于偶然停电,鼓风停止,代谢热聚集在孵化箱上部,在室温高时,即使高温的胚蛋已调到下层,蛋温仍然"烫眼",此时就需抽出蛋盘置在室内凉蛋,必要时喷水降温;⑥同一禽种,大蛋和小蛋同机孵化,小蛋到中、后期也需抽出凉蛋。

（四）提高鸡蛋孵化率的技术措施

1. 孵化效果检查

孵化成绩的好坏常用入孵蛋孵化率、受精蛋孵化率、健雏率等指标来进行衡量，一般入孵蛋孵化率应达 85% 以上，受精蛋孵化率在 90%，健雏率应在 97% 以上标志着孵化成绩好。孵化过程中应结合照蛋、出雏情况等检查胚胎的发育情况，随时发现孵化过程中的不正常现象，采取必要的改进措施，总结经验，进一步提高孵化成绩。

（1）照蛋：照蛋是检查孵化效果的方法之一。其目的是通过透视胚胎，了解发育情况，调整孵化条件。通常采用的工具是照蛋器。发育正常的活胚，头照在 5～6 天进行，可明显看到黑色眼点，血管明显呈放射状，蛋的颜色暗红。孵化第 10 天抽验蛋时，发育正常的活胚尿囊已经合拢并包围蛋的所有内容物，透视时，蛋的锐端布满血管。在 18 天二照时，发育良好的胚蛋，除气室以外已占满蛋的全部容积，胚胎的背部紧压气室，因此，气室边界弯曲，血管粗大，有时可看到胎动。即将出壳的雏体占据整个胚蛋，气室向一侧倾斜。常见的几种异常胚蛋的透视特征如下。

弱胚蛋：5 天时，发育迟缓，胚体小，黑眼点不明显或看不到，血管纤细，色淡红。18 天时，胚胎发育落后；气室比发育正常胚蛋小，且边缘不整齐，可见到红色的血管，小头发亮。

无精蛋：5 天照蛋时，蛋色浅黄、发亮，看不到血管，蛋黄影子隐约可见,头照多不散黄。

死精、死胚蛋:头照只见黑色的血线或血点、血弧、血环紧贴壳上,有时可见死胚的小黑点静止不动,转蛋时跟着转动,但停止转后又静止。蛋色浅,蛋黄沉散。照蛋时,很小的胚胎与蛋黄呈分离状态,气室边缘不清晰。18 天时,气室小而不倾斜,其边缘整齐且呈粉红、淡灰或黑色。胚胎不动,见不到"闪毛"。

破蛋:透视见有裂纹。

腐败蛋:蛋色呈一致的紫褐色,有的有异臭味。

(2)蛋重和气室的变化:在孵化过程中,由于蛋内水分蒸发,蛋重逐渐减轻。孵化至 6、9、15、19 天,蛋重减轻依次为 2.5%～3.0%、5%～7%、10%～11%、12%～14%。如果在孵化期内蛋的减重超出正常减重的标准过多,照蛋时,气室很大,则可能是湿度过小,温度过高或通风过快;蛋的减重低于标准过多,照蛋时,气室很小,则可能是湿度过大,温度偏低或通风太差。通常是定期测定 100 个胚蛋实际重量,求减少的百分数,然后与标准比较。

(3)啄壳和出雏观察:啄壳和出雏情况和时间不同程度反映出蛋的品质和孵化制度是否正常。种鸡营养不全,种蛋维生素缺乏或孵化温度低时,出雏推迟。因此,要注意观察啄壳和出雏持续时间,并与正常情况进行比较。正常情况下,雏鸡 19.5 天开始啄壳,20 天开始出雏,出雏时间较一致,出雏高峰在 20.5 天,21 天则出雏完毕。

(4)初生雏的观察:主要观察绒毛、精神状态及脐部愈合情况和体型等方面。发育正常的雏鸡绒毛洁净有光泽,脐部收缩良好,干燥且被腹部绒毛覆盖着,腹平坦。雏站立稳重,对光及音响反应灵敏,叫声洪亮,体型匀称,握在手里有温暖感觉并挣扎有力,膘情良好,显得"水灵"。弱雏则绒毛比较混乱,脐部潮湿带有血迹,愈合不良,腹大,蛋黄吸收不良,脐部无绒毛覆盖,体重大小不一,体躯干瘪瘦小,握在手里感到无挣扎力。两眼无神,半闭半开。两脚站立不稳,叫声无力或表现痛苦呻吟状态,对外界反应迟钝。

2. 孵化效果分析

在孵化期内,胚胎死亡分布不是均衡的,而是存在两个死亡高峰。第一个死亡高峰出现在孵化的第 3～5 天,第二个高峰在孵化的第 18～20 天。一般来说,第一高峰的死亡率约占全部死胚数的 15％,第二高峰约占 50％。高孵化率的鸡群,死胚多出现在第二高峰;而低孵化率的鸡群,两个高峰的死亡率大致相当。孵化效果的好坏受种蛋的品质和种蛋的保存环境和孵化条件的影响。孵化过程中出现问题及原因分析见表 3-2。

表 3-2　孵化过程中出现的问题及原因分析

问　　题	原　　因
无精蛋太多	公母比例不合适,种公鸡营养不良或年老,不育公鸡肉垂和冠冻伤或种蛋贮存不当
出现血管环及胚胎在前期(1～6天)死亡	种蛋贮存温、湿度不当,贮存太久种蛋运输不当造成裂纹蛋、系带断裂等,孵化温度不当,种蛋熏蒸消毒过甚或程序不当,种蛋营养失调,如维生素 A、维生素 B_2、维生素 E 缺乏,母源性种蛋污染

问　　题	原　　　　因
胚胎在孵化中期死亡(7～12 天)	种蛋贮存温度高,孵化温度不当,母源性或蛋壳携带的病原感染胚胎,种蛋营养失调、维生素 D_3、维生素 B_2、维生素 B_{12} 缺乏,孵化机通风不良,未翻蛋或翻蛋不正常,停电时间过长
胚胎在孵化后期(13～18 天)死亡	种蛋的营养水平低,温度过低或一段时间温度过高,湿度过高,通风不良,小头向上
幼雏未啄壳在第 8～12 天死亡	孵化机湿度过低,出雏机温度过高,孵化后期通风不良,温度偏高,胚胎感染
出雏早、幼雏脐部带血	孵化温度偏高,湿度低,温度计不准确
出雏迟	孵化全程温、湿度偏低,种蛋贮存过久,孵化室内温度变化不定
雏鸡体小	入孵种蛋小,孵化机内温度太低
雏鸡呼吸困难	出雏机内残留大量熏蒸剂或熏蒸时间不当,出雏机内温度太高,感染了传染病
啄壳中途停止,部分死亡	种蛋大头向下,翻转不当
雏鸡体重不整齐	入孵种蛋大小不一,孵化机内部温度不均匀
幼雏粘蛋白	温度偏低,湿度太高,通风不良
雏鸡与壳膜粘连	孵化机、出雏机湿度太低

问　　题	原　　　　因
雏鸡脐带收缩不良,充血	湿度过高,湿度变化过剧,胚胎受感染
雏鸡腹大、柔软、脐部收缩不良	温度偏低,通风不良,湿度太高
胚胎及雏鸡畸形	孵化早期(1～5天)温度过高,种蛋维生素缺乏
孵化过程中出现臭蛋及臭蛋爆裂	裂蛋、蛋壳污秽被细菌感染,孵化用具清洗消毒不彻底

3. 提高孵化率的措施

(1)孵化室设计合理:孵化室设计要求冬能保温、夏能隔热,设计双层玻璃窗,室内暖气片设在进风的窗下,防止冷风直接吹进孵化器后面的进风口,影响孵化器内温度,避免靠近进风口附近的胚胎直接受冷风刺激。夏季为了通风、降温,最好安置风扇,及时驱除室内污浊气体;否则,室内温度高,通风不良,二氧化碳不能及时排除,胚胎的氧气供应不足,则降低孵化率。

(2)提高种蛋受精率:种蛋的受精率越高,入孵蛋孵化率越高;反之,种蛋受精率越低。提高种蛋受精率的措施包括:搞好种公鸡的选择,公母比例要适当,种公鸡的利用期要适当,适时淘汰和补充种公鸡等措施,以确保种蛋的受精率。

(3)提高种蛋质量:种蛋的质量与种鸡群的营养状况和疫病净化情况关系密切。应根据种鸡群的品种特性和营养特点,做好种鸡群的日粮配合,特别要防止维生素 A、维生素 B_2、维生素 B_{12}、维生素 E、维生素 K、维生素 D、泛酸和叶酸的缺乏;同时要注意添加缺乏的矿物质及微量元素;饲料中的粗蛋白质水平不要过高,否则也影响孵化率。经蛋传播的疾病,都不同程度地影响孵化率。要坚持种鸡群疫病净化,淘汰阳性个体,切断垂直感染,减少蛋传性疾病,同时做好卫生防疫工作,切断水平感染,减少环境污染,才能提高孵化率及种鸡成活率。根据蛋重、蛋形、蛋壳质量及蛋的清洁度严格挑选种蛋。

（4）提高孵化技术及管理水平:掌握好孵化温度、湿度,创造良好的孵化条件。做好孵化场和孵化器的清洁和通风换气。加强对孵化人员的管理,充分调动积极性并加强岗位责任心,严格地执行孵化操作规程。孵化人员要定期培训和交流经验,并制订切实可行的奖罚或承包方法。

四、怎样配制鸡的饲料

(一)鸡的营养需要

鸡所需的营养物质几乎全部是从饲料中获得的。饲料中含有的营养物质按常规化学分析法可分为:碳水化合物、粗蛋白质、粗脂肪、矿物质、维生素和水六大营养物质。

(1)碳水化合物的功能:饲料中碳水化合物是粗纤维和无氮浸出物的总称。碳水化合物是植物性饲料的主要成分,占干物质的 $50\% \sim 80\%$。

碳水化合物在鸡饲料中的主要作用:一是提供机体所需的能量,在鸡体内氧化供能。当能量多余时,可转化为糖原或脂肪储存起来,以备不足之需。二是构成体组织的成分,如核糖及脱氧核糖是细胞核的组成成分。三是作为提供动物产品的主要原料。

(2)粗蛋白质的功能:粗蛋白质是饲料中纯蛋白质和氨化物的总称。各种饲料中粗蛋白质的含量和品质差别很大,就其含量而言,动物性饲料最高($40\% \sim 80\%$),油饼类次之($30\% \sim 46\%$),糠麸及禾本科籽实较低($7\% \sim 13\%$);就质量而言,动物性饲料、豆科及油饼类饲料中蛋白质品质较好。

蛋白质的营养功能主要有以下几方面：①蛋白质是维持生命、生长和繁殖不可缺少的物质。②蛋白质是组成动物各种内脏器官及体组织的基本物质。蛋白质在鸡体细胞内不仅含量高，而且结构复杂，种类繁多。不同的器官、组织，其组成细胞的蛋白质种类不同。③蛋白质是组成酶和激素的主要成分，参与并调节体内的代谢过程。鸡体内酶的种类很多，它们都是由细胞产生的一类蛋白质，调节各种生理机能。例如，生长激素是一种球蛋白，能增强新陈代谢并刺激鸡生长。④修补体组织，鸡体组织的蛋白质是不断更新的，组织蛋白质始终处于一种不断地分解、合成的过程中。⑤特殊情况下，蛋白质在体内也能提供机体能量。

如果鸡日粮中缺乏蛋白质，轻则影响生长发育和产蛋；重则生长停滞、消瘦、贫血、死胎等，甚至引起死亡。如果日粮中蛋白质超过鸡的正常需要，会引起消化不良、下痢等，重则引起痛风病，还会浪费蛋白资源、增加生产成本，所以生产中应注意这一点。

（3）粗脂肪的功能：饲料中能溶解于有机溶剂的物质统称为粗脂肪或乙醚浸出物，包括真脂肪和类脂质。真脂肪即中性脂肪，又称甘油三酯或三酰甘油。构成脂肪的脂肪酸包括饱和脂肪酸和不饱和脂肪酸。类脂质是指含磷或其他含氮物的脂肪，主要包括磷脂、糖脂、固醇及蜡。

脂肪的营养功能主要有以下几方面：①脂肪是构成细胞的必需成分，如磷脂和胆固醇是构成细胞膜的主要成分。②脂肪是家禽能量来源和贮存能量的最好形式，脂肪所含能量约是碳水化合物和蛋白质所含能量的 2.25 倍。③为家禽提供必需脂肪酸,如脂肪酸中的亚油酸(被称为必需脂肪酸),在机体内不能合成,必须由饲料中供给。种鸡配合饲料中应注意亚油酸的含量。④脂溶性维生素 A、维生素 D、维生素 E、维生素 K 必须溶解于脂肪中才能被消化、吸收和利用。在正常情况下,鸡不会缺乏脂肪。若缺乏亚油酸,则会引起代谢紊乱,生长受阻,产蛋率和孵化率下降。

(4)矿物质的功能:矿物质是各种无机物的总称,家禽是通过采食或饮水从外界摄取的,在机体内构成体组织和形成各种酶类、激素和维生素等。无机元素包括常量元素和微量元素两类。

无机元素在机体中含量在 0.01% 以上的称为常量元素,包括钾、钙、镁、氮、磷、氯、硫等元素。无机元素在机体中含量在 0.01% 以下的称为微量元素,微量元素中又分为必需微量元素与非必需微量元素。必需微量元素是指具有特殊生理功能的动物所必需的微量元素,包括铜、铁、锰、锌、碘、硒、钴、钼、铬等元素。

①钙和磷:磷是鸡体内含量最多的矿物质,占总量的 65%~70%,约 99% 的钙和 80% 的磷以复合盐类的形式存在于骨骼等组织中,钙、磷比例约为 2:1。钙还存在于体液和软组织中,参与一系列生理作用。磷还以有机磷的形式存在于细胞核和肌肉中,如核蛋白、核酸等。参与氧化磷酸化过程,形成高能含磷化合物(三磷酸腺苷)贮存能量,在能量代谢中起重要作用。

钙不足,雏鸡表现软骨症,跛行,骨骼病变,产蛋鸡蛋壳粗糙、变薄、脆弱易破,产蛋量和孵化率下降。磷不足,鸡食欲减退，生长缓慢，关节硬化，蛋壳质量下降。钙过量，会影响磷、锰、铁、镁、碘等元素的代谢。过量的磷，会引起甲状旁腺机能亢进，骨组织营养不良。

影响钙、磷吸收的因素有：维生素 D 供给充足与否；钙、磷比例是否适当；铁、铅、镁等元素的影响。

②钠和氯、钾：这三种元素主要分布在体液和软组织中，主要作用是维持渗透压和酸碱平衡，控制营养物质进入细胞和水的代谢等。钠和氯还能刺激唾液的分泌及活化酶作用。肉鸡饲料中一般以食盐的形式添加。缺氯化钠，鸡食欲下降，营养不良，羽毛杂乱、易脱落，并容易形成啄癖，体重减轻，饲料报酬降低。所以，无鱼粉日粮必须长期补食盐。若是有鱼粉日粮，要根据鱼粉中盐含量决定日粮中食盐添加量。

家禽一般不会缺钾。若缺钾，则表现为生长停滞，异嗜。饲料中食盐过多，会使血液钠离子浓度增加。鸡可见饮水增加、惊厥、打转、抽搐，以致中毒死亡；钾过多会影响镁的吸收和代谢。

③硫：存在于含硫氨基酸中，也是硫胺素和生物素的组成成分。主要通过含硫有机物如蛋氨酸、胱氨酸和半胱氨酸等起作用，用于合成菌体蛋白、羽毛及多种激素等。缺硫会引起鸡食欲减退，羽毛生长不良，发生啄癖，产蛋下降，蛋形变小。

④铁：血红蛋白、肌红蛋白及各种氧化酶的组成成分，与血液中氧的运输，细胞内的生物氧化过程有密切关系。鸡缺铁会引起贫血，羽毛颜色减退。

⑤铜：血红素和红血球的形成是必不可少的，是多种酶的成分和激活剂，能促进铁的吸收。日粮中铜缺乏时，会引起鸡贫血，羽毛颜色减退，受精率降低，产蛋率降低。

⑥锰:对钙、磷代谢有影响,为骨骼正常发育所必需,是酶的辅助因子和激活剂,参与体内一系列生化反应,参与胆固醇的合成。

缺锰,鸡会引起滑腱症,即病鸡腿骨短,胫骨与跗骨接头处肿胀,后跟腱易从踝状突滑出,病鸡不能正常站立。钙、磷的过量能加剧病情的发展。蛋壳质量下降,种蛋孵化率降低。

⑦锌:多种酶和胰岛素的成分,参与蛋白质和碳水化合物的代谢。分布于鸡体的各种组织中,尤以肌肉、肝脏等组织中较多。

缺锌,鸡食欲减退,生长缓慢,羽毛、皮肤生长不良,腿粗短,脚表面呈鳞片状,种鸡产蛋减少,种蛋孵化率降低。鸡日粮中含锌过量,会引起铁、铜的吸收障碍,造成贫血、消化道紊乱和生长迟缓。

⑧碘:碘是甲状腺素的组成成分,与鸡的基础代谢有关,是鸡生长、繁殖不可缺少的元素。缺碘,雏鸡饲料转化率低,生长缓慢。母鸡饲料中含碘过多,会造成产蛋量下降。沿海地区植物饲料含碘量高于内陆地区,海藻含碘丰富,某些海藻含碘可达0.6%。

⑨硒:谷胱甘肽过氧化酶(GSH-Px)的组成成分,能保护细胞膜不受氧化酶的侵害,与维生素E有协同作用。硒对胰腺的组成和功能也有重要影响。

鸡缺硒会引起渗出性素质,在病鸡的胸、腹部皮下有蓝绿色的体液聚集,皮下脂肪变黄,心包积水,严重时出现白肌病,种鸡产蛋量降低,种蛋孵化率降低。鸡饲料中硒过量,可使雏鸡生长迟缓,种蛋孵化率降低,甚至不能出壳。

⑩钴：维生素 B_{12} 的组成成分，与蛋白质和碳水化合物代谢有关。缺乏时，会引起鸡贫血，生长缓慢。鸡微量元素需要量及最大安全量见表 4-1。

表 4-1　鸡微量元素需要量及最大安全量

微量元素	需要量	最大安全量
铁(Fe)	40～80	1 000
铜(Cu)	3～4	300
锰(Mn)	40～60	1 000
锌(Zn)	50～60	1 000
硒(Se)	0.1～0.2	4
碘(I)	0.3～0.4	300
钴(Co)	—	20

(5)维生素的功能：维生素是维持机体正常生命活动所必需的一类低分子有机化合物。种类很多，化学结构各不相同。鸡消化道内微生物少，大多数维生素在体内不能合成或合成量太少，不能满足鸡体需要，必须从饲料中供给。

根据维生素的物理性质，可分为脂溶性维生素和水溶性维生素两大类。脂溶性维生素包括维生素 A、维生素 D、维生素 E、维生素 K 四种；水溶性维生素包括维生素 B_1、维生素 B_2、维生素 B_6、维生素 B_{12}、烟酸、泛酸、生物素、胆碱、叶酸及维生素 C 等 10 种。

①脂溶性维生素

a. 维生素 A:现在的维生素 A 是经包被的黄色或橘黄色颗粒,是合成鸡眼视网膜中感弱光的紫质色素的原料,也是维持鸡体上皮组织正常生长以及促进鸡体正常生长发育所必需的物质。维生素 A 是维持肉鸡正常的生理作用和鸡群健康的最重要的维生素之一。维生素 A 在空气中易被氧化而失去活性,脂肪酸败也会影响维生素 A 的活性。

缺乏维生素 A,鸡上皮细胞易角质化,引起上皮细胞的破裂,造成细菌感染。鸡对黑暗的适应能力降低,眼睛发红,流出黄色液体,甚至造成夜盲症或干眼病。鸡的抗病力减弱,种鸡产蛋量减少,受精率下降,胚胎死亡率高。黄玉米中含有胡萝卜素,在鸡体内可转化成维生素 A。

b. 维生素 D:维生素 D 是无色晶体状物质,属于固醇类物质,比较稳定,维生素 D 有近 10 种。但对鸡来说,维生素 D_3 的生理效能最好。维生素 D 具有促进钙、磷的吸收及在骨骼中沉积的作用,有利于骨骼的钙化。维生素 D 相对较稳定,不易被酸碱破坏,但酸败的脂肪及碳酸钙会引起维生素 D 的破坏。

鸡缺乏维生素 D,生长不良,羽毛粗乱,胸骨弯曲,喙变软,种鸡产蛋量下降,蛋壳变轻变薄,种蛋孵化率降低。过量的维生素 D,如雏鸡 40 万国际单位/千克饲料,使雏鸡血钙浓度提高,生长停滞,肾脏受损。鸡体经阳光照射时,体内可合成部分维生素 D。

c. 维生素 E:维生素 E 为淡黄色,能维持鸡正常的繁殖功能;维持肌肉正常发育和生理功能;具有较好的抗氧化作用。

缺乏时,雏鸡患脑软化症,渗出性素质和肌营养不良(白肌病),公鸡睾丸退化,种蛋孵化率低。不饱和脂肪酸较多,饲料中维生素 A、维生素 C 水平较高,会增加维生素 E 的需要量。饲料中的维生素 E,随贮存时间的延长而不断减退。

d. 维生素 K:维生素 K 呈白色粉末状,可以促进肝脏合成凝血酶原,对血液凝固有主要作用。特别是小鸡对维生素 K 比较敏感,易产生缺乏症。缺乏时,血液凝固缓慢,出血不止,皮下和肌肉间有出血现象。在鸡只患球虫病、断喙以及公鸡去势时,应适当补充维生素 K。维生素 K 耐热,但易被光分解。

天然维生素 K 分为维生素 K_1 和维生素 K_2 两种,维生素 K_1 存在于绿色植物中,维生素 K_2 存在于微生物体内,饲料中添加的维生素 K_3 是人工合成的。

②水溶性维生素

a. 维生素 B_1:又称硫胺素,呈白色粉末状,是辅羧酶的组成部分,参与碳水化合物的代谢。

缺乏时,鸡食欲减退,衰弱,消化不良,下痢,羽毛蓬乱、无光泽,发生多发性神经炎,头向后仰,坐地,呈"观星状"。鸡群有应激或球虫病会增加维生素 B_1 的需要量,霉变饲料会破坏饲料中的维生素 B_1,使用氨丙啉会降低鸡只对维生素 B_1 的吸收。

b. 维生素 B_2:又称核黄素,呈黄色,是鸡体内黄素酶的组成成分。它与碳水化合物、蛋白质、脂肪的代谢有密切关系。

鸡缺乏维生素 B_2,食欲下降,生长不良,腿软,有时关节触地走路,趾向内弯曲成拳状,产蛋量下降,孵化率降低。低温条件下应增加维生素 B_2 的供给量。

c. 维生素 B_6:又称吡哆醇,是白色粉末状物质,是鸡体内氨基转化酶的组成部分,与蛋白质的代谢有密切关系。同时,维生

素 B_6 是许多酶系统的辅酶,参与多种代谢过程。

鸡缺乏维生素 B_6,会引起严重的氨基酸代谢紊乱,破坏蛋白质的合成和红血球的形成,贫血,生长停滞,中枢神经紊乱,胸腹贴地,抽搐,直至衰竭死亡。种蛋孵化率降低。维生素 B_6 在碱性溶液中易破坏,易被光破坏。

d. 维生素 PP:亦称维生素 B_5,包括烟酸和烟酰胺两种,呈白色粉末状,是 B 族维生素里最稳定的一种。在鸡体内,维生素 PP 是辅酶 Ⅰ 和辅酶 Ⅱ 的主要成分,在糖的分解和吸收过程中起重要作用。

鸡缺乏时,生长受阻,羽毛脱落,关节肿大,腿骨弯曲,脚和皮肤有鳞状皮炎,口腔出现"黑舌病",产蛋率降低,种蛋孵化率降低。

e. 泛酸:又叫维生素 B_3,是黄色黏性油状物。以泛酸钙的形式出现,呈白色粉状结晶,是鸡体内辅酶 A 的原料,与脂肪和胆固醇的合成有关。

缺乏时,雏鸡生长发育受阻,发生皮炎,喙角及趾部形成痂皮,眼分泌物增加与眼睑黏合在一起。成鸡产蛋率下降,孵化率降低。泛酸易被酸碱破坏,对氧化剂和还原剂较稳定。

f. 叶酸又称维生素 B_{11},是黄色结晶体,具有抗贫血作用;在肝及骨髓中对血细胞的形成有促进作用,与维生素 B_{12} 共同参与核酸的代谢。叶酸是雏鸡正常生长发育、羽毛色素形成及血红蛋白生成的必要物质。

缺乏时,鸡生长缓慢,贫血,羽毛不良,种蛋孵化率降低。叶酸对空气和热稳定,易被可见光和紫外光辐射分解。

g. 维生素 B_{12}:又称氰钴素,是暗红色结晶物。与核酸、蛋氨酸的合成、甲基代谢及鸡体内蛋白质、脂肪、碳水化合物的代谢有密切关系,与叶酸协同作用,参与红血球的形成,能促进胆碱的形成。

缺乏时,雏鸡生长受阻,贫血,羽毛不丰满,成鸡有肌胃炎症,产蛋率下降,孵化率降低,胚胎在最后 1 周死亡。维生素 B_{12} 在日光、氧化剂、还原剂的作用下易被破坏,在强酸、强碱溶液中极易被破坏。

h. 生物素:又称维生素 B_7,市面上的生物素是经稀释过的乳黄色粉末状物质,是一种含硫的维生素,是酶的构成要素,对蛋白质、脂肪、碳水化合物的代谢起重要作用。

雏鸡缺乏时,发育不良,生长缓慢,饲料效率降低,羽毛干燥、变脆,胫骨短粗病,营养性皮肤炎,嘴变形。肉鸡会患"脂肪肝肾病",种鸡产蛋率、受精率、孵化率下降,新生雏鸡发育迟缓。生物素常温下较稳定,耐酸、碱、热。

i. 胆碱:市面上的胆碱含量有 50% 或 70% 两种,颜色因载体不同而有差别。纯胆碱是无色晶体。胆碱是磷脂的组成成分之一,在构成细胞的结构和维持细胞功能上有主要作用。以卵磷脂的形式在脂肪代谢中起着重要作用,可防止三酰甘油在肝中积蓄,形成脂肪肝;同时,胆碱是生成乙酰胆碱不可缺少的成分,是一种甲基供体。

鸡缺乏胆碱,会引起脂肪代谢障碍,大量的脂肪沉积在肝脏,发生脂肪肝。发生骨短粗病,关节变形,贫血,生长缓慢,母鸡产蛋率显著下降,雏鸡死亡淘汰率增高。胆碱有极强的吸湿性。在强碱条件下不稳定,对热稳定,鸡可以利用蛋氨酸和甜菜碱来合成胆碱。

　　j. 维生素 C：又称抗坏血酸，是白色粉状物，极易被氧化剂破坏。维生素 C 参与体内一系列代谢过程，如参与细胞间质的形成，刺激肾上腺皮质激素的合成，促进肠道内铁的吸收，解毒以及减轻因维生素 A、维生素 E、维生素 B_1、维生素 B_2、维生素 B_{12} 及泛酸不足产生的症状。可以作为抗氧化剂。

　　鸡缺乏维生素 C 时，会降低维生素 B_{12} 和叶酸的作用，引起贫血，生长停滞，抗病力下降，应激能力减弱。

　　(6)水的功能：水的营养功能主要有以下几项。

　　第一，水是鸡体内化学作用的介质，也是生物反应的反应物。

　　第二，水是鸡体内物质运输的载体。鸡体内组织和细胞所需的养分和代谢物在体内的转运都要靠水作为载体来实现。

　　第三，水是维持体温的载温体。水的比热高，热容量大，通过体内血液流动，可调节全身体温。

　　第四，水是鸡体内摩擦的润滑剂。水的黏度小，可使摩擦面滑润，减少损伤。

　　雏鸡体内含水约 75％，成鸡为 50％～60％。若鸡饮水不足，则采食量下降，饲料消化吸收不良，血液浓稠，体温上升，生长和产蛋都受影响。鸡体内失水 10％以后，就可造成死亡。蛋鸡停水 24 小时，产蛋率可下降 30％。

(二)鸡的饲养标准

　　(1)饲养标准的含义：在大量科学实验的基础上，结合生产实际经验科学地制定鸡在不同体重、不同生理状态和不同生产水平条件下,需要各种营养物质的数量,称为饲养标准。饲养标准中所规定的营养需要包括维持生命活动和从事各种生产(如产蛋、生长等)所需要的各种营养物质,是经过实际测定,并结合各国的饲养条件及当地环境因素而制定的,反应了动物生产对营养物质的客观要求,具有很强的科学性和广泛的指导性。它是动物生产计划中安排饲料供给、设计饲料配方和对动物实行标准化饲养的技术指南和科学依据。

(2)饲养标准的种类鸡的饲养标准很多,大致可分为两类。一类是国家规定和颁布的标准,即国家的饲养标准,如1986年我国农牧渔业部批准并颁布的"中华人民共和国鸡的饲养标准";由美国国家研究委员会制定的"NRC家禽饲养标准";由日本农林省技术委员会制定的"日本家禽饲养标准"等。美国NRC家禽饲养标准已被各国公认为国际家禽饲养标准。另一类是大型育种公司或地区,根据各自培育的优良品种或品系的特点,制定出符合该品种或品系的营养需要的饲养标准,称为专用饲养标准或地区饲养标准。如荷兰尤里布里德育种公司培育的海波罗肉鸡,海赛克斯蛋鸡以及美国爱拨益加种鸡公司培育的AA肉鸡等都有自己制定的专用饲养标准,向用户推荐。下面列出我国、美国的鸡饲养标准,供参考。

①我国鸡的饲养标准这是我国制定正式颁布施行的第一个鸡的饲养标准,经中华人民共和国农牧渔业部批准,于1986年10月1日起施行。

②美国NRC鸡的饲养标准是由美国国家研究委员会制定的。第一版于1944年问世,以后经多次修订,到1994年已经为第九版。第九版的鸡饲养标准见附录四。

　　(3)饲养标准的应用:鸡的饲养标准比较多,所有这些饲养标准,都是各国根据本国和本地区的实际情况或本鸡种的特点制定出来的,它只具有相对的合理性和正确性,不可能完全适合所有国家、地区或不同品种的饲养和生产情况,即使我国自己制定和颁布的鸡饲养标准,也难以完全适用我国各个地区、各个养鸡生产单位;同时,饲养标准还受饲料原料中各种养分实际含量与饲料营养价值表上的差异以及气温等因素的影响,生搬硬套饲养标准往往达不到满意的生产结果。因此,对饲养标准应根据本国、本地区或本单位的实际情况和具体条件,灵活运用,再辅以饲养检查、判断饲养效果,并对饲养标准加以适当修正,拟出符合实际的、比较理想的饲料配方,以求在经济上取得更大的效益。饲养标准制定、颁布施行后,并不是一成不变的,需要随着科学的发展及生产经验的进一步积累,定期修订并补充新内容,使其更趋完善,更好地起到指导生产的作用。

(三)鸡的常用饲料

　　鸡所用的饲料,按照饲料中营养成分的含量不同来分,可分为5大类:能量饲料、蛋白质饲料、矿物质饲料、维生素饲料和添加剂饲料。

1. 能量饲料

　　主要作为能量来源的饲料称为能量饲料。鸡常用的能量饲料有以下几种。

　　(1)玉米:玉米是高能量饲料,有"饲料之王"的美称。富含淀粉,是谷类饲料中能量最高的。玉米以颜色分,可分为黄玉米、白玉米等。黄玉米含有丰富的胡萝卜素和叶黄素,有利于鸡的生长、产蛋,并能加深皮肤、蛋黄颜色。

玉米的蛋白质含量低,氨基酸含量低且不平衡。随着贮存期的延长,玉米品质也逐渐下降。若水分过高或贮存不当,玉米极易霉变,可能会引起肉鸡黄曲霉中毒,使用时应小心。

(2)小麦:小麦含能量仅次于玉米,粗蛋白质含量较高,含氨基酸比其他谷类完善,缺乏维生素 D 和胡萝卜素,富含 B 族维生素。适口性好,易消化,但黏度大,一定程度上影响吸收。

(3)大麦:含能量较低,含丰富的 B 族维生素,赖氨酸含量也较高,但皮壳粗硬,不易消化。少量使用,可增加日粮饲料种类,调剂营养平衡。

(4)稻谷:稻是世界上最主要的粮食作物之一,栽培面积和收获量均居第二位。按加工精度可分为糙米(去壳)、精米(去壳碾白)、碎米和米末。稻含粗蛋白 7%~9%,氨基酸组成与玉米相似。

2. 蛋白质饲料

饲料中粗蛋白质含量在 20%以上,粗纤维含量低于 18%的饲料称为蛋白质饲料。蛋白质饲料有植物性蛋白质饲料和动物性蛋白质饲料两大类。

(1)植物性蛋白质饲料:蛋白质含量在 38%~48%,适口性好,品质稳定,氨基酸组成平衡,消化率高,饲料报酬高。

①大豆饼粕:大豆饼粕的蛋白质品种取决于加工工艺。加热不足,则不能破坏其生长抑制因子,蛋白质利用率较差;加热

过度,则会导致大豆粕中的氨基酸变性而降低其使用价值,使用时应注意。

大豆饼粕蛋白质含量和蛋白质营养价值都很高。赖氨酸含量高,是养鸡常用的优良蛋白质饲料。当动物性蛋白质饲料缺乏或价格太高时,利用豆饼粕添加蛋氨酸作为蛋白质饲料是比较经济的,也同样会取得满意的饲养效果。

②花生饼粕:花生饼粕蛋白质含量为 36%～48%,带壳花生饼粕、粗纤维含量较高,残留油亦多,生产中应尽量使用去壳饼粕。

和大豆粕相似,花生饼粕的粗蛋白质量也取决于加工温度。适度加热,可破坏花生的胰蛋白酶抑制因子,使其利用率较好;加热过度,会降低其氨基酸的利用率。

花生饼粕适口性较差,鸡饲料中使用过量会影响采食量。花生饼粕易受霉菌污染,产生黄曲霉,对鸡生长极为不利。

③菜籽饼粕:菜籽饼粕产量多,粗蛋白、矿物质含量较高,价格便宜,是比较好的蛋白饲料。其粗蛋白含量达 35%～40%,氨基酸含量也较平衡。

菜籽饼粕在肉鸡中的应用,因其含有有毒有害物质而受到很大限制。菜籽饼粕中含有硫葡萄糖甙、芥子碱、植酸单宁等有毒物质,使用时应先经过脱毒处理,否则其饲养效果会受到较大影响。

(2)动物性蛋白质饲料:主要有鱼粉、骨肉粉、羽毛粉、血粉等。

鱼粉蛋白质含量高,氨基酸组成完善,尤以蛋氨酸、赖氨酸含量丰富,还含有大量的 B 族维生素和钙、磷等矿物质元素,且钙磷比例好,对雏鸡生长和成鸡产蛋、配种都有良好的效果,是养鸡业最理想的动物性蛋白质饲料。近年来,鱼粉短缺,价格陡增,在养鸡生产中的使用量大大减少。

骨肉粉品质比鱼粉差,骨肉粉因生产方法、原料的不同,质量差异较大,其加工时常因混有血粉,其饲用价值受到影响,使用时必须十分注意。

鱼粉和骨肉粉易腐败变质,应注意保存。

水解羽毛粉和血粉的蛋白质含量也高,但氨基酸不平衡,利用率较低。使用时,应解决日粮中氨基酸平衡问题。

(3)杂合类蛋白质饲料:如玉米蛋白粉、饲料酵母等。

①玉米蛋白粉:玉米蛋白粉属高蛋白、高热能产品,它的叶黄素含量为玉米的 15～20 倍。对蛋黄和肉鸡皮肤着色效果很好。特别是黄玉米蛋白粉,是肉鸡绝好的饲料原料,但玉米蛋白粉氨基酸组成不平衡,使用时应注意日粮搭配。

②饲料酵母:饲料酵母是利用工业废水、废渣等生产的一种蛋白质饲料,其蛋白含量达 45%～60%,是一种接近鱼粉的优质蛋白质饲料。其中,赖氨酸含量较多,蛋氨酸较少,它含有丰富的 B 族维生素。尤其是胆碱,对提高饲料中蛋氨酸利用率具有良好的促进作用。

3. 矿物质饲料

矿物质饲料是指提供钙、磷、钠、氯等无机盐的饲料。主要有磷酸氢钙、贝壳、蛋壳、骨粉、食盐、沙砾等。

贝壳是最好的矿物质饲料,含钙多,且容易吸收;石灰石含钙高,价格便宜,但应注意镁的含量不得过高;蛋壳作为钙原料,要注意清洗、煮沸,防止细菌污染。

骨粉和磷酸氢钙等是优良的钙、磷饲料。骨粉应注意质量问题,防止腐败变质。磷酸氢钙和其他磷酸盐作为磷原料时,对含氟量高的应做脱氟处理,用量在 1%～2%。

食盐是钠和氯的来源,占饲料的 0.35%～0.5%。添加鱼粉时,应注意食盐的用量。

沙砾有助于鸡肌胃的研磨力。

4. 维生素饲料

青饲料含有丰富的胡萝卜素和 B 族维生素,并含有一些微量元素,对鸡的生长、产蛋、繁殖及维持机体健康有良好作用,但其使用不方便。在实际生产中,多用人工合成的复合维生素。

5. 添加剂饲料

为了满足鸡的营养需要,保证饲粮的全价性,必须在饲料中添加一些氨基酸、维生素、矿物质等物质。添加物分为营养性添加剂和非营养性添加剂两类。营养性添加剂包括维生素添加剂、微量元素添加剂、氨基酸等;非营养性添加剂包括抗氧化剂、抗生素、防霉剂、驱虫药、调味剂、着色剂等。

(1)营养性添加剂

①维生素添加剂:目前,生产上使用的多数是复合维生素,是根据鸡的营养需要配制的。实际使用时,应根据鸡的饲养方式、环境条件、饲粮组成、生长速度或种鸡产蛋水平、健康状况来确定和调整。当鸡群接种疫苗时,增加维生素 A、维生素 D、维生素 E 的用量,雏鸡、种鸡比育成鸡用量高 1～1.5 倍。

②微量元素添加剂：矿物质微量元素只能由饮水和饲料供给，对维持鸡的生长、繁殖都起着重要作用。各种微量元素太少或太多都不行，应考虑到元素间的比例平衡及某些元素的特殊用量。

③氨基酸添加剂：目前，用于饲料添加剂的氨基酸有蛋氨酸、赖氨酸、色氨酸、甘氨酸、丙氨酸和谷氨酸钠盐 6 种，常用的主要有人工合成的 DL-蛋氨酸和赖氨酸。在缺乏动物性蛋白的豆粕饲料中添加蛋氨酸，可节约 2％～3％的粗蛋白，节约饲料，提高饲养效果。

(2)非营养性添加剂

①抗氧化剂：配合饲料保存时间较长时，需加抗氧化剂，防止饲料变质和适口性降低。常用的有乙氧喹等。

②抗生素：是一些特定的微生物在生长过程中的代谢产物，具有防治疾病和促进生长的双重作用。在选择使用抗生素时，应注意剂量及残留问题，最好选择吸收快、残留少、不产生抗药性的抗生素。

③益生素：益生素是由微生物发酵产生的微生态制剂，它与抗生素相比具有毒性小、无不良反应、无残留、不产生耐药性等优点，具有抑制有害菌生长、改善肠道环境、促进生长的作用。

④酶制剂：酶是生物机体合成的具有特异功能的蛋白质。酶制剂是通过工业发酵而产生的含有多种酶的饲料添加剂。目前，使用的酶制剂主要含消化酶，目的是促进饲料的消化和吸收。

酶制剂主要有蛋白酶、纤维素酶、脂肪酶、果酸酶、淀粉酶等单酶制剂，以及由含几种酶的复合酶制剂。实际生产中使用的多为复合酶制剂。

在正常情况下,玉米豆粕型日粮一般不需添加酶制剂。而杂粮型或含小麦、大麦较多的日粮必须添加适当的酶制剂,否则饲喂效果会不很理想。

⑤着色调味剂:在肉鸡饲料中,着色剂的利用比较普遍,因为消费者喜爱黄鸡皮肤、脚的颜色更黄些。着色剂可增进皮肤颜色的沉积,但在使用时应考虑其是否有残留,有无毒副作用,尽量选择天然的着色素。目前,常用人工合成的胡萝卜素、柠檬黄和加丽黄等。香味剂可增进食欲,促进肉鸡生长。

⑥防霉剂:防霉剂的作用是防止饲料发霉,保持饲粮的质量。常用的有霉敌、克饲霉等。

(四)鸡用日粮的配制和加工技术

1. 饲料配方设计

(1)饲料配方设计的基本原则:为了满足鸡对各种营养物质的需要,维持鸡的健康和高产稳产,必须按以下原则合理配制日粮。

①科学性:饲料配方是配合饲料的关键。设计的饲料配方,既要满足鸡的营养需要,又要充分利用当地的饲料资源,同时兼顾鸡的食欲和消化生理特点,达到最佳的营养和经济效益,良好的适口性和可消化性。

②营养性:配合饲料的营养性表现在不仅能保证动物对各单一养分的需要量,而且要通过平衡各营养素之间的比例,调整

各饲料间的配比关系,保证最终产品的营养全价性。只有这样,才能充分发挥饲料养分的潜力,取得较好的饲养实效。

③安全性:饲料安全与动物食品安全密切相关,设计配方所使用的原料必须符合国家饲料卫生标准,使用添加剂的品种、数量和方法必须符合国家有关条例和规范。对某些含有毒有害物质的饲料,如棉籽饼和菜籽饼等,应在脱毒后使用或对饲喂量进行控制,使配合日粮中的有毒有害物质不超过国家饲料卫生标准。总之,必须保证配合饲料在饲喂时安全可靠。没有安全性作前提,营养性也无从谈起。

④多样性:多种饲料搭配使用,可充分发挥各种营养成分的互补作用,提高营养物质的利用率。因此,选用的饲料种类应尽可能多一些。配合饲料中能量饲料占的比例大,可选2~3种。能量饲料的蛋白质含量少,氨基酸不平衡,钙、磷等矿物质也不足。蛋白质饲料种类多,如果条件允许,可选用2~3种蛋白质饲料,包括动物性和植物性蛋白质饲料。通过日粮搭配以及氨基酸、矿物质、维生素和食盐等添加剂的补充满足鸡的全部营养需要。

⑤实用性、适口性和经济性制作鸡饲料配方应注意饲料品质、消化特点和适口性。对于雏鸡不能喂纤维多的饲料,禁用霉变饲料,限用适口性差的饲料,同时必须保证较高的经济效益。为此,应因地制宜,充分开发和利用当地饲料资源,选用营养价值较高而价格较低的饲料,以降低配合饲料的成本。

(2)饲养标准与饲料配方设计:将组成配合饲料的各种饲料原料按一定的比例合成,即为饲料配方。制定饲料配方的主要依据是饲养标准。标准中给出的动物营养指标是建立在科学实验的基础上,并在生产实践中加以验证后,总结确定下来的。按照饲养标准为鸡配制日粮,可以避免盲目性和随意性,从而提高饲料的利用效率,获得最佳经济效益。

饲料配方的设计:

①饲料配方设计所需资料:所需资料包括鸡的饲养标准、饲料成分及营养价值表和各种饲料原料的价格。

②全价饲料配方设计方法:饲料配方设计的目的就是将各种饲料中的营养素按比例加起来,使能量、蛋白质(尤其是氨基酸)、矿物质、维生素等都达到或略超过营养标准的数量,并考虑所配日粮的成本等。

目前常用的设计方法有手工计算法和计算机法。

①手工计算法:包括试差法和四方法。

试差法是指根据经验或类似的配方,草拟出一个配方,然后计算其中所含各种养分的含量,并与饲养标准比较,然后通过增加或减少相应原料比例进行调整和重计算,直至所有的营养指标都基本满足要求为止。这种方法因设计思路清晰,容易掌握,是国内中小企业普遍采用的手工计算方法。缺点是计算烦琐,盲目性较大,不易筛选出最佳配方。现以石歧杂肉鸡前期饲料配方为例说明试差法的计算过程。

第一步,先列出石歧杂肉鸡主要的营养素需要标准和用于配方的饲料营养成分(见表4-2)。

第二步,根据经验初步确定各饲料的用量。玉米65%、豆粕21%、鱼粉5%、棉籽饼5%、植物油0%、预混料1%、食盐＋磷酸氢钙＋石粉,共3%合计100%。

表 4-2　饲养标准与饲料营养成分

肉仔鸡各营养素需要量	代谢能（兆焦/千克）	粗蛋白（%）	蛋氨酸＋胱氨酸（%）	赖氨酸（%）	钙（%）	有效磷（%）
	12.54	21	0.84	1.03	0.90	0.45
原料所含营养成分						
玉米	13.54	8.7	0.36	0.24	0.02	0.12
豆粕	9.61	43.0	1.30	2.45	0.32	0.31
鱼粉	11.66	62.8	2.42	4.9	3.87	2.76
棉仁饼	7.32	42.5	1.27	1.59	0.24	0.64
植物油	36.78					
磷酸氢钙					0.28	0.165
石粉					0.36	
复合预混料	待定					

第三步，先计算前四项原料中所含各营养素的量，并与饲养标准比较，结果如表 4-3。

表 4-3　4 种原料所含各营养素的量及与标准的差异

原料	配比（%）	代谢能（兆焦/千克）	粗蛋白（%）	蛋氨酸＋胱氨酸（%）	赖氨酸（%）	钙（%）	有效磷（%）
玉米	65	8.803	5.655	0.234	0.156	0.013	0.08
豆粕	21	2.019	9.03	0.273	0.575	0.067	0.065
鱼粉	5	0.368	2.125	0.064	0.080	0.012	0.049
棉仁饼	5	0.585	3.14	0.121	0.245	0.194	0.138
合计	96	11.775	19.96	0.692	0.986	0.285	0.332
与标准的差值		−0.765	−1.04	−0.148	−0.044	−0.615	−0.118

第四步,分析调整配方。

能量:比标准低得多,可用3%的植物油代替玉米。计算代谢能,$ME = 11.77 + 0.3 \times (36.78 - 13.54) = 12.47$(兆焦/千克),已接近标准值。

氨基酸:总含硫氨基酸少0.148%,赖氨酸少0.044%,可在预混料中补足。即在复合预混料中添加含硫氨基酸0.15%,赖氨酸0.05%。这样主要限制性氨基酸已平衡。

粗蛋白:因第一、第二限制性氨基酸已平衡,粗蛋白低于标准一个百分点是允许的。

有效磷:缺少部分用磷酸氢钙补足。计算,$0.11 + 0.61 = 0.72$,即确定磷酸氢钙的用量为0.72%。

钙:缺少部分用磷酸氢钙和石粉补足。即$(0.615 - 0.72 \times 0.28)/0.36 = 1.15$,石粉用量为1.15%。

食盐:因鱼粉用量大,根据经验,食盐用0.25%。

第五步,根据上一步的计算重新调整配比,差额或余额用增减玉米找平。重新核算配方营养成分。

至此,一个完整的配方(表4-4)已基本形成。在上述实例中,一些重要的参数在运算过程中未考虑,如原料的价格等,可进一步加以改进、完善。

四方法又叫对角线法,是利用四方形计算两种、三种或三种以上饲料的混合比例,使混合饲料中的某种营养成分达到所要求的指标。在选用的饲料种类及考虑的营养指标较少时,计算较为方便简单。

②计算机配方法:为了较好地满足饲喂动物对各种营养物质的需要,人们往往喜欢使用多种饲料原料来配制日粮,再加上饲

表4-4　新调配方所含各营养素的量

原料	配比(%)	代谢能(兆焦/千克)	营养成分(%)								
			粗蛋白(%)	蛋氨酸+胱氨酸(%)	赖氨酸(%)	精氨酸	苏氨酸	色氨酸	异亮氨酸	钙(%)	有效磷(%)
玉米	63	8.443	5.481	0.227	0.151	0.246	0.189	0.044	0.158	0.013	0.08
植物油	3	1.104									
豆粕	21	2.019	9.03	0.273	0.515	0.655	0.395	0.143	0.37	0.067	0.07
棉仁饼	5	0.368	2.13	0.064	0.080	0.215	0.066	0.044	0.065	0.012	0.03
鱼粉	5	0.585	3.14	0.125	0.245	0.164	0.131	0.037	0.145	0.194	0.14
磷酸氢钙	0.8									0.22	0.13
石粉	1.2									0.43	
食盐	0.25										
复合预混料	0.75										
合计	100.0	12.603	19.98	0.835	1.03	1.28	0.78	0.27	0.74	0.94	0.45

养标准越来越精细,各种营养指标越来越多,设计配方时要计算的数据越来越多,越来越复杂。尤其在考虑饲料成本时,使用手工设计配方比较烦琐。目前较为先进的方法是使用计算机筛选最佳配方。这种方法速度快,可以考虑多种原料和多个营养指标,最主要的是能够设计出最低成本饲料配方。大型的现代化饲料厂基本都采用该方法。计算机配方软件大多是应用线性规划设计的,即在所给饲料种类和满足要求配方的各项营养指标的条件下,使设计的配方成本最低。但计算机也只能作为辅助设计,需要有经验的营养专家对配方进行修订。有时配方计算无解,需进行适当调整。

2. 饲料的加工与调制

(1)配合饲料的加工工艺:配合饲料的生产是把各种饲料原料经过清除各种杂质后,经必要的粉碎,按配方混合,并根据要求制成一定形态的饲料。

配合饲料加工的工艺流程如下。

①原料的选择、接收:确定饲料配方选用原料时,应优先考虑使用当地的原料。原料接收装置应适用于卸载船舶或车辆的来料,并要求对谷物、粉状原料和蛋白质原料同等有效,通常粒状原料和粉状原料各有一套接收设备。

通向筒仓的输送设备可以用搅龙或刮板输送机,接收部分应有磁铁设备,以去除金属杂物。去杂后还需有自动称量、累计接收总量设施,以正确地控制库存,并将信号传至中央控制室。

②原料贮藏谷物筒仓的容量,应配备至少3～4周的生产供应量。筒仓结构一般为钢筋混凝土,小的也可以是钢板结构。

仓底夹角最小为 40°,粉状原料筒仓尽可能陡,最小为 55°。仓的内壁必须光滑,为出料畅通,仓底需配有合适的排料装置,出口尽可能大。

进仓谷物的水分不能超过 14%,并且每个筒仓应有料温自动记录和警报装置,并有倒仓和恒温控制设备,以确保安全和良好的工作环境,也避免物料的损失。

③粉碎:谷物从筒仓通过转运设备,进入粉碎机上面的贮仓。每台粉碎机,至少应有两个贮仓,并有料位控制指示装置,以便让控制板操作人员按需装满贮仓。安装使用台数少而单机产量大的粉碎机,比使用台数多而单机产量少的粉碎机经济。从粉碎机收集下来的物料,可以用负压系统吸运输送,也可以通过重力下料到负压运输系统。通常在卸料器和运输机之间还经过一道高效率的筛子,以免粉碎机筛板穿孔时有过大颗粒的物料混杂到整仓物料中去,也可安装警报装置,以便粒料过大时停下检查。

④添加剂预混合:预混合装备可以有一台容量 50 千克/批的卧式混合机。用一种基础物料来稀释药剂,把稀释后的药剂混合物下料到容量为 0.25～1 吨的卧式混合机,经混合后的载体物料、药剂混合物以及其他添加剂,由气压运输到配料仓。

⑤配料:配料是整个配合饲料工厂的心脏。配料仓的数量决定工厂的规模和生产的品种。主料仓一般 12～14 个,副料和预混合添加剂仓 8～12 个。由钢板或混凝土建成,仓的内壁必须光滑无突起。仓底最小夹角 55°,以避免结拱;各仓需有料位控制指示器。在小型工厂,称重可以用手工磅秤操作或定量磅自动进行。开动仓的出料装置,直至达到该批混合物的总量

为止。对大型工厂,采用标度盘定量控制或冲孔卡操纵的全自动配料秤较为合适,只要调换卡处即可改变配方。

⑥混合:通常采用卧式双带状间歇式混合机,因为它混合较为完全,所需混合时间只有4～5分钟。立式搅龙型混合机需要较长时间的混合,所以必须使用1台以上的设备。

⑦制粒:把粉料成品通过筛理设备去除杂质,再通过强有力的磁铁设备去除金属碎屑,然后把它送给压粒机的调节和混合部分,加入蒸汽,使其具有合适的温度和水分,以利于压制成粒。从压粒机出来的颗粒自动下落到一台冷却器,使粒温降低至高于室温7℃左右,然后再经过筛,去除粉末和碎粒之后,送到在颗粒装袋设备上面的贮仓或散装发运仓。

⑧装袋:粉料或粒料装袋设备,通常由具有气力托袋的高速自动秤和自动缝袋机组成,它能在1分钟内称重、灌包和缝合10包饲料。

⑨成品贮运:可以直接装到卡车或铁路货车上发运出去,也可送到仓库贮存,成品仓库可多层堆放。

(2)饲料的调制方法:为了提高饲料的消化率,去除某些有毒、有害物质,饲料在饲喂前一般都要进行调制。饲料原料的调制方式主要有粉碎、制粒、膨化、焙炒、蒸煮、发酵、打浆等。

①粉碎:用于各类籽实饲料及块状饲料。其主要目的是缩小饲料颗粒粒径、增大表面积、增加饲料与消化液的接触面,提高饲料养分的利用效率,同时确保后续工序如混合、制粒等的顺利进行。一般认为,蛋鸡最佳粉碎粒度为800微米左右,肉鸡则以中等粉碎粒度的效果较好。

②制粒:全价饲料通过制粒,可改善饲料的适口性,提高养

分的消化率,避免动物挑食,减少粉尘浪费和环境污染并便于运输。制粒后的饲料,可使肉鸡的增重和饲料转化效率分别提高4%~8%和3%~4%。鸡饲料颗粒的直径为2~8毫米,雏鸡宜小,成年鸡宜大。

③膨化:膨化是将物料加湿、加压、加温调质处理,并挤出模孔或突然喷出压力容器,使之因骤然降压而实现体积膨大的工艺操作。按其工作原理的不同,膨化分为挤压膨化和气体热压膨化两种。挤压膨化是对物料进行调质、连续增压挤出、骤然降压,使体积膨大的工艺操作,常采用螺杆式挤压膨化机连续作业。气体热压膨化是将物料置于压力容器中加湿、加温、加压处理,然后突然喷出,使其骤然降压而体积膨大的工艺操作,气体热压膨化通常采用回转式压力罐、固定式压力蒸煮罐、连续式热压筒进行间歇式或连续式膨化作业。

④焙炒熟化:焙炒可使谷物等籽实饲料熟化,一部分淀粉转变为糊精而产生香味,也有利于消化。豆类焙炒可除去生味和有害物质,如大豆的抗胰蛋白酶因子。焙炒谷物籽实气味香也利于消化。焙炒的温度一般为130~150℃。

烘烤类似焙炒,只是加热较均匀,焙炒过程中少量籽实可能加热过度,降低其营养价值。

⑤发酵:发酵是将饲料按0.5%~1%接种酵母菌,保持适当水分,一般以手能捏成团,松开后能散裂开为准;温度关系很大,温度偏低,时间延长。发酵后如不需烘干,原料湿一点也不影响发酵的效果。通过发酵可提高饲料的消化率,减少肠道疾病。

⑥打浆:打浆主要用于各种青绿饲料和各种块茎饲料。将

新鲜干净的青绿或块茎饲料投入打浆机中,搅碎,使水分溢出,变成稀糊状。含纤维多的饲料,打成浆后,还可以用直径2毫米的钢丝网过滤除去纤维等物质。打浆后的饲料应及时与其他饲料混合后饲喂,不宜长时间存放,特别是夏季,以免变质。

(五)父母代种鸡日粮配合的成功实例

由于目前国内用于生产的黄羽肉鸡品种不同,来源各异,生产目的、生产周期也不尽相同,再加上近几年关于黄羽肉鸡营养需要量的研究还不够充分深入,没有系统化,所以迄今为止,我国并没有统一完善的黄羽肉鸡饲养标准。但是,各育种单位也都制定了相对较适合自己所培育品种特点的黄鸡饲养标准。中国农业科学院正在对1986年颁发的地方品种黄羽肉鸡的饲养标准进行修正。随着研究的不断深入,黄羽肉鸡饲养标准的完善指日可待。

"苏禽黄鸡"父母代种鸡的推荐饲养标准见表4-5。

用试差法示例,以玉米、小麦、豆粕、麸皮、磷酸氢钙、贝壳粉为主要原料配制黄羽肉鸡种鸡产蛋期基础日粮,其计算步骤如下。

第一,查阅黄鸡种鸡推荐的饲养标准,查出种鸡产蛋期的营养需要(表4-6)。

第二,从饲料营养成分表上,查出所选饲料中所含主要营养成分的含量。

第三,根据各种饲料的营养特性,初步确定饲料大致比例进行试配(表4-7)。

表 4-5 "苏禽黄鸡"种鸡推荐饲养标准

项目	名　称	育雏 (0~6周)	育成 (7~20周)	产蛋 (21周以上)
营养成分	代谢能(兆焦/千克)	12.35	11.47	11.64
	环磷酰胺(%)	19~20	15.5~16.5	16~17
	钙(%)	1.0	0.90	3.2
	有效磷(%)	0.45	0.38	0.40
	粗纤维(%)	<3	<5	<3
	蛋氨酸(%)	0.42	0.34	0.45
	蛋氨酸+胱氨酸(%)	0.72	0.64	0.75
	赖氨酸(%)	1.05	0.90	0.98
微量元素	锰(毫克/千克)	55	55	85
	锌(毫克/千克)	60	60	80
	铁(毫克/千克)	70	65	100
	碘(毫克/千克)	0.4	0.4	0.4
	铜(毫克/千克)	6.0	6.0	8
	硒(毫克/千克)	0.2	0.2	0.3
维生素	维生素 A(国际单位/千克)	9 000	6 000	12 000
	维生素 D_3(国际单位/千克)	2 600	1 500	3 500
	维生素 E(国际单位/千克)	18	15	25
	维生素 K(国际单位/千克)	2	1.5	2
	维生素 B_1(国际单位/千克)	2	2	2

续表

项目	名　　称	育雏 (0～6周)	育成 (7～20周)	产蛋 (21周以上)
维生素	维生素 B$_2$（国际单位/千克）	6	4	8
	维生素 B$_6$（国际单位/千克）	2	2	4.5
	泛酸（毫克/千克）	9	8	12
	烟酸（毫克/千克）	30	28	38
	生物素（毫克/千克）	0.10	0.08	0.12
	维生素 B$_{12}$（毫克/千克）	0.01	0.01	0.012
	叶酸（毫克/千克）	0.60	0.50	0.90
	胆碱（毫克/千克）	1 200	800	1 300

表 4-6　"苏禽黄鸡"种鸡产蛋期的营养需要

代谢能（兆焦/千克）	粗蛋白质（%）	钙（%）	有效磷（%）
11.64	16.5	3.2	0.4

　　第四，调整配方。根据初定配方计算结果与饲养标准比较，代谢能略低于营养需要，粗蛋白质、钙和有效磷略高。因此，适当减少磷酸氢钙的比例，增加玉米的比例，这样反复计算，直至结果与饲养标准接近，最大差异不超过 2%。根据需要，适当加入微量元素、维生素添加剂及氨基酸。调整后的饲料组成见表4-8。

　　第五，计算每千克新配日粮的价格，以此作成本核算的依据，估测使用效果，从而确定该配方能否采用。

表4-7　试配的"苏禽黄鸡"种鸡产蛋期饲料组成

饲料	组成比例	代谢能(兆焦/千克)	粗蛋白质(%)	钙(%)	有效磷(%)
玉米	59	14.06×0.59=8.295 4	8.6×0.59=5.074	0.04×0.59=0.023 6	0.06×0.59=0.035 4
小麦	6	12.89×0.06=0.773 4	12.1×0.06=0.726	0.07×0.06=0.004 2	0.12×0.06=0.007 2
豆粕	23	10.29×0.23=2.366 7	47×0.23=10.81	0.32×0.23=0.073 6	0.15×0.23=0.034 5
麸皮	2	6.57×0.02=0.131 4	14.2×0.02=0.284	0.18×0.02=0.003 6	0.23×0.02=0.004 6
磷酸氢钙	2.1			0.021×23=0.483	0.021×17=0.357
贝壳粉	7.9			0.079×33.4=2.638 6	0.079×0.14=0.011
合计	100	11.567	16.894	3.229 6	0.449 7
营养需要	100	11.64	16.5	3.2	0.4
相差		-0.073	+0.394	0.029 6	0.049 7

表 4-8　调整后的"苏禽黄鸡"种鸡产蛋期饲料组成

饲料	组成比例	代谢能(兆焦/千克)	粗蛋白质(%)	钙(%)	有效磷(%)
玉米	61	14.06×0.61=8.576 6	8.6×0.61=5.246	0.04×0.61=0.024 4	0.06×0.61=0.036 6
小麦	4.8	12.89×0.048=0.618 72	12.1×0.048=0.580 8	0.07×0.048=0.003 36	0.12×0.048=0.005 76
豆粕	23	10.29×0.23=2.366 7	47×0.23=10.81	0.32×0.23=0.073 6	0.19×0.23=0.043 7
麸皮	1.1	6.57×0.010=0.072 3	14.2×0.011=0.156 2	0.18×0.011=0.001 98	0.23×0.011=0.002 53
磷酸氢钙	1.8			0.018×23=0.414	0.018×17=0.306
贝壳粉	7.9			0.079×33.4=2.638 6	0.079×0.14=0.011
	0.4				
合计	100	11.634 3	16.79	3.16	0.41
营养需要	100	11.634 3	16.5	3.2	0.40
相差			+0.29	−0.04	+0.01

五、怎样做好鸡的日常饲养管理

（一）肉用仔鸡饲养管理

商品肉鸡的生产性能主要以某一日龄的体重和同期的饲料转化比衡量。随着遗传育种的进步，饲养管理的改善，商品肉鸡的生长速度和饲料转化比已经有了较大幅度的提高，并可望继续提高。正因为商品肉鸡具有早期生长快、饲养周期短、饲料转化率高、饲养密度大、劳动效率高等优势，从而使商品肉鸡的饲养量不断扩大，在畜牧业经济中占据重要地位。

1. 肉鸡的饲养方式与全进全出制

（1）饲养方式：肉鸡的饲养方式主要有以下几种。

①厚垫料地面平养：厚垫料地面平养是目前最普遍采用的一种饲养方式。它具有投资少、简单易行、肉鸡的胸囊肿发生率低、残次品少等优点。其缺点是易发生球虫病，垫料来源常短缺。

厚垫料地面平养是在鸡舍地面上平整地铺垫 8～10 厘米厚的垫料，将肉鸡饲养在垫料上，任其自由活动。根据鸡舍的大小决定饲养数量,可几百只、几千只或上万只不等。但大群饲养需将鸡舍隔成几个小圈,每圈养 1 000～2 000 只。

厚垫料地面平养时,一定要注意垫料的质量与管理。垫料的质量以松软、吸湿性强、不霉变为原则。常用的垫料有碎玉米秸、碎稻草、刨花、统糠,尤以锯木屑为佳。垫料管理首先要求垫平,厚度基本一致。在饲养前期,会因垫料过于干燥而引起舍内灰尘过多,可适当用水喷雾,特别是在使用球虫疫苗时,应保持垫料的适当湿度。定期用 EM 溶液喷雾垫料可有效地除去粪臭,降低舍内氨气浓度,预防大肠杆菌等细菌性疾病。在饲养后期,要注意防止垫料的潮湿和板结。可经常翻动垫料,适当调高饮水器高度和水位,及时更换饮水器周围的潮湿垫料。这样才能有效地控制肉鸡腿疾、球虫病等的发生。可适合重型肉鸡和优质黄羽肉鸡的饲养。

②网上平养:网上平养是将肉鸡饲养在特制的网床上。网床由床架、栅板和围网构成。可就地取材,竹片、板条、铁网均可采用。有条件者可在竹片、板条制成的栅板上再铺上一层弹性塑料网。网眼的大小以使鸡爪不进入而又落下鸡粪为宜。一般栅板离地面 50～60 厘米。网床大小可根据鸡舍面积具体安排,但应留有足够的人行道,以便操作。采用这种饲养方式可大大减少消化道疾病,特别是球虫病的发生机会,同时能节省垫料费用。特别适合优质黄羽肉鸡的饲养。

③笼养:笼养实际上是一种立体化的饲养。肉鸡从 1 日龄到上市都在笼中饲养,随着日龄和体重的增大,可采取转层、转笼的方法分群饲养。笼的样式可按鸡舍的大小来设计。留出足够的操作空间。一般笼架长为 2 米、高 1.5 米、宽 0.5 米。离地

面 0.3 米,共分 3 层,每层高 0.4 米,每层可安放 4 组笼具。上、下笼之间应留有 10 厘米的空隙放承粪板。笼底可用铁丝制成网眼不超过 1 厘米见方的底板。虽然笼养肉鸡有不少优点,如鸡舍利用率高,可节省燃料、垫料、劳力费用,可有效控制球虫病或其他肠道疾病的发生和蔓延,便于公母分群饲养。但由于一次性投资较大,饲养重型肉鸡时易引发胸囊肿的发生,所以目前未被广泛采用。

(2)全进全出制:现代肉鸡生产要求全部采用"全进全出"的饲养制度,它是防止病原体的循环传播,保证鸡群健康生长的有效措施。所谓"全进全出"制,就是在同一范围内只进同一批雏鸡,并在同一日龄全部出场销售的制度。出售后,彻底清除垫料、粪便等污物,冲洗后再做切实的消毒处理。空舍 1～2 周后,再开始下一批肉鸡的饲养。从"全进全出"的范围讲,可分为三个层次,一是在一栋鸡舍内"全进全出";二是在一个饲养小区内"全进全出";三是整个鸡场的"全进全出"。对于一个循环套养的大型肉鸡饲养场来说,要做到整个鸡场的"全进全出"很难办到,但应尽量做到某一饲养小区和一栋鸡舍的"全进全出"制。

2. 肉鸡的育雏

肉鸡 0～4 周为幼雏阶段,这一时期的饲养管理称为育雏。雏鸡体质幼嫩;体温调节机能不完善;胃容积小,消化能力弱;对外界适应性很差,特别是对温度的变化很敏感,在低温条件下很难成活;另外,雏鸡自身免疫功能差,对病原微生物的抵抗力不强,易感染各种疾病;雏鸡还对饲料中的营养物质缺乏和有毒物质敏感,且群居性强,胆小,喜安静。所以,根据以上特点,为其创造良好的生活环境,做好细致的饲养和护理工作,才能保证其生长发育,达到较高成活率的目的。

(1)雏鸡的生理特点:要想育雏成功,取得较好的生长效果,首先必须了解雏鸡的生理特点,针对其特性,制定一套饲养管理制度,严格实施到位。

①体温调节机能不完善:初生雏的体温较成年鸡的低 2～3℃,到 10 日龄时才达到成年鸡体温,到 3 周龄左右体温调节机能逐渐趋于完善,7～8 周龄以后才具有适应外界环境变化的能力。雏鸡畏冷畏热,刚一出壳的小雏鸡,全身被覆绒毛,保温御寒能力较差。当环境温度低时,体热放散加快,雏鸡感到发冷;相反,当环境温度过高时,因鸡无汗腺,不能通过排汗的方式放散体热,雏鸡也会感到不适。所以,育雏时一定要掌握适宜的温度,不能偏低或偏高。

②生长迅速,代谢旺盛:蛋雏鸡 2 周龄的体重约为初生时体重的 2 倍,6 周龄体重为初生时的 10 倍,8 周龄为初生时的 15 倍。生长快、饲料利用率高。雏鸡代谢旺盛,心跳加快,耗氧量大。所以,在饲养上要满足其营养需要,在管理上要注意供给新鲜空气。

③羽毛生长快:鸡苗的羽毛生长特别快,在 3 周龄时羽毛为体重的 4%,到 4 周龄便增加到 7%。因此,雏鸡对日粮中蛋白质(特别是含硫氨基酸)水平要求高。

④胃的容积小,消化能力弱:胃的容积小,进食量有限,同时消化道内又缺乏某些消化酶,肌胃研磨饲料能力低。在饲养上应注意饲喂纤维含量低、易消化的饲料。

⑤敏感性强:对营养物质缺乏及有毒药物的过度敏感,会反

映出病理状态。

⑥抗病力差：由于雏鸡自身的免疫系统尚未健全，各种正常的生理机能不完善，抗御疫病的能力差，应加强管理，防止疾病流行。

⑦群居性强且胆小，易受惊吓：育雏环境要安静，防止各种异常声响和噪声以及鲜艳的颜色，鸡舍应有防止鸟兽害的措施。

(2)健雏的选择：购进鸡苗时，应在种鸡孵化场对鸡苗进行感官的健康检查。可通过"一看、二摸、三听"的方法，区别健康雏和病弱雏。一看：即用手轻敲出雏盘、观察鸡苗的表现。反应敏感，眼大有神或发出响亮叫声的，是健康雏；而身子蜷曲，趴着不动，无精打采，是弱雏的表现。二摸：用手轻握小鸡，以示指和中指感触鸡苗的腹部，健康雏温暖柔和，手指轻压后像一页紧张的橡皮薄膜，富有弹性，脐口平整，腹部不往肛门处伸张；弱雏表现为腹部松弛似软皮球，轻压无弹性或者像很紧的鼓皮，瘦小发硬，脐部收口不平。三听：健康雏鸡鸣声响亮清脆；弱雏微弱或尖叫不休。健雏和弱雏的具体鉴别详见表5-1。

表 5-1　健雏和弱雏的鉴别

项目	健　　雏	弱　　雏
羽毛	整齐清洁，富有光泽	蓬乱，沾污无光泽
腹部	腹部宽而平，大小适中，柔软	腹部膨大、突出、松弛
脐部	卵黄吸收好无出血痕迹、愈合好，紧而干燥并有绒毛覆盖	卵黄吸收不全有出血痕迹，脐部突出，无绒毛覆盖，肚脐外露
活力	活泼好动，眼大有神，反应敏感	痴呆，缩头闭眼，反应迟钝，怕冷，站立不稳

项目	健　　　雏	弱　　　雏
感触	饱满,富弹性,温暖,挣扎有力	松软,瘦弱发凉,无力挣扎
鸣声	响亮清脆	微弱或尖叫不休
体重	大小均匀,符合品种标准	大小不一,过重或过轻
其他	腿、喙、眼等无残疾	有残疾

3. 雏鸡的饲养与管理

(1)饲养的基本条件:肉鸡对饲养面积、喂料器、饮水器、加热器、喷雾器和围栏的要求见表 5-2。

表 5-2　肉鸡饲养的基本条件

基本条件	具体要求	
	育雏期(0～4 周)	育肥期(5 周以上)
饲养面积	每平方米养 50～25 只	每平方米养 20～10 只
喂料器	每只开食盘可养 100 只 每只 5 千克料桶可养 60 只 每米食槽可养 50 只	每只 10 千克的料桶可养 70 只 每米料槽可养 40 只
饮水器	每只 4.5 升饮水器可供 100 只雏鸡饮用	每只 8 升饮水器可供 130 只育肥鸡饮用
加温器	每台保姆伞可养 500 只 每台煤炉可养 1 000 只	

续表

基本条件	具体要求	
	育雏期(0～4 周)	育肥期(5 周以上)
围栏	每 8 米围栏可养 500 只 高度 45～50 厘米	
喷雾器	每栋鸡舍 1～2 只	

(2)进雏前的准备工作

①饲养计划的安排:应根据自己所拥有的鸡舍面积,考虑用鸡舍既做育雏又做育肥用,还是育雏与育肥分段饲养于不同鸡舍;然后,按照饲养密度计算饲养数量,根据饲养周期的长短和空舍时间,确定全年的周转批次。订购雏鸡时,应选择鸡种来源质量可靠的单位。

②鸡舍的准备

a. 打扫:彻底打扫杂物和灰尘,做到舍内无鸡粪、垫料、鸡毛,无蜘蛛网。

b. 清洗:先用加入消毒剂的水将墙壁、天花板及地面浸湿2～3 小时后,再用高压(50 千克/厘米^2)水泵彻底冲洗,特别是墙角、排水沟处,直至无粪迹、脏斑为止。

c. 消毒:用加有广谱消毒剂的药液对墙壁、天花板、门窗等用中等水压喷洒。饲料桶、食槽等用加清洁剂的水浸泡,洗刷干净;然后,在无腐蚀性的消毒液中浸泡半小时以上。对于老鸡舍,隔 2 日后再以消毒液喷洒 1 次。水泥地面可刷以 2%的烧碱,泥土地面可铲去表土,再施上生石灰,空舍 1 周后铺以清洁无霉的垫料,放入所有用具和设备,关闭门窗,用胶带纸或废报纸封闭缝隙处,以 80 毫升/米^{3}甲醛用煤炉加热熏蒸。关闭 24小时后,开窗通风,经消毒后的鸡舍,严禁非经消毒的人员、物品进入。注意应尽量使用 2 种以上的消毒剂消毒。第二次喷洒需待第一次喷洒的药干燥后进行,否则会影响消毒效果。

③饲料、垫料和药品准备:育雏前要按雏鸡日粮配方准备足够的各种饲料,特别是各种添加剂、矿物质和动物性蛋白质饲料。常用的消毒药、磺胺类药和抗生素等也要适当准备一些。如果地面育雏,要准备足够的干燥、松软、不霉烂、吸水性强的垫料,常用的垫料有稻草、麦秆、刨花等,夏季气温较高时育雏也可用细沙作垫料。

a. 饲料的准备:根据雏鸡的营养需要配制全价饲料或购买雏鸡料。饲料要新鲜,防止霉变。在 0~21 日龄也可使用肉小鸡料饲喂蛋用雏鸡。

b. 垫料的准备:一般要求干燥、清洁、柔软、吸水性强、灰尘小,切忌霉烂、潮湿。常用的有稻草、麦秸、碎玉米、锯木屑及旧报纸(旧报纸切成大小为 5 厘米×5 厘米碎片,稻草、麦秸铡短的长度不超过 5 厘米)。

c. 其他物品的准备:备好常用的药品、疫苗、器具和工作人员的工作服。育雏室门口应放消毒槽供践踏用,并勤换消毒药水以保持药效。

④其他:下列的所有工作都必须在进雏前 24 小时准备完毕。

a. 鸡舍及保姆伞的升温。若发现鸡舍保温欠佳或保姆伞失灵须及时补救、修理或更换。

b. 饮水器装入饮水,让其在舍温下预热,并放于热源处,要使雏鸡很容易找到水喝。

　　c. 在距保姆伞边缘 1.5 米处用围栏围好(5～7 日后撤除),以把雏鸡限制在热源处,防止雏鸡散于墙角等边缘处而着凉。

　　d. 准备好各种记录表格及其他用具等。

　　(3)雏鸡的饲养

　　①接雏:出壳后的雏鸡,应尽早运往饲养场。运输途中,要注意保温与透气,防止雏鸡被挤压伤。到达鸡场后,应迅速搬入育雏室,放置 1～2 小时(特别是冬季)后清点鸡数,分群安置于各饲养间的保姆伞下。

　　②饮水:雏鸡放好后,必须马上给予饮水,这对经长途运输的雏鸡尤为重要。鸡体内含 75% 左右的水分,它在诸如体温调节、呼吸、散热等代谢过程中起着重要作用。而且,产生的废物(如尿酸等)也要由水携带排出。由于雏鸡出壳后一段时间里,失水很多,适时地饮水可补充雏鸡生理上所需的水分,有助于促进雏鸡的食欲,帮助消化、吸收,促进胎粪的排出。任何推迟雏鸡饮水的行为都会使其脱水虚弱,最终使其生长发育受阻,增生缓慢,变成"僵鸡"。

　　初生雏第一次饮水称为"开水"。在每一栏中分别捉几十只小鸡将喙淹入水中,训练其饮水,直到大部分鸡知道饮水为止。在最初的 24 小时里,建议每千克水中加 50 克葡萄糖、1 克维生素 C,这有利于雏鸡整齐度和抗病力的提高。

　　③开食:雏鸡第一次采食饲料称为"开食"。雏鸡消化器官容积小,消化能力差。过早开食,有害于消化器官;过晚开食,又会消耗雏鸡体力,使之变得虚弱,影响以后的生长和成活。开食必须在出壳后 24～36 小时进行。实际饲养时,一般在开水 2 小

时后进行。在开始几天内,将较少的饲料撒于开食盘内。每天清除剩料,切不可倒在垫料上。因为湿度一高,便会发霉,这对小鸡的健康危害很大。

　　④日常饲喂:分次饲喂时,第一周内每天喂料 8 次,每 3 小时喂料 1 次。1 周后至 3 周龄每天喂料 6 次,以后逐渐改为每天喂 4 次。喂料时间应相应固定,喂料次数减少时应逐渐改变。每日喂料量可参照该品种耗料标准分次投喂。在实际操作中,投料量的多少及日喂次数,以下次给料前基本吃完为宜。

　　(4)雏鸡的管理

　　①观察鸡群:在雏鸡阶段,由于雏鸡的体温调节机制不健全,须细心照顾,仔细观察。注意雏鸡的行为、精神状态。按要求施温,严防温度的忽高忽低。低温时会引起雏鸡打堆,造成挤压死亡,同时一些侵入的病原微生物或条件致病菌易导致鸡群发病。高温会使雏鸡采食量减少,易造成脱水,而影响其生长。同时,对小鸡的采食、饮水等情况亦应观察,分析发生变化的原因,及时采取措施。

　　②施温与脱温:鸡舍应在进雏前 24 小时升温,以保姆伞育雏为例,理想的舍温应在 25～27℃,第一天应使保姆伞内温度达到 35℃。在以后的饲养中,保姆伞温度应为:第一周 33℃,第二周 30℃,第三周 27℃。详见表 5-3。

　　在施温过程中,应根据建议温度灵活掌握。有时因用苗、疾病、分群等应激因素的影响,需要适当升高温度。在实际操作中,如单靠温度计来判断用温是否正确是不行的,还应该根据雏鸡的动态来判断用温是否合适,尤其是观察其睡眠状态。温度适宜时,雏鸡精神活泼,食欲良好,夜间均匀地分布在热源的四

表5-3　肉鸡逐日施温表

日龄	1	2	3	4	5	6	7	8	9	10	11	12	13	14	15	16	17	18	19	20	21	22	23	24
保姆伞温度	35	34	34	34	33	33	33	32	32	31	31	30	30	29	29	28	28	27	27	27	25	25	25	23
鸡舍温度	25~29	25~29	25~28	25~28	25~28	25~27	25~27	25~27	25~27	25~26	25~26	25~26	25	24	24	24	24	24	24	24	23	23	23	23

周,舒展身体,头颈伸直,贴伏于地面熟睡,无奇异状态和不安的叫声,鸡舍极其安静;温度低时,雏鸡打堆,靠近热源,发出"叽叽"的叫声;温度高时,雏鸡远离热源,张口喘气,大量饮水;如果育雏室有贼风,雏鸡挤在背风的热源一侧。雏鸡对室内温度是否合适应观察鸡群的动态。

除做好雏鸡早期的保温外,幼雏转入中雏前,还要做好后期的脱温工作。所谓脱温,就是逐步停止加温。脱温的适当时期与季节有关,春季育雏1个月左右脱温;夏季育雏,只要早晚加温5~7天就可以脱温;秋季育雏,一般2周左右脱温;而冬季育雏,脱温较迟,至少要1个半月,特别是在严寒季节,鸡舍结构比较差的,要生炉子适当提高室温,加厚垫料,但加温不必太高,只要鸡不因寒冷蜷缩就可以了。需要脱温时,要逐步下降温度,最初白天不给温,晚上给温,经5~7天后雏鸡逐渐习惯于自然室温,这时可完全不加温。千万不可把温度降得过快,温度的突然变化,容易诱发雏鸡的呼吸道疾病。

③通风换气:通风换气的作用在于使育雏室内污浊排出,换入新鲜空气,并调节室内的温、湿度。幼雏虽小,但生长发育迅速、代谢旺盛,呼吸量大,加之密集饲养。因此,呼出的二氧化

碳、粪便和污染的垫料在加温的育雏室内发出的氨气、硫化氢等有害气体,使空气污浊,它对雏鸡的生长发育不利。据试验表明,育雏室内二氧化碳含量超过 3000 微升/升,氨气超过 20 微升/升,硫化氢超过 10 微升/升,都会刺激雏鸡的气管、支气管黏膜等某些敏感的器官,削弱机体抵抗力,诱发呼吸道疾病。此外,雏鸡的生命活动中还需要不断地吸入新鲜的氧气。所以,在保持育雏室温度的同时,千万不能忽视通风换气。目前,广大农村饲养专业户还主要采用自然通风的形式来进行通风换气。通风时切忌穿堂风,要避免风直接吹到雏鸡身上,应使风通过各种屏障以缓慢风速通过。

④湿度:空气湿度大小对雏鸡的生长发育有一定关系,适宜的相对湿度为 60%～65%。因此,在建造鸡舍时,应首先考虑选择高燥的地势。早春或冬季的育雏早期(1～7 日龄),可在煤炉上放只水壶烧水以蒸发水汽或在墙壁、走廊上喷洒少量的水,以缓解因早期室内高温带来的湿度过低的问题。而在其他季节或饲养期内,主要是防止垫料的潮湿,可通过更换、勤添垫料或在垫料下层撒以少量生石灰或过磷酸钙加以解决。

⑤光照:目前,主要有两种光照制度:一是连续光照制度。一般采用夜间补充光照的方法,在育雏前 2 天连续 24 小时光照,此后直到鸡只上市,每天照明 23 小时,关灯 1 小时,使鸡只能够适应黑暗,防止一旦停电引起惊群,造成堆压死亡。在前 5 天内应采用强光照,为 4～5 瓦/米²;此后,必须使用较弱光照,为 0.7 瓦/米²,只要鸡只能看到饮水、吃料即可。二是间歇光照制度,即在不同日龄采用不同的光照和黑暗时间,方案如表 5-4。

表 5-4　不同日龄光照和黑暗时间

日龄	1～10	10～25	25～35	35 日龄以后
光照方案	23(明)：1(暗)	3(明)：1(暗)	2(明)：2(暗)	1(明)：3(暗)

间歇光照时应注意以下几点。

a. 间歇光照开始 2～3 天为过渡期,关灯后留 1～2 个 10 瓦以下的灯泡保持弱光,使肉鸡有个逐步适应的过程。

b. 开灯喂料时,饲养人员加料要快,槽位要足够,使所有的肉鸡都能吃到料和饮水。

c. 为满足肉鸡短时间内采食所需的营养,保证快速生长,最好采用颗粒饲料。

d. 间歇光照鸡静卧时间比连续光照长,要保持垫料干燥、松软。

e. 黑暗期仍要注意鸡舍适当通风,夏季要有一定的防暑降温措施。

(5)防病、接种:在最初 1 周内,要预防细菌病的发生。可在饲料中加 0.04％的呋喃唑酮或 0.02％的乳酸诺氟沙星。预防球虫病的药物必须从 1 日龄开始在饲料中添加,至售前 1 周停加。在使用药物防治细菌病和球虫病时,红霉素、氯霉素不能和莫能霉素和盐霉素类抗球虫药联合使用,否则会诱发腿病的发生。

4. 肉鸡的育肥

育雏期结束后,鸡体增大,羽毛渐丰满。此时,鸡只已能够适应环境温度的变化。通常我们把肉鸡育雏结束后至上市的这段饲养管理称之为育肥。所谓育肥就是利用这个阶段生长发育快的特性,通过适时提高饲粮的能量和其他物质的水平,设法增加鸡只的采食量,满足生长的最大营养需要量,并配合其他综合管理措施,使肉鸡个体达到最大的上市体重,以实现最大的经济效益。

(1)育肥期的饲养

①调整饲料营养:根据肉鸡不同生长发育阶段的营养需要特点,及时更换相应饲养期的饲料是育雏结束至上市出售期间的重要手段。中期鸡体发育快、长肉多,日采食量增加,获取的蛋白质营养较多,可满足机体的营养需要;后期能量需要明显高于前期,而蛋白质较前期降低。所以,后期宜使用高能饲料。

由于肉鸡生长快,日粮中任何微量元素或维生素的缺乏或不足都会导致病理状态或影响生长。根据不同时期肉鸡的营养需要特点,通常分为三阶段日粮配合或二阶段日粮配合。不同阶段饲料的更换要有一个过渡期。每次换料时,要逐步进行,切忌突然换料,以使鸡只逐步适应。如雏鸡料即将喂完,需使用大鸡料时,第一天在雏鸡料中加 1/3 的大鸡料,混合后连喂 2 天,第三、第四天加 2/3 的大鸡料与 1/3 的雏鸡料饲喂,第五天全部使用大鸡料。

②尽量采用颗粒料:适用于该阶段的饲料可采用颗粒状,一直喂到结束。由于鸡喜欢啄食粒料,目前已有不少单位逐步采用颗粒饲料。它既可保证营养全面,又能促进鸡多采食,减少饲料浪费,缩短采食时间,有利于催肥,提高饲料利用率。

③增加采食量:肉鸡的饲养通常实行自由采食,这样才能保持较大采食量,增加肉鸡的营养摄入量,达到最快的生长速度,

提高饲料转化率。增加采食量的主要方法包括以下几种。

a. 增加饲喂次数：饲喂粉料每昼夜不少于6次，喂颗粒料不少于4次，这样可以刺激食欲。

b. 提供充足的采食位置：食槽或料桶的数量要充足，分布要均匀。

c. 高温季节，可将喂料改在凌晨或夜间进行，并供给足量的清凉饮水。粉料可用凉水拌喂。若采食量下降过多，可适当提高原有饲粮的营养水平，以满足机体的营养需要。

④供给充足、卫生的饮水：由于育肥期的鸡只采食量大，如果日常得不到充足的饮水会降低食欲，造成增重减慢，通常肉鸡的饮水量为采食量的2倍，一般以自由饮水24小时不断水为宜。为使所有鸡只都能充分饮水，饮水器的数量要充足且分布均匀，不可把饮水器放在角落，要使鸡只在1～2米的活动范围内便能饮到水。水质的清洁卫生与否对鸡的健康影响很大。应供给洁净、无色、无异味、不浑浊、无污染的饮水。通常使用自来水或井水。

每天加水时，应将饮水器做彻底清洗。对饮水器消毒时，可定期加入0.01％百毒杀液。这样既可以做到杀死致病微生物，又可改善水质，增加鸡只的健康。但鸡只在饮水免疫时，前后3天禁止供给经消毒的饮水。

(2)育肥期的管理

①鸡群健康观察：进入中期后，肉鸡处于旺盛的生长发育阶段，稍有疏忽，就会产生严重影响。这就要求饲养人员不仅要严格执行卫生防疫制度和工作日程，按规定做好每项工作，而且必须在饲养管理过程中，经常细心地观察鸡群的健康状况，做到及

早发现问题,及时采取措施,提高饲养效果。

对鸡群的观察主要注意下列几个方面。

a. 每天进入鸡舍时,要注意检查鸡粪是否正常。正常粪便应为软硬适中的堆状或条状物,上面覆有少量的白色尿酸盐沉淀。粪便的颜色有时会随所吃的饲料有所不同,多呈不太鲜艳的色泽(如灰绿色或黄褐色)。如果粪便过于干硬,表明饮水不足或饲料不当;若粪便过稀,是食入水分过多或消化不良的表现。淡黄色泡沫状粪便大部分是由肠炎引起的;白色下痢多为白痢或传染性法氏囊病的象征;深红色血便,则是球虫病的特征;绿色下痢,则多见于重病末期(如新城疫等)。总之,发现粪便不正常应及时请兽医诊治,以便尽快采取有效防治措施。

b. 每次饲喂时,要注意观察鸡群中有无病弱个体。一般情况下,病弱鸡常蜷缩于某一角落,喂料时不抢食,行动迟缓。病情较重时,常呆立不动,精神委顿,两眼闭合,低头缩颈,翅膀下垂。一旦发现病弱个体,就应剔除隔离治疗,病情严重者应立即淘汰。

c. 晚上应到鸡舍内细听有无不正常呼吸声包括甩鼻(打喷嚏)、呼噜声等,如有这些情况,表明已有病情发生,需做进一步的详细检查。

d. 每天计算鸡只的采食量,因为采食量是反映健康状况的重要标志之一。如果当天的采食量比前一天略有增加,说明情况正常;如有减少或连续几天不增加,则说明存在问题,需及时检查,看是鸡只发生疾病,还是饲料问题。

此外,还应注意观察有无啄肛、啄翅等恶癖发生。一旦发现,必须马上剔除受伤的鸡,分开饲养,并采取有效措施防止蔓延。

②防止垫料潮湿：保持垫料干燥、松软是地面平养中后期管理的重要一环。潮湿、板结的垫料，常常会使鸡只腹部受冷，并引起各种病菌和球虫的繁殖滋生，使鸡群发病。要使垫料经常保持干燥必须做到：

a. 通风必须充足，以带走大量水分。

b. 饮水器的高度和水位要适宜。使用自动饮水器时，饮水器底部应高于鸡背 2～3 厘米，水位以鸡能喝到水为宜。

c. 带鸡消毒时，不可喷雾过多或雾粒太大。

d. 定期翻动或除去潮湿、板结的垫料，补充以清洁、干燥的垫料，保持垫料厚度 7～10 厘米。

③带鸡消毒：事实证明，带鸡消毒工作的开展对维持良好的生产性能有很好的作用。一般 2～3 周便可开始，春、秋季可每 3 天 1 次，夏季每天 1 次，冬季每周 1 次。使用 0.5％的百毒杀溶液喷雾。喷头应距鸡只 80～100 厘米处向前上方喷雾，让雾粒自由落下，不能使鸡身和地面垫料过湿。

④及时分群：随着鸡只日龄的增长，要及时进行分群，以调整饲养密度。密度过高，易造成垫料潮湿，争抢采食和打斗，抑制生长。肉鸡中后期的饲养密度一般为 8～10 只/米^2，在饲养面积许可下密度应宁小勿大。在调整密度时，还应进行大小、强弱分群，同时还应及时更换或添加食槽。

⑤生产记录：应每天做好数据的统计记录工作，这是核算成本、提高饲养水平的重要工作。每天的记录包括饲料消耗量，存活鸡数，死淘只数，舍内温、湿度，鸡群状况，疫苗接种情况，用药时间、剂量等。

（二）商品蛋鸡饲养管理

蛋雏鸡是指出壳后至 6 周龄的苗鸡；育雏就是该阶段对苗鸡进行的管理与培育；从 1 日龄到 42 日龄这一段的饲养期限为育雏期，是养好蛋鸡的基础环节。育雏结束后，从 7 周龄开始到 20 周龄（开产）结束的时间则是育成期，这段时间的鸡称为青年鸡或育成鸡。

1. 蛋雏鸡饲养管理

蛋鸡饲养效果的好坏，产蛋率的高低，重要的基础工作在育雏，育雏是整个饲养过程中的关键环节之一。育雏之前要做好各方面的准备工作，如选择育雏季节，育雏舍的修缮改造，选择适宜的育雏方式，制订育雏计划，选用合适的饲养人员，等等。

（1）育雏前的准备

①选择育雏季节：一年四季气候的变化对于密闭式鸡舍影响不大，可以实行全年育雏。但对开放式鸡舍，不同季节育雏效果很不一样，应当选择一个适合的季节进行育雏。另外，对于种雏的培育也需选择一个适宜的季节才有利于其生长发育。开放式鸡舍以春季育雏最好，春季育雏雏鸡生长发育迅速，体质健壮，成活率高。可在当年 9 月开始产蛋，第一个产蛋期长，全年产蛋量高。开产后的高产期正是冬季鲜蛋市场淡季，可以获得较多的经济收入。但种用雏鸡的育雏季节不宜过早，以便在大批产蛋时均能作为种用。夏季育雏雏鸡的食欲不佳，阴雨连绵易患球虫病，到了成鸡阶段产蛋高峰不高，全年产蛋量不如春雏

多。秋季育雏雏鸡生长发育缓慢,成鸡时体尺体重不足,产蛋量不高,蛋重也较轻。冬季育雏雏鸡体质不良,育雏费用较多。

②制订育雏计划

a. 育雏数量的计划:数量应与育雏鸡舍、成年鸡舍的容量大体一致,考虑到弱雏、公雏、马立克氏病和白血病等因素,进雏数量应稍多于蛋鸡舍所容纳的成年鸡只数,可用下列公式推算:

进雏量=成年鸡位(蛋鸡舍容纳的成年蛋鸡数)×1.08

进雏数的多少除受鸡舍容量、饲养管理、雏鸡质量等影响外,生产者还应考虑到不同的育雏季节、市场行情等因素。当然,进雏数量还受生产者本身的资金限制。

b. 制定出详细的饲养管理规程:饲养管理规程包括消毒、免疫程序、饲喂量及次数、光照、温度、湿度、通风等,并严格执行。此外,还应准备好各种记录表格,做好育雏人员的岗前培训工作。

③鸡苗的进场:入场鸡苗经挑选并注射完马立克氏疫苗后,可开始装运。运输雏鸡有专用的装雏箱,最常见的装雏箱规格为 60 厘米×45 厘米×18 厘米,并分成 4 个小格,每格容鸡 25 只,1 箱装 100 只鸡苗。如果没有专用的运雏箱,也可用消毒过的木板箱、硬纸箱等装运,但应在箱四周钻若干个直径为 2 厘米的通气孔。不能在路上运输太久,最好能在出壳后 36 小时内运到目的地。如果运输时间太久,数日内才能到达,途中必须备好鸡苗的半熟干料和饮水器,喂前将料用温水浸泡变软后,再行饲喂。寒冷季节接雏,应选在中午前后;夏季接雏,应在清晨和傍晚。运输时要注意防寒、防缺氧、防晒、防淋、防颠簸震动等。途中应注意观察雏鸡的动态,发现问题应及时采取措施。

(2)蛋雏鸡的饲养管理：蛋雏鸡育雏方式、饮水、开食、喂料等饲养技术可参照肉用雏鸡部分的相关内容。

蛋用雏每只鸡所需水槽槽位不应低于 1.5 厘米。雏鸡饮水量见表 5-5。

表 5-5　雏鸡的饮水量

项目	每只鸡一天饮水量					
周龄	1～2	3	4	5	6	7
饮水量	自由饮水	40～50	45～55	55～65	65～75	75～85

雏鸡的管理是指为保证雏鸡的正常生长发育和健康而采取的一系列综合技术措施，包括温度、湿度、通风控制、断喙、断趾、剪冠及疫病防治等措施。

①育雏温度：温度是育雏的关键，必须严格而正确地掌握。育雏温度包括育雏室和育雏器的温度两个方面。室温应比器温低，使整个育雏环境温度呈现高、中、低之别。这样一方面可以促使空气流动，另外可以让每个雏鸡都能找到自己所需的最适温度，因为雏鸡对温度的需求存在个体差异，此即所谓"温差育雏"。表 5-6 给出了不同育雏方式下的育雏适宜温度。

褐壳蛋鸡因羽毛生长速度晚于轻型蛋鸡，前期温度要求略高，以后与轻型蛋鸡温度相同。育雏舍温度的测定方法见表 5-7。

②育雏湿度：育雏舍的湿度不像温度要求严格。但是当湿度过高、过低或与其他因素相互发生作用时，对鸡苗的危害性是很大的。表 5-8 中给出了雏鸡适宜湿度与极限湿度。雏鸡在其适宜的湿度下表现良好，在极限值以外可能会出现问题。

表 5-6　育雏的适宜温度(℃)

日龄	笼养鸡舍内温度		平养		
	中型鸡	轻型鸡	育雏伞下温度		鸡舍内温度
			中型鸡	轻型鸡	
1～3	32	29	35	32	24
4～7	31	28	32	31	24
8～14	30	27	30	29	21
15～21	27	24	27	27	21
22～28	24	21	24	24	21
29 以上	21	21	21	21	21

表 5-7　育雏温度的测定方法

育雏方式	舍　温	育雏器温度
平面育雏	室内距离热源最远处(护栏处)离地 5 厘米处温度	保温伞边缘离地 5 厘米处温度
立体育雏(笼育)	笼外离地面 1 米处温度	笼内热源区底网上 5 厘米处温度

表 5-8　雏鸡的适宜湿度

日龄	0～10	11～30	31～45	46～60
适宜湿度	70	65	60	50～55
高湿极限	75	75	75	75
低湿极限	40	40	40	40

表 5-8 所给湿度范围要根据不同地区,不同季节灵活掌握,对 0～10 日龄幼雏的育雏舍要求相对湿度 60%～70%,10 日龄后的育雏舍要求相对湿度 50%～65%。一般在 10 日龄后要注意防止高温、高湿和低温、高湿。

湿度过大时可通过增加通风量降低舍内空气湿度,但在寒冷季节由于通风量增加不利于舍内湿度的保持,另外在南方梅雨季节通过增加通风量也不会起到很好的效果。如果采用垫料地面育雏,应经常翻动垫料,清除结块,必要时更新部分垫料。另一措施是在育雏舍垫料中按每平方米加 0.1 千克的过磷酸钙,以吸收舍内和垫料的水分。同时应注意加强饮水管理,防止漏水。

③通风

a. 通风量的控制:不同日龄鸡的换气量见表 5-9。最大换气量:体重 1 千克为 7.8 米³/小时;最小换气量:体重 1 千克为 1.98 米³/小时。通风换气除与雏鸡的日龄、体重有关外,还要随季节、温度变化而调整。夏季温度高时应加大通风量以降温;冬季温度低时应减少通风量以保温,但也不能为保温而不通风或通风量太小不能满足雏鸡需要,这是很危险的做法。

表 5-9　不同日龄的 1000 只鸡每小时的换气量

日龄	体重(千克)	换气量(米³)	
		最大	最小
0～21	230	1 800	456
21～30	305	2 400	600
31～50	600	4 680	1 200

日龄	体重(千克)	换气量(米³)	
		最大	最小
51～70	810	6 300	1 620
71～90	1 030	8 040	2 040
91～120	1 330	10 380	2 640
121～150	1 540	12 000	3 060
成鸡	1 990	15 000	2 780

b. 用伞型育雏器舍内通风:开始的头几天内,育雏舍内仅需极微小的通风量,每日换气 3～5 次就够了,最初 4～5 天内室温应保持在 24℃,此后即应降至 18～21℃,雏鸡在较适宜温度的环境中生长较好。

c. 开放式鸡舍的通风:白天暖和的时候通风,通风口可开得稍大些。注意通风口应在地面较高处,使冷气与室内温暖空气混合后再徐徐落下。应根据天气状况决定通风口大小,舍内不允许有贼风,晚上注意关闭窗子。

④饲养密度:鸡舍内每平方米面积容纳的鸡只数称为饲养密度。密度过大,鸡群拥挤,采食不均,使整个鸡群发育不整齐,易患病和啄癖,死亡率增高。密度小虽有利于成活和雏鸡发育,但不利于保温,且使单位面积的饲养成本加大而不经济。不同日龄蛋用型鸡建议饲养密度见表 5-10。

饲养密度大小应随品种、性别、日龄、通风、饲养方式等而调整。中型蛋鸡密度略小于轻型鸡,公雏所需空间大于母雏,对种鸡当公母混养时,饲养密度应降低;通风良好时,饲养密度可适当加大,但应保证充足的食槽和饮水器,通风不足、密度过大常常是暴发马立克氏病等疾病的原因。

表 5-10　蛋用型雏鸡不同饲养方式饲养密度

地面平养		网上平养		立体笼养	
周龄	鸡数(只/米²)	周龄	鸡数(只/米²)	周龄	鸡数(只/米²)
0～6	13～15	0～6	13～15	1～2	60
7～12	10	7～18	8～10	3～4	40
12～20	8～9			5～7	34
				8～11	24
				12～20	14

⑤鸡舍的光照:光照对鸡的活动、采食、饮水、繁殖等都有重要作用。在开放式鸡舍,鸡入舍后应用人工光照补充自然光照时间的不足。前 48 小时应给予连续光照或晚上停 2 小时以使雏鸡在突然断电时能适应黑暗环境。地面光照强度应不低于20 勒克斯。光照强度的标准能使饮水反光而吸引雏鸡去饮水。2 天后,育雏舍内光照强度应该降低,地面的光照强度约为10.76 勒克斯,大约每 0.37 平方米面积可使用 1 瓦的灯泡。不同育种公司推荐的光照强度略有差异,下面是迪卡公司商品蛋鸡的推荐光照制度。

a.1～7 日龄,光照 22 小时,强度 10～20 勒克斯;8～14 日

龄,光照 20 小时,强度不低于 5 勒克斯;15～21 日龄,光照 18 小时,强度不低于 5 勒克斯;22～28 日龄,光照 16 小时,强度不低于 5 勒克斯。

b. 29 日龄至 16 周龄(白壳蛋鸡以体重达到 1 250 克为准,褐壳蛋鸡以体重达 1 450 克为准),保持固定光照时间;在密闭式鸡舍(若露光则作为开放式鸡舍),光照 10～12 小时;在开放式鸡舍,以 5～17 周龄最长日照时间作为固定光照时间。

c. 平均体重达到 1 250 克(白壳蛋鸡)或 1 450 克(褐壳蛋鸡)时,开始增加光照以刺激产蛋。正常情况下,16～17 周内可达到性成熟体重。此时增加光强度,最低 10 勒克斯。开始的 4 周,每周增加 30 分钟光照,以后每周增加 15 分钟光照。在密闭式鸡舍,增加光照至 15 小时为止;在开放式鸡舍,增加光照至 17 小时为止。此后,维持 15 小时或 17 小时的固定光照,直到产蛋终点。

⑥断喙

a. 断喙的目的:是为了防止啄羽、啄肛、啄翅、啄趾等恶癖发生,减少死淘率,提高饲料报酬,且鸡群生长较为均匀一致。

b. 断喙的时间:在 1～12 周龄均可进行,但最晚不能超过 14 周龄。对蛋用型鸡来说,6～10 日龄是最佳的断喙时间。这一年龄的鸡容易捉,断喙的速度快,对鸡应激小并可预防早期啄羽的发生。

c. 断喙的方法:断喙是借助于灼热的刀片,切除鸡上下喙的一部分,并烧灼组织,防止流血。一般使用专门的断喙器。雏鸡断喙器的孔径 6～10 日龄为 4.4 毫米,10 日龄以上使用 4.8 毫米孔径。

断喙方法是左手抓住鸡的腿部,右手拿鸡,以拇指压住头背侧,食指置于喉部,将关闭的上下喙一并插入孔中,轻压喉部使其缩回舌头。喙触及触发器,热刀片就会自动落下将喙断去,喙的断面应与刀片接触 2 秒,以灼烧。灼烧时切刀在喙切面周围滚动以压平嘴角。6～10 日龄采用直切,6 周龄断喙可将上喙斜切,下喙直切,斜切时只要将喙插入导板孔时将头向下倾斜就行。断喙操作要准确,应在鼻孔下边缘至喙尖的一半处剪断(切断神经索——生长点)。应按说明书,断喙达到一定数量后要换新刀片。断喙时注意勿误烙伤眼睛。

d. 断喙鸡的管理:为防止出血,在断喙前 1 天料内添加维生素 K,每千克料约加 2 毫克,断喙后可饮电解质营养液,在免疫期间不可断喙,避免双重应激。断喙完后食槽内应多加一些料,避免鸡喙碰到硬的槽底有痛感而影响吃料。另外,刚断喙的雏鸡很难从触发式饮水器或滴水式饮水器中饮水。如果要换用这些饮水器,则原来的水盆或自动饮水器应在断喙后再留用几天。

⑦雏鸡的日常管理

a. 加强第一周的饲养管理工作。该阶段雏鸡的生长发育状况与整个育雏阶段的成活率及均匀度有密切关系。应特别注意温度、通风的控制,采取适当的饲养密度,并保证雏鸡有足够的槽位和饮水位置。

b. 注意观察鸡群的饮水、饮食情况,有无病雏、鸡群精神异常、粪便异常等情况发生。一旦出现情况要及时报告处理。

c. 注意设备的运行情况,发现异常及时检修。

d. 按防疫、消毒、免疫、投药程序进行各项有关工作。

e. 每日认真刷洗食槽、饮水器,保证饮食卫生。

f. 饲养员不应远离鸡舍,更不能进入其他雏鸡舍或成鸡舍。注意保持个人卫生。

g. 每日定时随机抽样称重,以分析雏鸡的生长发育状况,调整饲养。

h. 做好记录工作:鸡舍内每日从事的工作及其他事情都应记录在案,记录项目包括鸡群动态、饲料消耗、免疫、投药、温度、湿度、通风换气等情况,每批雏鸡育完后应立即总结,以供参考备用。

2. 育成鸡饲养管理

育雏期之后就是育成期,时间为 7～20 周龄。这段时间的鸡称为育成鸡或青年鸡。育成鸡与雏鸡相比对环境的要求虽没有雏鸡要求严格,但这段时间的鸡比任何年龄的鸡更需要严格的管理。培育的好坏对产蛋期的生产性能有较大的影响,是决定鸡群能否获得令人满意利润的关键。饲养育成鸡的任务是:培育具有良好繁殖体况、健康无病、发育整齐一致、适应力强的高产后备鸡群。

(1)育成鸡的生理特点

①羽毛已经丰满,具有健全的体温调节能力和较强的生活力。因此一般情况下,育成鸡能够离温。

②消化器官及其他器官日趋健全,生长迅速,发育旺盛,是长骨骼、肌肉最多的时期。羽毛经几次脱损后长出成羽,脂肪随日龄增加而逐渐沉积。这个时期,应控制好体重、骨骼的协调增长,既不能太瘦,又不能过肥。

③育成的中、后期生殖系统开始发育至性成熟。10周龄后,小母鸡卵巢的滤泡即开始积累营养物质,滤泡也逐渐长大,到后期(17～18周龄之后)性器官的发育尤为迅速。同一品种随着环境条件与饲养水平的差异,性器官的发育程度出现快慢差别。因此,这个时期,应在饲养管理中注重鸡只发育的一致性,在保证骨骼和肌肉系统的充分发育下,严格控制性器官的过早发育,这对提高产蛋后的生产性能是十分重要的。如果在此阶段继续供给丰富营养,将会影响以后成鸡的生产性能和种用价值。据研究,育成鸡在10周龄后,性腺开始活动发育,如果供给高水平蛋白质饲料,则性腺的发育要加快,会过早开产,而过早开产的鸡,产蛋持久力差,产蛋量不高,蛋重小。如若喂给较低水平的蛋白质饲料,既可使性腺发育速度变缓,又可促进骨骼生长和增强消化系统的机能。因此,在我国鸡的饲养标准中粗蛋白质水平是随日龄增长而逐渐降低。降低了粗蛋白质的供给水平,同时日粮中能量浓度也要下降,在日粮中可用低能饲料替代一部分高能饲料,以利于锻炼胃肠,提高对饲料的消化能力。日粮中钙的给量也应适当减少,以促使小母鸡提高体内保留钙的能力。降低蛋白质等营养物质水平的目的,是为了使鸡有一个良好的繁殖体况,能适时开产。如果在实际饲养中发现生长发育过于缓慢,体质消瘦,体重过轻,不能保证按时开产和保持以后有高的产蛋量,则应调整日粮中各种营养物质水平,适当增加蛋白质等营养物质给量,使其达到育成鸡的标准要求。白壳蛋鸡以160～180日龄,褐壳蛋鸡以170～190日龄开产为宜。现代鸡种开产日龄有提早的趋势,往往偏于低限。

(2)育成鸡的饲养:日粮中蛋白质水平不宜过高,否则性腺生长快,使鸡早熟,产蛋小且产蛋少。蛋白质水平也不能太低,否则影响骨骼及肌肉的发育,造成鸡体型小,产蛋量同样不多。因此,在育成早期为保证骨骼的充分发育,粗蛋白水平应在16%左右,在育成后期 14～17 周龄粗蛋白可逐渐降至 13%～14%水平。对生长中的育成母鸡,应喂含钙量较少的日粮,这样可使母鸡体内保留钙的能力提高,当产蛋时,再喂以高钙产蛋日粮,母鸡能继续维持这种保留钙的能力,以保证高的产蛋率。

①选择合理的饲料:育成期蛋鸡对饲料的选择可根据其鸡种饲养管理手册的建议结合实际体重及时选择换料时间。每次换料前应抽测鸡的体重(有的育种公司还建议测定胫长,可参考饲养手册中的具体做法),一般根据体重是否达到品系标准体重而确定换料时机。如果鸡的体重达到标准体重,则应换下一阶段日粮,若体重未达到标准,则继续喂前一阶段的饲料直至体重达标后再换料。在开始用育成料后,要注意鸡只体重发育,在体重达到性成熟体重时,应立即改用产蛋期料。并逐渐延长光照时间。注意换料的时机不是根据日龄而是根据体重确定的,还应注意调整饲料要逐步过渡,切忌突然改变。

②限制饲喂技术:限制饲喂简称限饲。是通过降低日粮营养水平或减少其采食量的方法,以达到培育理想商品产蛋鸡或种鸡的技术。在许多研究和生产中都证明,合理的限饲不仅应用在肉用种鸡,而且也应用于蛋鸡,特别是中型蛋鸡。除育成阶段限饲外,在产蛋阶段(尤其是产蛋后期)也应适当限制喂量。

a. 限饲的目的:限饲的目的主要有控制鸡的生长、抑制性成熟和节约饲料,降低成本。鸡在自由采食状态下,除夏季外都有过量采食的情况,不仅造成经济上的损失,而且会促使鸡积蓄过量脂肪而超重,影响成年后的产蛋。限饲控制了体重和卵巢的发育,个体体重差异缩小,绝大多数鸡只在适宜年龄同期达到性成熟,且产蛋率上升快,产蛋多而持久;鸡的采食量比自由采食时减少,从而可以节约饲料约10%。

　　b. 限饲的方法:数量的限制即减少鸡的喂料量。要求所用的饲料质量良好,是全价饲料。蛋用型鸡的喂料量限制在大约饱食量的90%。限制喂料量又有以下3种做法:每日限饲是将每日限定的饲料量1次投喂,即1天喂1次。例如,每日喂给正常采食量的92%~93%;隔日限饲将限定的2天饲料合在第一天喂给,第二天不喂料只供给饮水。这样,一天投下的饲料量多,软弱的鸡可以吃到应得的分量,鸡群饥饱一致,发育整齐;每周饥饿2天,周三、周日只供水不喂料,将1周的限定饲料量在其余5天内供给,又称每周5天饲养法。例如,在饲喂日限制饲料,使得该周的总给料量为自由采食时采食量的92%~93%。质量的限制即在育成阶段对某种营养物质,如蛋白质、氨基酸、能量、维生素、矿物质等进行限制。常用的做法有:低能量饲料、低蛋白饲料、低赖氨酸饲料等。一般在生产中多采用量的限制,因为这样可以保证鸡食入日粮的全价性。

　　c. 限饲的时间:蛋鸡多在8~10周龄开始进行限饲,由于8周龄以前鸡着重于骨架的发育,所以8周龄以前应自由采食。8周龄以后根据其品种标准及其鸡的体重确定每日的限喂量。17~18周龄后根据品种标准给予正常饲喂量。限饲必须和光照控制相结合,在限饲期间,切不可用增加光照等办法刺激母雏早开产,这将会影响其以后的产蛋性能。

　　d. 限制饲养注意问题:限饲前必须将病鸡和弱鸡挑出,因为它们不能接受限饲,否则可能导致死亡;整个限饲期间,必须有充足的食槽,使每只鸡都有一槽位,保证做到80%的鸡在采食,20%的鸡在饮水;限饲期间若有断喙、预防注射、搬迁或鸡只发病等应激发生,则应停止限饲。若应激为某些管理操作所带来,应在进行这一类操作前后各2~3天给予自由采食;采用量的限饲时,要保证饲喂营养平衡的全价日粮;定时称重,每隔1~2周随机抽取鸡群的1%~5%进行空腹称重。称重应保证准确无误。算出的平均体重应与该品系鸡的标准体重进行对照,以调整喂料量。粗略的调整办法:如体重超过标准体重的1%,下周则减料1%;体重如低于标准重1%,则增料1%;采用链式机械喂料,应加快送料链的速度,从而防止鸡集中在饲喂器的一个区域。

(3)自由采食:在鸡舍条件差、日粮质量不能保证,尤其是刚刚接触养鸡而无饲养经验的养鸡户,最好不要采用限制饲喂的方法,而要采用自由采食的方法。

(4)日粮中补喂沙砾和钙

a. 补喂沙砾:沙砾不仅能提高鸡的消化能力,而且还避免肌胃逐渐缩小。因此建议在日粮中添加沙砾,装在吊桶或投入料槽中饲喂。沙砾规格及喂量见表5-11。

表5-11　沙砾喂量及规格

鸡龄	沙砾数量(千克/1 000只)	规格
1~4 周	2.2	细粒
4~8 周	4.5	细粒
8~12 周	9.0	中粒
12~20 周	11.0	中粒

b. 补钙:在产蛋前期,鸡必须为产蛋贮备充足的钙,因此,在鸡体重达到性成熟至产蛋率达到 1% 期间,应将鸡日粮的含钙量提高到 2%;当产蛋率达到 1% 之后应立即换成高钙日粮,而且日粮中至少有 1/2 的钙以颗粒状(3~5 毫米)石灰石或贝壳粒供给。有的育种公司则建议在鸡达到性成熟体重后,即改用产蛋高峰料(高钙质日粮)。

(5)育成鸡的管理:育成鸡的体质对外界环境变化的适应力和对疾病的抵抗力都比雏鸡强,但也不能因此忽略管理工作。育成鸡是培育蛋鸡的关键环节,要求要严而细。在育成鸡的管理上注意做好以下几个方面的工作。

①初期管理

a. 脱温:雏鸡达到 4~6 周龄以后,新羽基本长出,对环境适应能力有了增强,要逐步停止给温。一般早春育雏可在 6 周龄左右离温,晚春、初夏育雏 3~4 周龄即可离温。具体离温时间,各地应根据育雏季节、雏群体质状况及外界气温等灵活掌握。离温要有个过渡时期,不能突然停止给温。可以先白天不给温,只在夜间给温,晴天不给温,阴天气温低时给温。要逐渐减少每天给温次数最后达到完全脱温,一般过渡期为 1 周左右。离温期间饲养人员夜间要注意观察鸡群,防止挤堆压死,保证离温安全。

b. 转笼或下笼:笼育的雏鸡进入育成期后,可转入中雏笼或者改为地面平养。刚下笼的鸡不太习惯,容易挤堆造成伤亡。所以要注意看护,特别在夜间,更要注意温度变化,防止挤堆造成损失。

②日常管理

a. 做好卫生防疫工作：育成鸡阶段由于喂给低能低蛋白饲料或实行限制饲养，造成了饲养逆境，鸡体抵抗力下降。加之外界环境高温高湿，病原微生物极易侵袭鸡体引起发病。在此阶段常发生的疾病有球虫病、黑头病、支原体病及一些体内外寄生虫病等。更要注意鸡新城疫和禽霍乱。为了防止疾病发生，除按期接种疫苗外。要加强日常卫生管理，按时清扫雏舍，更换垫料，通风换气，疏散密度，严守消毒制度等。

b. 保持环境安静，避免"应激"：在此阶段特别是开产前，由于生殖器官的发育加快，对环境变化的反应很敏感。为了防止应激反应而影响正常生长发育，在日常管理上应尽量减少干扰，保持环境安静，防止噪音。不要经常变动饲料配方和作息时间表，捉鸡不可粗暴，断喙、接种疫苗、驱虫等要谨慎安排，最好不转群，在同一舍内育成。

c. 淘汰病、弱鸡：为了使鸡群整齐一致，保证鸡群安全，必须注意及时淘汰病、弱鸡。除平时淘汰外，在育成期要集中进行两次挑选和淘汰。第 1 次在 8 周龄前后，选留发育快的，淘汰发育不全、过于弱小或有残疾的鸡。第 2 次在 20 周龄前后，挑选外貌结构良好的，淘汰不符合品种特征、断喙过短及过于消瘦的个体。

③开产前的管理

a. 转群和上笼：在鸡开产前应及时转群，使鸡有足够时间熟悉和适应新的环境，减少环境变化的应激给开产带来的不利影响。转群可于晚间进行，将鸡舍灯泡换为小瓦数或绿色灯泡，使光线昏暗，减少惊扰，便于捉鸡；捉鸡时要捉两腿，轻拿轻放。

转群以 18 周龄前后较为合适,并进行鸡的选留和淘汰。打算笼养的鸡,在转群时要转入笼内饲养。上笼后应注意观察每个鸡位,是否都能吃到饲料和饮水。

b. 设置足够产蛋箱:种鸡在全群开产前必须准备好产蛋箱,否则会造成窝外蛋增多,而且鸡有在固定地点产蛋的习惯,以后即使添置了产蛋箱,产窝外蛋的鸡也不易在短时间内改变过来。所以,在开产前一定要把产蛋箱放入舍内,不要迟于 20 周龄。产蛋箱要安放在墙角或光线较暗的地方。每 4~5 只鸡应有一个产蛋窝,窝内铺垫草,保持垫草清洁卫生。窝内的尺寸为长 40 厘米,宽 30 厘米,高 35 厘米。为减少占地面积,产蛋箱宜组连在一起,2~3 层,每层 4~6 个产蛋窝,下层距地面 50 厘米左右。在每层产蛋窝前应设有可以上翻的脚踏板,日间放下,便于鸡只入窝产蛋,夜间翻上将窝门挡住,防止鸡入窝栖息。

④育成鸡的光照管理:前面已经提到,育成鸡的光照计划应注意与育雏期的连续性。根据鸡舍的类型、饲养季节和品系特点制订一个完整的光照方案,从鸡出生至淘汰严格按方案执行。在育成期,注意以下问题:

a. 光照强度:在育成期保持 5 勒克斯就够了。不要经常变换光照强度,这会使鸡群紧张。光照强度应以鸡背高度处为准。注意保持照明灯的清洁。

b. 光照时间:不要在生长期内(6~18 周龄)延长光照时间。特别是采用自然光照的育成鸡,若在育成期处于日照逐日增加的月份内,则其开产年龄就会提前,这样就会培育出不适时的产蛋母鸡,影响其产蛋性能的发挥。在开放式鸡舍,如果出现上述情况,应利用人工光照进行适当调节。

c. 光照颜色：注意不要在红光中饲养育成鸡，因为红光可使产蛋期产蛋减少并产小蛋。

⑤通风管理：育成鸡必须供应足够的新鲜空气，但不要有贼风。良好的环境条件可避免羽毛生长不良，生长下降，鸡只大小不一致，饲料转化率下降及疾病的发生。应按鸡所需的通风量调整鸡舍的窗户或开关风机。一般情况下，夏季 6～8 厘米^3/（只·小时），春、秋季 3～4 厘米^3/（只·小时），冬季 2～3 厘米^3/（只·小时）。注意随着鸡的体重或日龄调整通风量。鸡舍内空气的质量要求见表 5-12。

表 5-12　鸡舍内空气的质量要求

气　体	水　平
氧气	最少占 15％体积
氮气	最多占 84％体积
二氧化碳	最多占 0.25％的体积
一氧化碳	不超过 40 毫升/米^3
氨气	不超过 25 毫升/米^3
硫化氢	不超过 10 毫升/米^3

⑥育成鸡的饲养密度：鸡的品系和年龄不同，对地面面积的需求量也有很大不同。购买蛋用种鸡或商品鸡时，应向育种场索取有关鸡种的饲养管理手册或向其咨询。表 5-13 列出了平养鸡对地面面积的一般要求。

表 5-13　育成鸡地面平养面积需要量(垫料)

品类或性别	每只鸡所需要地面面积（米²）	每平方米养鸡数（只）
矮小型鸡	0.07	14.3
蛋用型鸡		
至 18 周龄	0.09	11.1
至 22 周龄	0.14	7.1
中等体型蛋鸡		
至 18 周龄	0.11	9.1
至 22 周龄	0.16	6.3
种用育成母鸡	0.16	6.3
种用育成公鸡	0.16	6.3
中等体型种用育成母鸡	0.18	5.6
中等体型种用育成公鸡	0.20	5.0

a. 条板—垫料鸡舍:一般条板占地面面积的 2/3,垫料地面占 1/3。饲养于该类型鸡舍的鸡所需地面面积大约相当于表 5-13 中所示的 70％。

b. 全条板鸡舍:在育成期采用全条板鸡舍时,地面面积的需要量大约相当于表 5-13 中所示的 60％。

⑦垫料管理:理好垫料就能预防大量问题的产生。育成期间的垫料湿度应在 20％~30％。适宜垫料湿度有下列好处:羽毛生长较好;生长比较正常;饲料转化率提高;易于控制球虫病;鸡舍内氨气减少。

⑧提高育成鸡均匀度的管理:育成鸡的品质除了取决于体重和骨骼的正常发育外,还要看鸡群的均匀度。鸡群内体重(胫长)差异小,说明鸡群发育整齐,性成熟时,体重的均匀度要在75%~80%以上。鸡群的均匀度,主要受亲代(祖代或父母代)遗传品质的影响,如亲代不好,则后代分离严重,均匀度就差。加强对鸡群管理,可以提高鸡群的均匀度。提供足够的水槽和食槽,平养鸡水槽和食槽分布要均匀,无论笼养还是平养均要按照鸡的生长调节水槽和食槽的高度,提高喂料器运行速度,增加每次喂料量或减少投喂次数,公母鸡分开喂养。适当分群,均匀度太差时,应逐只称重分群,分别给予投料。对不整齐鸡,一般每群多为1 000~2 000只,少为500~1 000只;对整齐鸡的鸡群,每群可为5 000只。

⑨选择和淘汰:对鸡的选择和淘汰可结合转群进行。此外,在育成期每周也应及时淘汰。经加强饲养管理,仍达不到生产标准的鸡,如有病、瘦、小、跛脚、受伤和畸形的鸡,这些鸡在产蛋开始后表现不良,如果将其保留在群内,则只增加鸡群的培育费用。可利用捉鸡钩,将其剔除。要注意在该舍记录中填上剔除鸡数。

⑩防疫卫生

a. 按疫苗接种方案定期接种:注意疫苗的保存方法、使用方法及有效期,必须按计划定期正确接种。有条件鸡场应定期测定血液滴度以观察抗体浓度而判定免疫效果并正确指导接种。

b. 转入产蛋舍前,应进行白痢、鸡霉形体的测定,对阳性鸡及时淘汰,病鸡群应立即从鸡场中迁出,以防将病传给其他鸡舍的健康鸡。

c. 对平养条件差的鸡舍要进行驱虫处理。

d. 防鼠害：鼠类常引起重大的经济损失，它们吃去大量饲料并传播疾病。当出现鼠害时要立即实施灭鼠措施。使用灭鼠药物要注意正确的使用方法并注意人、鸡安全。

⑪育成鸡的日常管理

a. 鸡群的日常观察：发现鸡群的精神、采食、饮水、粪便上有异常时，要及时请有关人员处理。

b. 经常淘汰残次鸡、病鸡。

c. 经常检查设备运行情况，保持照明设备的清洁。

d. 每周或隔周抽样称量鸡只体重，并由此分析饲养管理方法是否得当，并及时改进。

e. 按程序进行防疫、消毒、免疫、投药工作。

3. 产蛋鸡饲养管理

蛋鸡产蛋期是指育成期结束后，母鸡进入生理成熟阶段，转入产蛋鸡舍，一直饲养到产蛋结束并淘汰这一时期（20～72周龄）。高产品种，产蛋周龄推迟到 76 周龄或 78 周龄。产蛋鸡的饲养管理目标，一是满足蛋鸡产蛋的营养需要，提供充足全面的各类营养物质和矿物质；二是创造舒适安全的环境条件，减少各种应激因素，充分发挥品种高产的遗传潜力，做到高产稳产；三是及时预防各种疫病，提高存活率，减少死亡率；四是根据市场变化，及时调整饲养模式，以获取最高的经济效益为根本。

（1）产蛋鸡的生理特点

①产蛋鸡的生理特点：母鸡在生理功能上，开产期（19～24

周龄），一方面需要满足产蛋所需的营养，另一方面仍需要满足身体生长所需的营养；产蛋高峰期（25～42 周龄），母鸡产蛋所需的营养迅速增加，往往造成营养供给不足，大大消耗母鸡自身的营养贮备；产蛋后期（43 周龄以后），由于产蛋量的下降，母鸡从外界摄取的营养逐渐转入体内贮藏，使母鸡体重增加，腹部脂肪沉积量大增，脂肪成分将卵巢包围，从而抑制了产蛋机能。所以在产蛋鸡的饲养过程中，要有意识的克服母鸡生理上的不足，发挥其最大的生产性能。

②蛋鸡产蛋规律

a. 产蛋曲线：在标准条件下，将蛋鸡在一个产蛋年度内产蛋率的变化记录，绘制的曲线称为产蛋曲线。母鸡的产蛋具有一定的规律性。一般从开产到全群产蛋率达到 50％，需要 3 周左右；从 50％到进入产蛋高峰，达到 90％以上，需要 3 周左右；高峰期稳定较长的时间，然后产蛋率开始下降，到产蛋 52 周时，约下降 30％，达到 60％左右，每周下降 0.7％～0.8％，按产蛋率曲线变化特点，可将其分为开产期、高峰期和产蛋后期。

开产期。一般在 19～24 周龄，从开产到产蛋率达 70％左右这一阶段。开产期表现为产蛋间隔较长，产蛋率低，产蛋规律性差，异常蛋较多，如双黄蛋、畸形蛋、软壳蛋等，这与体内生殖激素的分泌量和生殖器官功能不完善有关。此期产蛋率、蛋重上升幅度很快，但易出现脱肛和啄蛋现象。

高峰期。一般在 25 周龄以后，鸡群的产蛋率高，达到 85％以上，一直到 42 周龄前后，处于产蛋高峰期内。商品蛋鸡一般在 27 周龄后产蛋率可超过 90％，而且这一水平可以维持 8～16 周。此期内鸡群已建立了较为稳定的产蛋规律，蛋壳质量良好，高峰期内鸡的体重应略有增加。有时因饲养管理上的失误常会引起产蛋率的下降,而且不容易恢复到原有水平。

产蛋后期。一般在 43 周龄以后,产蛋率逐渐下降,鸡的体重增加,腹脂肪沉积较多,卵巢机能出现减退,产蛋间隔变长。生产上易因母鸡过肥而导致产蛋率出现较大幅度的下降。

b. 蛋重变化规律:开产时平均蛋重较小,随着鸡群周龄增长,平均蛋重也在逐渐增加。在开产期内蛋重增加最快,至 40 周龄后则增长幅度很小。

c. 蛋产出时间规律:一天中鸡群的产蛋时间集中在见光后的 3~7 小时。按早 5 时 30 分开始照明为例,上午 8 时前产蛋占全天总产蛋的 8% 以下,8~12 时占 70% 以上,12 时~下午 2 时约占 15%,下午 2 时以后约占 7%。每日蛋产出时间,受季节、周龄等因素影响发生一定的变化。

(2)产蛋鸡的饲养

①分段饲养:根据蛋鸡的年龄和产蛋水平将蛋鸡的产蛋期划分为不同的阶段,同时采取不同的管理方法,使蛋鸡的饲养管理更能有的放矢,达到事半功倍的饲养效果。一般采用二段法或三段法。

二段法是以 50 周龄为界,50 周龄前,鸡体尚在发育,又是产蛋盛期,饲料蛋白质水平控制在 16%~17%;50 周龄以后,鸡体生长发育已趋完成,产蛋量逐渐下降,蛋白质水平控制在 14%~15%。

三段法有两种分类方法,一是根据产蛋率的高低分段饲养,产蛋率小于 65% 为第一阶段,产蛋率介于 65%~80% 为第二阶段,产蛋率大于 80% 为第三阶段,饲料中的蛋白质水平逐渐升高,三个阶段分别为 14%、15%、16.5%。二是根据年龄大小分段饲养,从 20 周龄到 42 周龄为第一阶段,43 周龄到 62 周龄为第二阶段,63 周龄以后为第三阶段,饲料中的蛋白质水平逐渐降低,分别为 18%、16.5%~17%、15%~16%。分段饲养时,各段饲料也需要有 1~2 周的过渡时间。采用此种方法,产蛋高峰期出现早,上升快,高峰持续时间长,产蛋量多。

无论采用以上哪种分段饲养方法,在开产前期,即 18 周龄至 5% 产蛋期间,必须增加饲料配方中营养钙的含量,以增加开产新母鸡体内含钙量。实践中,往往由饲喂的育成鸡饲料配方日粮中,去掉 2.5% 的麸皮,添加 2.5% 的贝壳粉,含钙量从 1% 提高到 2%。实践证明,采用此法,开产前新母鸡增加体内钙量蓄积,能提高产蛋率,在产蛋的前期无瘫痪症和软壳蛋,否则钙量补充过晚,鸡群发生瘫痪,影响产蛋量,增加死亡淘汰鸡。

②限制饲养:产蛋期限制饲养可以提高饲料转化率,降低成本,节省饲料,并可适当地控制体重,避免采食量过多、营养过剩造成母鸡肥胖,防止母鸡发生脂肪肝,提高鸡群的产蛋量。

a. 产蛋期的限饲方法:在产蛋阶段一般采用"群内对照法",即在群内选择一定数量的鸡,让其自由采食,并准确记录每天的采食量,用 1 周(7 天)内的平均采食量作基准,按照要求限饲的百分数,计算出下周内限制饲喂量。另一种限饲方法是,按照鸡数为基准,按限饲要求定出饲喂量,即 100 只鸡按 90 只鸡的料饲喂。引进的高产蛋鸡品种,按限饲要求已规定了每只鸡的饲料消耗量,具体应用时,要考虑到各种条件的变化,制定出切实可行的限饲方法。产蛋期的限饲时间从 43 周龄开始,即在产蛋高峰期后。

　　b. 产蛋期的限饲量：产蛋母鸡的限制饲养须考虑到品种、产蛋阶段、饲料条件和季节的变化。据试验，能量摄入量可以降低 5％～10％，虽然蛋重降低 0.5％～1.5％，由于产蛋率提高，产蛋量并不减少。最适限饲量为 8％～12％。

　　③调整饲养

　　a. 调整饲养的原则：以饲养标准为基础，保持饲料配方的相对稳定，无论在任何情况下，饲料配方不能大动，饲料原料、营养成分都不能变化太大，即便是相同品种的原料，产地不同对生产性能也有影响。可尽量微调，使鸡的适口性有个逐步适应的过程，否则，影响鸡的采食量，引起产蛋量下降。掌握好调整时机，根据鸡群的产蛋量、蛋的质量、健康状况、饲养条件和环境变化，做到适时调整。调整饲养，在产蛋量上升时，提高营养水平走在产蛋上升的前面；产蛋量下降时，降低饲料营养水平走在产蛋量下降的后面。检查调整后的效果，每次调整后，都要仔细观察鸡群及产蛋量的变化，影响太大，及时分析原因，找出对策或恢复调整前的饲养。采用饲料原料时，要因地制宜，不能舍近求远；调整后要计算经济效益，无论种鸡或商品鸡，详细计算投入产出比。

　　b. 调整饲养的方法

　　开产前的调整。育成母鸡在 100 日龄前后，卵巢的发育比较迅速，120 日龄就有部分母鸡开始产蛋，此时，须提高饲料营养水平，特别是钙的含量。育成鸡饲料钙含量仅在 1％左右，由于蛋壳的形成需要大量的钙，育成鸡饲料 1％的钙量是不够的，就要动用机体骨骼中的钙，若不及时调整，这部分开产早的鸡就会发生瘫痪，产软壳蛋。

体重发育差的调整。育成期受各种因素的影响,如密度过大,饲料质量差,导致体重轻,应提高饲料的营养水平,促使体重恢复和高产,从转群后(18～19 周龄)马上给予较高营养水平的蛋鸡饲料,粗蛋白质含量在 18％以上。经过 3～4 周的饲养,体重逐步恢复正常,产蛋率随之上升。

体重整齐度高的调整。育成鸡体重发育均匀、整齐时,可适当降低蛋白质水平,可降到 15.2％。采用这种方法,不仅稳产高产,还能降低饲料成本,提高经济效益。

饲料配方的调整。当鸡群产蛋量达到 5％时,须调整饲养,适时改喂饲料,由育成鸡饲料改喂产蛋鸡饲料。

产蛋高峰期的调整。产蛋高峰期必须喂给足够的饲料营养,高峰期稳定时间长,产蛋量高。要使高峰期产蛋率高、维持时间长,就要满足高峰期的饲料营养。高峰期每只鸡每天摄入的蛋白质,轻型蛋鸡不能少于 18 克,中型蛋鸡不能少于 20 克。

产蛋高峰是有阶段性的,如果在这个阶段促不上去,高峰期来得晚,维持时间短,年产蛋量减少。促高峰的关键是促营养,鸡的营养需要是多方面的,主要包括蛋白质、能量、矿物质、维生素和微量元素等。母鸡的产蛋率与饲料营养、采食量有直接的关系。因此,根据母鸡的产蛋率高低,调整饲料蛋白喷和能量的营养水平,既能满足营养需要,又可防止营养过剩造成浪费。

高峰过后的调整。当鸡群的产蛋率开始下降时,需调整饲养,降低营养水平。但要根据鸡群状况、气温变化等各种情况进行调整,决不能一看产蛋率下降,就急于降低营养水平,必须分析产蛋率下降的原因。产蛋率每周正常的下降范围是 0.5％～0.6％,属于正常情况,需维持 3～5 周的时间再调整饲料营养。

季节变化的调整。季节变化指环境温度的变化,温度对鸡的活动、饮水、采食、生理状况和产蛋量有很大的影响。鸡的品种、品系及不同的饲养地区,对冷、热的耐受程度也有差异。例如,轻型鸡的耐热性要比中、大型鸡的耐热性强。

环境温度在 13～15℃时产蛋率较高,在 10～24℃能保持良好的产蛋量,低于 4.5℃或高于 29.5℃时产蛋就明显下降。高于 24℃时蛋重开始下降,环境温度愈高,蛋重下降愈明显;环境温度愈低,用于维持需要的能量也愈多,因此,采食量增加。试验表明,每当环境温度升高 1℃,耗料约减少 1.6%;随着环境温度的升高,鸡的采食量及营养摄取量也随之减少,影响产蛋。因此,要根据季节和温度的变化调整饲养。在炎热的夏季,鸡的采食量减少,应提高饲料中的蛋白质水平 1%～2%,降低饲料中的能量水平 0.209～0.418 兆焦;冬天气温较低,应提高饲料中的能量水平 0.083 6～0.209 兆焦。

发病时的调整。当鸡群发病时,鸡的采食量减少,所摄取的营养成分也会减少,使鸡群的产蛋量减少,因此,要适当提高饲料中的营养成分,如蛋白质水平提高 1%～2%,多维素提高 0.02%。另外,还要考虑饲料的质量对鸡的适口性及病情发展的影响。

应激因素的调整。应激因素包括自然灾害引起的雷电、大风、高温等,正常管理的应激因素断喙、接种免疫、转群等,这些应激因素,都不同程度地影响鸡的采食量。例如,断喙后的第 1 天,影响采食量 20%～30%,需 3～4 天才能恢复到正常的采食量,如果不及时调整饲养,就会影响产蛋量,并导致维生素缺乏症。经验证明,转群、免疫、断喙、发病、高温等应激因素影响时,应在饲料中提高多种维生素用量,添加量为正常的2～3倍,饲喂时间一般4～6天。

预防疾病的调整。为预防鸡脂肪肝病的发生,日粮中能量水平不要过高。实践证明,在产蛋期饲料中能量水平11.7兆焦/千克,蛋白质水平14.5%左右,脂肪肝病占总死亡数的50%以上。因此,增加饲料中的蛋白质水平,添加0.1%的氯化胆碱,同时添加蛋氨酸,对减少体内脂肪沉积有很好的效果。

④饲喂时间及次数:据试验,上午9点饲喂1次,产蛋率为75.7%;下午3点左右饲喂1次,产蛋率为80.3%;上午9点及下午3点各饲喂1次,产蛋率为79.8%,平均每只日产蛋相应为46.23克、49.43克和49.36克,料蛋比相应为2.622、2.362和2.450。由此可见,大群饲养蛋鸡,以下午3点1次饲喂为好,其次是上午9点和下午3点各饲喂1次,而上午9点1次饲喂效果最差。为保持旺盛的食欲,每天必须有一定的空槽时间,以防止饲料长期在料槽存放,使鸡产生厌食和挑食的恶习。

⑤饮水:产蛋期蛋鸡的饮水量与体重、环境温度有关。饮水量随气温和产蛋率的升高而增多。产蛋期蛋鸡不能断水,鸡群断水24小时,产蛋量减少30%,须25～30天的时间才能恢复正常;鸡群断水36小时,产蛋量不能恢复原来的水平;断水36小时以上,将会有部分鸡停止产蛋,导致换羽,长时期产蛋受到限制;若断水48～60小时,鸡只将因机体脱水而导致死亡。当鸡的饮水量有10%的变化时,蛋重就会有影响。因此,要保证鸡群的饮水量,防止短缺。

饮水的方法,以长流水为最好。若不是长流水,每天换水2～3次,保持水槽卫生、清洁、无色、无异味、不混浊,有污染就会影响产蛋量。也可采用自动饮水器，自由饮水。

（3）产蛋鸡的管理

①转群：后备蛋鸡转入蛋鸡舍，称为转群。对大型的，尤其是实行"全进全出"制的蛋鸡场来说，这是一项任务重、时间紧、用人多的突击性工作，需要严密筹划和全面安排。

a. 转群周龄：转群周龄，一般按照生产流程而定。早的可在 17～18 周龄，晚的在 20 周龄，最迟不超过 21 周龄。试验证明，18 周龄转群，300 日龄产蛋为 110.18 枚；22 周龄转群，300 日龄产蛋为 105.41 枚，两者相差 4.77 枚，以 18 周龄转群较好。

b. 转群前的准备：转群前的 3～5 天，将产蛋鸡舍准备好，并清洗消毒完毕。清洗和消毒的步骤是：清除舍内粪便，打扫卫生，维修鸡舍和设备，清刷（用高压水清洗）；消毒，采用甲醛和高锰酸钾熏蒸效果最好，每立方米 40 毫升甲醛和 20 克高锰酸钾熏蒸前将门窗及通风口全部密封，熏蒸时间不能少于 24 小时，时间越长效果越好。在转群前 2～3 天，开门窗和风机通风，驱除舍内甲醛气味。待光照设备正常，方可进鸡。

转群前 1 周，做好后备鸡的接种免疫和断喙工作，并保持环境安静，减少各种应激因素的干扰。做好转群计划，如转群时间、向哪栋产蛋鸡舍转群、剩余的鸡如何安排、饲养员的安排、饲料的准备及转群时的参加人员和运鸡工具等。

c. 转群操作步骤：转群是一项比较繁重的工作，要求人员合理分工，集中人力、物力，把转群工作做好。

停料：后备蛋鸡转出前，一般先停料，让其将剩料吃净。如剩料不多，应及时转出，以免鸡挨饿。

捕鸡：平养鸡最好先降低照明度，或在晚间少开灯，尽量避免惊群。需要围捕的鸡,先用隔网围栏起来。为尽量减少干扰,减少惊群,防止压伤,每次围栏鸡数不要太多,抓鸡动作要迅速,但不能粗暴,防止折断鸡翅膀和腿部。若围栏卡住鸡的腿部、头部或翅膀要轻轻取出,禁止硬拉或用脚踢开,尽量减少人为的残伤;要捉腿部,不可捉翅膀、头、颈等纤弱部位。

检查质量:技术人员严把质量关,每只鸡都要严格检查,选择体格结实、发育匀称、达到体重要求、外貌符合本品种要求的鸡转到产蛋鸡舍,把那些体重过大过小的鸡、弱鸡、残鸡及外貌不符合本品种要求的鸡淘汰掉,断喙不良的鸡也要重新修整。

计数:经技术人员质量检查过的鸡只要设有专人计数,最好由场里的统计人员具体负责,清点鸡数要准确。产蛋鸡舍如是笼养方式,每笼规定放几只,密度比较均匀;平养鸡舍,每个围栏或每个隔间放多少,要按饲养密度要求,严格计数。

运输:装鸡时,不要将鸡硬塞乱扔,防止骨折。每车的数量不要过多,以防压伤。装上一定数量的鸡后,迅速而平稳地运到产蛋舍。运输途中,减少颠簸,防止鸡只从车内跑出来,特别是运输车遇到障碍物或进门口时易撞伤鸡只头部,因为有个别的鸡从运输车左右两边的网孔伸出头来,若不注意易挤掉鸡的头部,应尽量减少外伤造成的不应有的损失。

恢复喂料和饮水:转群后,尽快恢复喂料和饮水,饲喂次数增加1~2次,不能缺水。由于转群的影响,鸡的采食量需要4~5天才能恢复到正常;为防止维生素缺乏症,饲料中添加200毫克/千克的多种维生素。为使鸡群尽快熟悉鸡舍内周围的环境,给予连续48小时的光照,2天后再恢复到正常的光照制度。

注意观察:经常观察鸡群,特别是笼养鸡,防止卡脖吊死,跑出笼外的鸡要及时抓到笼内。由于转群的应激,出现部分弱鸡,要及时挑出来淘汰。还要及时检查料槽和水槽的高度,有的鸡是否还吃不上料、喝不上水;供料和供水系统有否障碍,并及时维修。

②饲养密度:产蛋期的饲养密度因不同品种、饲养方式而不同。地面平养时,轻型品种每平方米 6 只,中型品种 5.5 只;网上平养时,轻型品种每平方米 8～10 只,中型品种 7～8 只;笼养时,每只鸡占笼底面积,轻型品种为 380 厘米^2,中型品种为 464厘米^2。

③料槽与饮水位置:产蛋期的料槽位置因不同品种和饲养方式不同而不同。平养时的料槽位置,轻型品种每只鸡占据7.5 厘米,中型品种为 10 厘米;笼养时的料槽位置,轻型品种每只鸡占据 10 厘米,中型品种为 15 厘米。

产蛋期的饮水位置,平养时,轻型品种每只鸡占据 2.5 厘米,中型品种为 3.8 厘米;笼养时每只鸡占据水槽位置与料槽位置相同。

④鸡舍温度:鸡的产蛋性能只有在一定的舍温条件下才能充分发挥,温度过低或过高都会影响鸡群的健康和生产性能,产蛋量下降,饲料报酬降低,并影响蛋壳质量。

当舍温低于 21℃时,每下降 1℃,产蛋率下降 0.5%,采食量增加 1.5%;舍温 25～30℃时,每升高 1℃,产蛋率下降1.5%,采食量减少 1.5%。当舍内温度升高到 24℃,蛋重开始下降。因此,产蛋鸡舍适宜温度是 13～23℃,最适宜温度 16～20℃;不能低于 8℃、高于 28℃。

⑤鸡舍湿度:鸡舍湿度来源于 3 个方面,一是外界空气中的

水分进入鸡舍内;二是鸡体排出来的,如呼吸、排出的粪尿;三是鸡舍内水槽的水分蒸发。

舍内湿度太低,如低于17%时,成鸡的羽毛裂乱,皮肤干燥,羽毛及喙、爪色泽暗淡,在这种情况下有可能导致脱水。另外,由于湿度偏低,舍内尘埃飞扬,容易导致鸡只发生呼吸道疾病。在生产中,若遇到这种情况,可以在舍内墙壁、地面适当喷水,保持舍内有一定的湿度。舍内湿度太高,若达到90%时,鸡只羽毛污秽,鸡舍墙壁和窗户玻璃上挂满水珠,并向下流淌。此种情况多发生在冬季,鸡群易患支原体病、拉稀。在低温高湿的情况下,空气中水汽容热量较大,易使鸡体失热过多而受凉发生感冒,用于维持的热能增加,采食量增多。在高温高湿的情况下,鸡呼吸排散到空气中的水分受到限制,鸡的蒸发散热受阻。舍内适宜的相对湿度为60%。

⑥日常管理

a. 观察鸡群:喂料时观察采食情况、精神状态、冠的颜色等,有无甩头和异常的呼吸音,啄肛、啄羽现象。观察鸡群的粪便,正常的鸡粪为灰褐色,上面覆有一些灰白色的尿酸盐,偶有一些茶褐色黏粪为盲肠粪。若粪便发绿或发黄而且较稀,说明有感染疾病的可能。夏天因喝水多粪便较稀,若粪便过稀则与消化不良或患某些疾病有关。

b. 检查设备:检查水槽是否通畅或有无溢水现象,乳头式饮水器则检查有无漏水或断水问题。检查料槽有无破损,风机运转时是否灵活、有无异常声音,笼网是否有鸡只外逃或挂伤。

c. 及时拣蛋:每天上午11点、下午2点、6点应分别拣蛋,观察蛋壳颜色、质量和蛋的形状、重量与以往有无明显变化。拣蛋后将破蛋、软壳蛋、双黄蛋单放,清点蛋数送往蛋库保存。

d. 节约饲料:使用结构合理的料槽,料槽外侧壁斜坡外伸,内侧壁上沿内折的,可减少人工加料外撒与鸡采食时的饲料浪费。喂料过程中饲养人员的加料操作不熟练,加料次数多浪费也多。每次加料量以不超过槽深的 1/3 为宜。有试验表明,使用乳头式饮水器与水槽相比,每只鸡每天可少浪费饲料 2～3克。

e. 淘汰低产鸡:低产鸡包括已停产、病弱及伤残鸡,根据产蛋鸡正常的外貌和生理特征,将大群中这类个体淘汰掉。停产鸡从外貌上表现为冠苍白,或发绀、萎缩等。在生理特征方面表现为耻骨间距变窄,小于二指宽,肛门干燥紧缩等。

⑦检查生产指标:检查生产指标是衡量饲养管理水平的重要方法。检查生产指标的内容有产蛋量、蛋重、料蛋比、存活率、开产日龄、体重等。产蛋量是蛋鸡最主要的经济性状,它在很大程度上决定了蛋鸡场的生产水平和管理水平及经济收入,所以,蛋鸡场的中心任务就是提高产蛋量。

(三)种鸡饲养管理技术要点

饲养种鸡的目的是为了获得数量多质量好、健康合格的种蛋(即受精率、孵化率和出雏率高的种蛋)。因此,除了鸡种优秀以外,还需有良好的饲养管理。

1. 蛋用种鸡的饲养管理

(1)育雏、育成期的饲养管理:蛋用种鸡与商品蛋鸡的育雏、育成期饲养方法基本相同,本节重点讨论其不同之处。

①饲养方式:种鸡饲养有地面平养、网上平养和笼养三种饲养方式。为了便于防疫和疾病控制,提高种用雏质量和成活率,建议采用棚架平养和笼养。

②饲养密度:种鸡的饲养密度比商品鸡小,且应随鸡日龄的增加而逐渐降低饲养密度。该项工作可在鸡群断喙、接种疫苗时进行,并按强弱分饲。

③环境控制:为培育出健壮合格的种用后备鸡,除按常规标准控制好育雏、育成舍的温度、湿度、通风和空气质量外,应特别强调卫生消毒工作,尤其是进雏前和转群前的鸡舍一定要彻底消毒。对场区的消毒要坚持定期进行。此外,从育雏的第二天起实施带鸡消毒。育雏阶段每周 2 次或隔天 1 次,育成阶段每周 1 次(产蛋阶段每月 1 次),使鸡只始终生活在比较洁净的环境中。

④跖长指标:骨骼和体重的发育规律不同,体重在整个育成期是不断增长的,直到 36 周龄达到最高点,而骨骼是在最初 10 周内迅速发育,到 20 周全部骨骼发育完成,前期发育快,后期发育慢。目前仅用体重作为衡量鸡只生长发育状况的惟一指标是不全面的。近年来的研究认为,骨骼是鸡体的基础骨架,用骨骼和体重综合衡量鸡的体重更科学。因为跖骨的发育与骨骼的发育存在高度正相关,因此,可用跖骨的发育情况来表示骨骼的发育程度。一般要求青年鸡在 12 周龄完成骨架发育的 90%。如果营养或管理不当,就必定会出现体重达标而骨骼发育不全的小骨架鸡,这种鸡的产蛋性能明显达不到应有的标准。在育雏、育成期,跖长标准比体重标准更重要。因此,在育雏期所追求的

主要目标应该是跖长的达标。到 8 周龄若跖长低于标准,可不更换育成料,直到跖长达到标准再换料。

⑤适宜的开产体重和开产周龄:种鸡的开产体重对于其总产蛋量、种蛋合格率、受精率和孵化率等都有影响。生产中要严格控制鸡的开产体重。适宜开产体重的获得要在整个育成期,通过合理的、精细的饲养管理和光照管理来实现。蛋种鸡适宜的开产体重,虽然不同鸡种各有标准,但基本接近于下列范围:轻型蛋鸡 1360 克,中型鸡 1800 克。根据现有鸡种资料,并结合现实饲养管理条件,建议见蛋、5%产蛋率和 50%产蛋率的周龄分别为 20～21 周,22～23 周和 24～25 周。

(2)产蛋期的饲养管理

①饲养方式:产蛋期蛋种鸡的饲养方式主要有散养、网上平养和笼养三种方式。我国蛋种鸡以笼养为主,多采用二阶梯式笼养,这种饲养方式有利于人工授精操作。

②饲养密度:饲养密度与饲养方式有关(表 5-14)。

表 5-14　饲养密度与饲养方式的关系

鸡种	网上平养		笼养	
	米²/只	只/米²	米²/只	只/米²
轻型蛋鸡	0.11	9.1	0.045	22
中型蛋鸡	0.14	7.1	0.045～0.05	20～22

③环境控制:基本上与商品蛋鸡相同,但为了使种鸡体型得到充分的发育,获得较大的开产蛋重,提高种蛋的合格率,开产前的光照增加时间可比蛋鸡延迟 2～3 周。

④转群：由于蛋种鸡比商品蛋鸡通常迟开产1周，故转群时间可在18～19周龄。但蛋种鸡的饲养方式如果是网上圈养的（或垫料地面平养），则要求提前1～2周转群，让育成母鸡对产蛋箱有一个认识和熟悉的过程，以减少窝外蛋（网上蛋）、脏蛋、踩破蛋等现象，从而提高种蛋的合格率。

⑤饲喂注意事项：开产到40周龄内的产蛋鸡，不仅不能限饲，而且要通过增加饲喂次数、提高饲料质量、改善生活环境等手段，促使鸡多采食，尽量稳定产蛋鸡的体重。前期防止体重偏低，后期防止体重偏高。

（3）种公鸡的饲养管理

①公鸡的选择：第一次选择（6～8周龄），应选留个体发育良好、冠髯大而鲜红者，淘汰外貌缺陷如胸骨、腿部和喙弯曲、嗉囊大而下垂或胸部囊肿者。对体重过轻和雌雄鉴别误差的公鸡亦应淘汰。选留公母比例为1∶10。第二次选择（17～18周龄），首先选留体重符合品系标准的公鸡；其次要选择发育良好，腹部柔软，按摩时性反应（如翻肛、交配器勃起和排精）明显的个体，这类公鸡可望以后有较好的生活力和繁殖力，选留公母比例为1∶（15～20）。第三次选择（20周龄），主要根据精液品质和体重选留。通常，新公鸡经7天左右按摩采精便可形成条件反射。选留比例可达1∶（20～30）。全年实行人工授精的种鸡场，应留有15％～20％的后备公鸡。

②公鸡的培育：留种的公鸡在6～8周龄前公母雏混群平养或笼养，9～17周龄公母应分开饲养，最好平养，以锻炼公鸡的体格。笼养时应特别注意密度不能大。在此期间应严格按照鸡种要求饲养和管理，如测量体重、度量跖长、调整均匀度等。光

照方案按照种母鸡的进行,17~18周龄转入单笼饲养。光照在9~17周龄期间可每天恒定在8小时,到育成后期每周增加半小时直至12~14小时。

③公鸡的营养水平:代谢能11~12兆焦/千克,粗蛋白育雏期为16%~18%,育成期为12%~14%。繁殖期种公鸡的营养需要量比种母鸡低。用代谢能10.89~12.14兆焦/千克,蛋白质11%~12%的饲粮,对繁殖性能无不良影响。虽然低蛋白质饲粮会降低公鸡的体重,但对维持公鸡的正常体况有利。

④种公鸡的管理:繁殖期人工授精公鸡必须单笼饲养。如果进行群养,则由于应激、公鸡相互爬跨、格斗等,往往影响精液品质。

体重检查:为保证整个繁殖期公鸡的健康和具有优质精液,应每月检查体重1次,凡体重降低在100克以上的公鸡,应暂停采精或延长采精间隔(5~7天采1次),并另行饲养。

断喙、剪冠和断趾:人工授精的公鸡要断喙,以减少育雏、育成期的伤亡。自然交配的公鸡虽不断喙,但要断趾(断内趾及后趾第一关节),以免配种时抓伤母鸡。

2. 肉用种鸡的饲养管理

肉用种鸡的繁殖期通常为40周。要求每只肉用种母鸡能繁殖尽可能多的健壮且肉用性能优良的肉用仔鸡。

(1)饲养方式与饲养密度:传统饲养肉用种鸡的全垫料地面饲养法,由于密度小,舍内易潮湿和窝外蛋较多等原因,现今很少采用。目前采用比较普遍的肉用种鸡饲养方式有漏缝地板、混合地面及笼养3种。

（2）肉用种鸡的饲养管理要点

①生长期的饲养管理

a. 光照管理：在肉用种鸡的生长阶段，旨在使鸡群的性成熟和体成熟在协调的前提下尽可能同步，以期种鸡群能达到理想的产蛋高峰和繁殖性能。育成期的光照原则必须与控制体重和性成熟相结合。在提高光照、刺激性成熟的同时应相应增加饲喂量，19 周龄前后增加光照应看体重是否达到标准，而 21 周龄前后增加光照时，除考虑体重外，还要根据第二性征发育状况，以确定增加光照时间的具体时数。总之，要尽可能采用科学的措施来协调好鸡体的性成熟和体成熟，使鸡群按时开产、按时进入产蛋高峰。

现代肉种鸡对光刺激的反应不敏感，制定肉用种鸡的光照制度时，除遵循产蛋期光照时间不可缩短、光照强度不可减弱等基本原则外，还必须注意光照刺激的强度和要求，给光时需提前一些时间，开放式鸡舍和密闭鸡舍的光照制度如下。

开放式鸡舍：第 1、2 天光照 23 小时；第 3 天至 16 周龄，采用渐短的自然光照或者通过人工补光，使光照总时数保持不变；从 16 周龄以后光照总数绝不能减少，17 周龄至 18 周龄后保持光照总数不变。第一次强烈光照刺激所需要的时数可按照季节和鸡群的实际性成熟情况而定，在 19、20 或 21 周龄的第一天，可增加 1～2 小时的光照，给予一个强有力的刺激，促使大多数鸡只加快性成熟。此后，至少每隔 2 周增加 1 小时光照，直到每天光照时间达到 16～17 小时的最高限度为止。

密闭鸡舍：密闭鸡舍的光照制度如表 5-15 所示。

b. 限制饲喂方案：对肉用种鸡应采取生长期公母分栏饲

表 5-15　密闭鸡舍的光照制度

周龄	光照时间(小时)	周龄	光照时间(小时)
1～2	23	22～23	13
3～7	16	24	14
8～18	8	25～26	15
19～20	9	27	16
21	10		

养,产蛋期公母同栏分饲法。因为公母鸡生长速度不同,公鸡达20周龄时,体重应比母鸡大约30%。因此,公母分开饲养有利于分别控制公母鸡体重;公母鸡采食速度不同,公鸡生长期采食慢于母鸡,因此需要采取特别措施,分别加以限制;公母分饲便于观察公鸡的健康情况,剔除鉴别错误的鸡,有利于公鸡选种;公母分养时间由 0～6 周龄或 0～19 周龄均可;控制生长速度,使体重符合标准要求;控制性成熟,使适时开产,并使开产日龄整齐,初产蛋重大,产蛋率上升快,高峰持续期长,合格种蛋率高,种用价值显著提高;降低腹脂含量,减少产蛋期死亡率;节省饲料,降低成本。

　　一般要求在 3～19 周龄内,鸡只每周增重 90～117 克,喂料量可由每周实际抽测的体重与品种标准体重相比较后来确定。如鸡群超重不多,可暂时保持喂料量不变,使鸡群逐渐接近标准体重;相反,鸡群稍轻,也不要过多增加喂料量,只要稍微增一点,即可使鸡群渐达标准体重。

　　喂料时需要有充足的槽位和快速的喂料设施(或增加喂料

人员),使鸡群尽快吃到饲料,以保持良好的均匀度。无论采用何种喂料系统(或方法),都要求能在 3~5 分钟内,将饲料送到舍内所有料具中。

c. 其他管理要点:20 周龄以前,公母鸡最好分开饲养;控制母鸡的生长速度(限饲),最迟不应晚于 4 周龄开始;要使鸡群保持一个稳定的生长速度(每周增重 90~110 克);喂料量由每周抽测鸡数(抽测比例视鸡群的大小而定,群越大,抽测比例越小,一般抽查 5%~10%)的平均体重与鸡种标准体重的差值而定。抽测体重低于标准体重的适当增加喂料量;反之,则适当减少饲喂量。饮喂器具在舍内应均匀分散布放,并要在不超过 3 米的范围内,使全群每只鸡都能找到这些设备。从 7~8 周龄时开始喂沙砾,每周喂 1 次,喂量为每 1 000 只 4.5 千克;要重视垫料管理;定期对鸡群进行免疫和抗体监测,及时掌握鸡群健康状况。

②产蛋期管理要点

a. 公母种鸡同栏分饲:在繁殖期,如果公母种鸡混养、同槽采食,则对公鸡的喂料量和体重很难控制。特别是母鸡在 27~28 周龄开始使用最大饲喂量后,如公母同槽,则公鸡很快超重。而且超重的公鸡很易发生脚趾瘤、腿病,受精率下降,甚至到 45 周龄或 50 周龄时常因公鸡淘汰过多而造成公母比例失调,严重影响种蛋受精率。公母种鸡在 18~20 周龄内转入种鸡舍时,公鸡要比母鸡提早 4~5 天转入,目的是使公鸡适应料桶和新鸡舍环境。20 周龄后开始实行公母种鸡分槽饲喂。

母鸡用饲槽、设栅格,格宽 42~45 毫米,只要公鸡的头伸不进去,而母鸡的头能伸进采食即可。最初可能有发育较差、头较小的公鸡暂能采食,待到 28 周龄后,公鸡就完全不能利用母鸡的饲槽采食了。公鸡用料桶,桶下设料盘。料桶距地面41～46厘米,随公鸡背高调整高度,以不让母鸡够着,公鸡立起脚能够采食为原则。

种鸡舍内2/3是漏缝地板,1/3是地面垫料,母鸡的饲槽和饮水器放在两侧的漏缝地板上,公鸡料桶吊在两个饮水器中间,这样放置便于公母鸡采食和饮水。要求有足够的场地和槽位,能让公鸡在同一时间内都吃到饲料,每个料盘可供8～10只公鸡采食。

公鸡的饲料喂量特别重要,原则是在保持公鸡良好的生产性能的情况下,尽量少喂,喂量以能维持最低体重标准为原则,但不允许有明显失重。一般规律是公鸡喂料量的高峰应在23～24周龄,比母鸡喂料高峰(27～28周龄)早4周时间。

b. 产蛋期其他管理要点:从22～23周龄开始限饲的同时,将生长料转换为产蛋前期料(含钙量2%,其他营养成分与产蛋料完全相同);在开产后的3～4周(27～28周龄)饲料喂量应达到最大;产蛋高峰(30～31周龄)后的4～5周内,饲料量不要减少;当鸡群产蛋率下降到80%时,应开始逐渐减少饲喂量,以防母鸡超重。建议每次减少量每百只不超过230克,以后产蛋率每减少4～5个百分点,就减一次饲料量,这样从产蛋高峰到产蛋结束,每百只饲料量大约减少1.36千克。在每次减料的同时,必须观察鸡群的反应。任何产蛋率的异常下降,都需恢复到原来的喂料量。

（四）放养鸡饲养管理技术要点

鸡的生态放养，不同于小规模家庭粗放的散养，也不同于种鸡在有限的小运动场条件下的开放式平养。它是利用天然草地优质的自然资源（包括场地、饲草饲料、空气、阳光等），有效地组织鸡的生产，涉及众多的技术环节。

1. 鸡的放养技术要点

（1）放养前的准备：由育雏室突然转移到放牧地，环境发生了很大变化。小鸡能否适应这种变化，在很大程度上取决于放养前的适应性锻炼。包括饲料和胃肠的锻炼、温度的锻炼、活动量的锻炼、管理和防疫等。

①饲料和胃肠的锻炼：育雏期根据室外气温和青草生长情况而定，一般为4~8周。为了适应放养期大量采食青饲料的特点，以及采食一定的虫体饲料，应在育雏期进行饲料和胃肠的适应性锻炼。即在放牧前1~3周，有意识地在育雏料中添加一定的青草和青菜，有条件的鸡场还可加入一定的动物性饲料，特别是虫体饲料（如蝇蛆、蚯蚓、黄粉虫等），使之胃肠得到应有的锻炼。对于青绿饲料的添加量，要由少到多逐渐添加，防止一次性增加过多而造成消化不良性腹泻。在放牧前，青饲料的添加量应占到雏鸡饲喂量的50％以上。

②温度的锻炼：放牧对于雏鸡而言，环境发生了很大的变化。特别是由室内转移到室外，由温度相对稳定的育雏舍转移到气温多变的野外。放养最初2周是否适应放养环境的温度条

件,在很大程度上都取决于放牧前温度的适应性锻炼。在育雏后期,应逐渐降低育雏室的温度,使其逐渐适应室外气候条件,适当进行较低温度和小范围变温的锻炼。这样对于提高放养初期的成活率作用很大。

③活动量的锻炼:育雏期小鸡的活动量很小,仅仅在育雏室内有限的地面上活动。而放入田间后,活动范围突然扩大,活动量成数倍增加,很容易造成短期内的不适应而出现因活动量过大造成的疲劳和诱发疾病。因此,在育雏后期,应逐渐扩大雏鸡的运动量和活动范围,增强其体质,以适应放养环境。

④管理:在育雏后期,饲养管理为了适应野外生活的条件,逐渐由精细管理过渡到粗放管理。所谓粗放管理,并不是不管,或越粗越好,而是在饲喂次数、饮水方式、管理形式等方面接近放养下的管理模式。特别是注意调教,形成条件反射。

⑤抗应激:放牧前和放牧的最初几天,由于转群、脱温、环境变化等影响,出现一定的应激,免疫力下降。为避免放养后出现应激性疾病,可在补饲饲料或饮水中加入适量维生素 C 或复合维生素,以预防应激。

⑥防疫:应根据鸡的防疫程序,特别是免疫程序,有条不紊地搞好防疫。为放养期提供良好的健康保证。有关具体的防疫参看疾病防治的章节。

(2)放牧过渡期的管理:由育雏室转移到野外放牧的最初1~2周是放养成功与否的关键时期。如果前期准备工作做得较好,过渡期管理得当,小鸡很快适应放牧环境,不因为环境的巨大变化而影响生长发育。

转群日的选择非常关键。应选择天气暖和的晴天,在晚上转群。当将灯关闭后,打开手电筒,手电筒头部蒙上红色布,使之放出黯淡的红色光,以使小鸡安静,降低应激。轻轻将小鸡转移放到运输笼,然后装车。按照原分群计划,一次性放入鸡舍,使之在放牧地的鸡舍过夜,第 2 天早晨不要马上放鸡,要让鸡在鸡舍内停留较长的时间,以便熟悉其新居。待到 9～10 时以后放出喂料,饲槽放在离鸡舍 1～5 米远,让鸡自由觅食,切忌惊吓鸡群。饲料与育雏期的饲料相同,不要突然改变。开始几天,每天放养较短的时间,以后逐日增加放养时间。为了防止个别小鸡乱跑而不会自行返回,可设围栏限制,并不断扩大放养面积。1～5 天内仍按舍饲喂量给料,日喂 3 次。5 天后要限制饲料喂量,分两步递减饲料:首先是 5～10 天内饲料喂平常舍饲日粮的 70%;其次是 10 天后直到出栏,饲料喂量减少 1/2,只喂平常各生长阶段舍饲日粮的 30%～50%,日喂 1～2 次(天气不好的时候喂 2 次,饲喂的次数越多效果越差,因为鸡有懒惰和依赖性)。

(3)调教:调教是草地放养鸡饲养管理工作不可缺少的技术环节。因为规模化养殖,野外大面积放养,必须有统一的管理程序,如饲料、饮水、宿窝等,应使群体在规定的时间内集体行动。特别是遇到不良天气和野生动物侵入时,如刮风、下雨、冰雹、老鹰或黄鼠狼侵害等,应在统一的指挥下进行规避。同时,也可避免相邻鸡场间的混群现象。

调教是指在特定环境下给予特殊信号或指令,使之逐渐形成条件反射或产生习惯性行为。尽管鸡具有顽固性,但其也具有可塑性。因此,对其实行调教应该从小进行。青年鸡调教包括喂食饮水的调节、远牧的调教、归巢的调教、上栖架的调教和紧急避险的调教等。

（4）酌情断喙:放养鸡是否需要断喙？根据实践,是否断喙依据两点:第一,饲养密度;第二,鸡群表现。在放养密度较大的鸡场,可采取适当断喙的措施。在饲养密度较小的鸡场或地块,可不断喙。如果放养的产蛋鸡群有相互啄食的现象,可适当断喙。如果实行断喙,可在育雏期7～8日龄进行。断喙的程度不应像笼养鸡那样严重,适当浅断喙即可,以免影响鸡的啄食。

（5）补料:补料是指野外放养条件下人工补充精饲料。生态放养鸡,仅仅靠野外自由觅食天然饲料是不能满足其生长发育需要的。无论是大雏鸡（生长期）、后备期,还是产蛋期,都必须补充饲料。但应根据鸡的日龄、生长发育、草地类型和天气情况,决定补料次数、时间、类型、营养浓度和补料数量。

（6）供水:尽管鸡在野外放养可以采食大量的青绿饲料,但是水的供应也是必不可少的。没有充足的饮水,就不能保证鸡快速地生长和具有健康的体质,以及饲料的有效利用。尤其是在植被状况不好、风吹日晒严重的牧地,更应重视水的供应。

饮水以自动饮水器最佳,以减少饮水污染,保证水的随时供应。

自动饮水应设置完整的供水系统,包括水源、水塔、输水管道、终端（饮水器）等。输水管道最好在地下埋置,而终端饮水器应设在放牧地块,根据面积大小设置一定的饮水区域,最好与补料区域结合,以便鸡采食后饮水。饮水器的数量应根据鸡的多少设置足够的数量。

但更多的鸡场不具备饮水系统,特别是水源（水井）的问题难以解决,一般采取异地拉水。对于这种情况,可制作土饮水器,即利用铁桶作为水罐,利用负压原理,将水输送到开放的饮水管或饮水槽。

（7）防治兽害：放牧期间鸡群的主要兽害是老鼠、老鹰、黄鼠狼和蛇。

老鼠对放牧初期的小鸡有较大的危害性。因为此时的小鸡防御能力差，躲避能力低，很容易受到老鼠的侵袭。即便大一些的鸡，夜间受到老鼠的干扰而造成惊群。预防老鼠可采取鼠夹法、毒饵法、灌水法及养鹅驱鼠等4种方法。

鹰类是益鸟，是人类的朋友，具有灭鼠、捕兔的本领。它们具有敏锐的双眼、飞翔的翅膀和锋利强壮的双爪。在高空中俯视大地上的目标，一旦发现猎物，直冲而下，速度之快、声音之小、攻击目标之准确，非其他动物能比。因此，人们将老鹰称为草原的保护神，其对于农作物和草场的鼠害和兔害的控制，维护生态平衡起到非常重要的作用。但是，它们对于草场生态放养鸡具有一定的威胁。由于鹰类是益鸟，是人类的朋友，因此，在生态放养鸡的过程中，对它们只能采取驱避的措施，而不能捕杀，可采取鸣枪放炮、稻草人、人工驱赶及设置罩网等方法。

黄鼠狼又名黄狼、黄鼬，是我国分布较广的野生动物之一。黄鼬生性狡猾，一般昼伏夜出，黄昏前后活动最为频繁。除繁殖季节外，多独栖生活。喜欢在道路旁的隐蔽处行窜捕食，行动线路一经习惯则很少改变。黄鼠狼性情凶悍，生活力强，警觉性很高。夏天常在田野里活动，冬季迁居村庄内。洞穴常设在岩石下、树洞中、沟岸边和废墟堆里。习惯穴居，定居后习惯从一条路出入。主食野兔、鸟类、蛙、鱼、泥鳅、家鼠及地老虎等。在野生食物采食不足时，对家养鸡形成威胁。尤其是在野外放养鸡，经常会遭到黄鼬的侵袭。因此，应引起高度重视。对于黄鼬，可采取竹筒、木箱、夹猎、猎狗追踪、灌水烟熏等几种方法进行捕捉或驱赶。此外,养鹅护鸡对黄鼬也有较好的驱避效果。

在草原,蛇是捕鼠的能手,对于保护草场生态起到重要作用。但是野外放养鸡,蛇也是天敌之一。尤其是在我国南部的省份为甚。其主要对育雏期和放养初期的小鸡危害大。对付蛇害,我国劳动人民积累了丰富的经验,一般采取两种途径,一是捕捉法;二是驱避法。养鹅是预防蛇害非常有效的手段。无论是大蛇,还是小蛇,毒蛇,还是菜蛇,鹅均不惧怕,或将其吃掉,或将其驱出境。

2. 放养鸡产蛋期的管理要点

放养鸡能否有一个高而稳定的产蛋率,在很大程度上取决于饲养管理。开产前和产蛋高峰期的饲养管理尤为重要。重视这个阶段的饲养管理,可获得较好的饲养效果。

(1)开产前的饲养管理要点

①调整开产前体重:开产前 3 周(18～19 周龄),务必对鸡群进行体重的抽测,看其是否达到标准体重。此时平均体重应达 1 300 克以上,最低体重 1 250 克,群体较整齐,发育一致。如果体重低于此数,应采取果断措施,或加大补料数量,或提高饲料的营养含量,或二者兼而有之。

②备好产蛋箱:开始产蛋的前 1 周,将产蛋箱准备好,让其适应环境。

③调整钙水平:19 周龄以后,钙的水平提高到 1.75%,20～21 周龄提高到 3%。

④增加光照:21 周龄开始逐渐增加光照。

　　(2)产蛋高峰期的饲养管理要点:放养条件下的鸡获得的营养较笼养鸡少,而消耗的营养较笼养鸡多。加之管理不如笼养鸡那样精细,因此,其产蛋率较笼养鸡低(一般低15%或以上)。在饲养管理不当的情况下,很可能没有明显的产蛋高峰(放养河北柴鸡产蛋高峰应达到60%以上)。为了达到较高而稳定的产蛋率,出现长而明显的产蛋高峰,应注意以下几个问题。

　　①保证营养水平:对于放养鸡而言,其活动量很大,消耗的热能多,因此,饲料的补充能量占据非常重要的位置,应该是首位的;此外,还应满足蛋白质,特别是必需氨基酸、钙磷、维生素A、维生素D、维生素E的需要。

　　②增加补料量:试验表明,不同的饲料补充量,鸡的产蛋率不同。随着补料量的增加,产蛋性能逐渐提高。根据研究,在一般草场放养,产蛋高峰期,日精料补充量每只鸡以70～90克为宜。

　　③保持环境稳定、安静:产蛋高峰期最忌讳应激,特别是惊吓,如陌生人的进入、野生动物的侵入、剧烈的爆炸声和其他噪声等而造成的惊群。

　　④保持清洁卫生:产蛋高峰期也是蛋鸡最脆弱的时期,容易感染疾病或受到其他应激因素的影响而发病,或处于亚临床状态,影响生产潜力的挖掘。因此,应搞好鸡舍卫生、饮水卫生、饲料卫生和场地卫生,消除疾病的隐患。

　　⑤严防啄癖:产蛋高峰期,由于光照、环境或营养不足,可能出现个别鸡互啄(啄肛、啄羽等)现象。如果发现不及时,被啄的鸡很快被啄死。因此,应认真观察,及时隔离被啄鸡,并予以治疗。如果发生啄癖的鸡比例较高,应查明原因,尽快纠正。

（五）鸡的放养实例

1. 林地养鸡的实例

据施顺昌等（2005）报道，江苏苏州吴中区各级党委、政府凭借当地丰富的山林资源和区位经济，大力发展林果茶园和山坡地饲养生态草鸡，实施产业化建设，培育和壮大了一批龙头企业。

自2003年3月开始，苏州光福茶场尝试茶园养鸡。他们选择销路较好的本地土鸡，在茶园间隙地建造大棚，育雏1个月，然后在茶园放牧。以采食茶园丰富的自然饲料为主，配合灯光诱虫。尽管在茶园放养的鸡比棚内饲养的鸡生长周期长一些，但放养的鸡毛色鲜亮，肉质鲜美，无药物残留。10平方公里茶园里1年出栏6万只生态草鸡，饲养效果良好，每只鸡获利8.20元。通过茶园生态放养鸡，以鸡治虫，以鸡除草，鸡粪还田肥茶树，农药化肥成本由以前的每公顷2 850元降至现在的1 050元，生产成本（不含人工）降低74%。苏州光福茶场饲养成功后，吴中区水产畜牧局及时总结经验，召开现场会，加以推广。

2. 草场养鸡的实例

2003年以来，黄骅县绿海滩鸡场的人工苜蓿草地放养本地柴鸡。优良的生产和生态环境，优质的牧草资源和丰富的营养，使鸡生长状况良好。在放牧季节，每天补充少量的饲料即可满足生长和产蛋的需要。产蛋期每天补充精料70克左右，平时产蛋率达到50％以上,产蛋高峰期达到66％以上。蛋黄颜色达到9～11个罗氏单位,深受消费者喜爱,因此,产品供不应求。产生良好的经济效益和生态效益。

3. 山场养鸡实例

据袁毓峰等(2005)报道:祁连山高寒牧区的肃南县韭菜沟乡和雪泉乡,均为纯牧业乡,平均海拔为2 600米左右,属半湿润山地草原气候,年降水量为250～350毫米,无霜期为90～120天,年平均气温为2～4℃,草原类型属草甸草场和草原草场。他们开展了在山地草场放养岭南黄鸡试验。实验安排500只规模的4群和1 000只规模的3群,分别投入给7户牧民放养。分为舍饲育雏期(20～30日龄)和放养育肥期(31～80日龄)两个阶段。

30日龄前常规平面育雏。从30日龄起开始脱温转入放养育肥期,循序善诱训练仔鸡到草场上自由采食青草、蝗虫等,放牧半径逐日由小到大,待鸡群适应后可采用满天星放牧,每次放牧收鸡归舍时给鸡群一个固定的哨音信号,同时根据鸡嗉囊的充满度适当补饲配合饲料(商品肉鸡专用配合饲料),形成一个条件反射,便于归舍管理。夜间舍内温度控制在24～26℃,遇到阴雨天进行舍饲。至80日龄,鸡平均体重为1 835.7克,调入5 000只,出栏4 840只,总成活率为96.8％。出栏时只平均售价为14.0元,只平均投入为9.58元,只平均纯收入为4.42元,效益显著。

六、怎样选择与建设家庭养鸡场

(一)鸡场建设基本要求

(1)场址选择:鸡舍是鸡生活、休息和产蛋的场所,场地的好坏和鸡舍的安排合理与否关系到鸡正常生产性能能否充分发挥;同时,也影响饲养管理工作以及经济效益。因此,场址的选择要根据鸡场的性质、自然条件和社会条件等因素进行综合权衡而定。通常情况下,场址的选择必须考虑以下几个问题。

①鸡场定位:鸡场的主要任务是为城镇居民提供新鲜的商品蛋、商品鸡,因此,鸡场的地理位置很重要。既要考虑服务方便,又要注意城镇环境卫生,还要考虑场内外防疫环境。场址宜选在近郊,一般以距城镇10～20千米为宜,种鸡场可离城镇远一些。

②水源充足,水质良好:水源应无污染,鸡场附近无畜禽加工厂、化工厂、农药厂等污染源,离居民点也不能太近。大型鸡场最好能自建深井,以保证用水的质量。水质必须抽样检查。

③地势高燥,排水性好:鸡舍场地应稍高些,以利排水。土质以排水良好,导热性较小,微生物不易繁殖,雨后容易干燥的沙壤土为宜。在山区建场,不宜建在昼夜温差太大的山顶,或通风不良和潮湿的山谷深洼地带,应选择在半山腰处建场。山腰坡度不宜太陡,也不能崎岖不平;低洼潮湿处易助长病原微生物的孳生繁殖,鸡群容易发病。

④鸡舍朝南或东南:这种朝向,冬季采光面积大,有利于保暖,夏季通风好,又不受太阳直晒,具有冬暖夏凉的特点,有利于提高生产性能。

⑤交通方便,电力供应充足:场址要离物资集散地近些,与公路、铁路或水路相通,有利于产品和饲料的运输,降低成本。为防止噪声和利于防疫,鸡场离主要交通要道至少要有 2 000米以上,同时要修建专用道路与主要公路相连。

电是现代养鸡不可缺少的动力。规模化养鸡场除要求有电网线接入外,还必须自备发电设备。

⑥要有广泛的种植业基础:种植业是养鸡的基础,工厂化鸡场最好能建在种植业发达地区,这不仅饲料原料来源丰富、方便,同时有利于鸡粪资源化利用。

(2)鸡场的布局:根据生产的社会化程度,规模化鸡场分为"小而全"鸡场、专业化鸡场两种,不同类型鸡场布局差别很大。集约化、规模化程度越高,鸡场的布局要求就越高。大多数鸡场是具有孵化、育雏,直至产蛋或育肥以及自行解决饲料加工的"小而全"鸡场。"小而全"鸡场管理千头万绪,建场投资大、周期长,如果投产后经营管理跟不上,则往往出现经济效益低的局面。

①"小而全"鸡场的布局：一个"小而全"鸡场在总体布置时要按照不同的职能划分若干区，如行政区、生活区和生产区3大区域。

a. 行政区：包括办公室、资料室、会议室、发电房、锅炉房、水塔和车库等。

b. 生活区：主要有职工宿舍、食堂和其他生活服务设施和场所。

c. 生产区：包括鸡舍（育雏室、育成舍、产蛋舍和种鸡舍）、蛋库和孵化室、兽医室、更衣室（包括洗澡、消毒室）、处理病死鸡的焚尸炉以及粪污处理池。此外还应有饲料仓库（成品贮存库设置在生产区内，加工饲料间则应另设一个专业区）和产品库。

各分区之间既要联系方便，又要符合防疫隔离的要求。各区域之间应用绿化带和（或）围墙严格分开，生活区、行政区要远离生产区，生产区要绝对隔离。生产区四周要有防疫沟。

生产区内部设置要根据鸡群的重要性和自然抗病能力，把育雏舍安置在上风，然后顺风向安排后备鸡舍和成年鸡舍。成年鸡中以种鸡为主，商品鸡舍在种鸡舍的后（北）面，种鸡舍要距离其他鸡舍300米以上。兽医室安排在鸡场的下风位置。焚尸炉和粪污处理池设在最下风处。"小而全"的工厂化鸡场组成见图6-1。

②专业化鸡场的布局：由于"小而全"鸡场社会化程度低，国外已普遍采用专业化鸡场，如种鸡场、蛋鸡场、肉鸡场等。这些专业化鸡场工序简单，减少了设备，提高了效率，也便于管理。但也有周转运输量大，各鸡场之间要互相协作等问题。近年来，

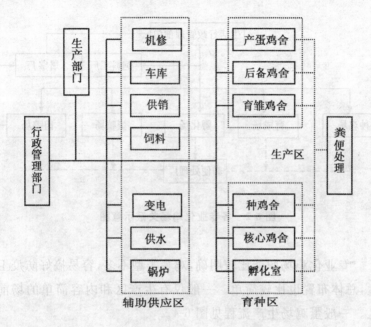

图 6-1 "小而全"鸡场组成

随着养鸡事业的发展,许多国家搞大型综合鸡场,这些综合鸡场由若干专业化鸡场组合而成,如包括种鸡场、肉鸡场、蛋鸡场、孵化场、饲料加工厂、屠宰厂、粪便处理厂等。各专业场或工厂之间保证有一定距离,在总体布局上是既分散又有联系。各专业化鸡场关系见图 6-2。

一个大型综合鸡场,建议呈一枝叶状的布置比较合理,各分场之间有 1~3 千米的距离,分场与居民点、主干道相距 400~500 米,通过专用道路相连接,而不要直接将联系道路接至去城市的交通干道上(图 6-3)。

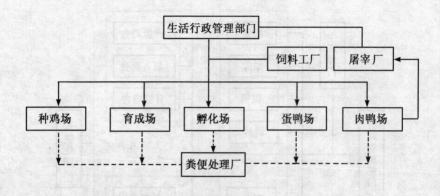

图 6-2　各专业化鸡场关系示意图

专业化鸡场职能比较明确,鸡舍类型不多,容易搞好防疫卫生,总体布置也比较简单。一般仅有生产区和内容简单的场前区。一般蛋鸡场生产流程见图 6-4。

鸡场布局应遵循以下原则:一是便于管理,有利于提高工作效率;二是便于搞好防疫卫生工作;三是充分考虑饲养作业流程的合理性;四是因地制宜,节约基建投资。

③鸡场道路:鸡场的运输是很频繁的。以一个 10 万只蛋鸡场为例,每天需要 10～12 吨的饲料,运出 6～8 吨的鸡粪,还有 4.5～5.0 吨蛋。由于鸡群的高度集中,防疫的任务特别重。为防止外界病菌进入鸡场,其内外道路和车辆要严格区分。外来的车辆一般不准进入场内,如有必要进场时,也必须经过清洗消毒等措施。

鸡场内部道路应该有所分工,即饲料、鸡只、蛋品的调运等走清洁道;粪便的运出、病鸡的处理、笼具的消毒等走污染道,以

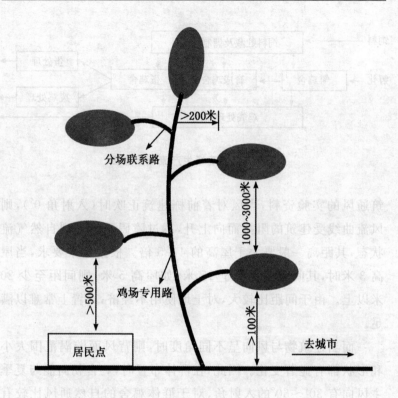

图 6-3　各专业化分场的布置示意图

防止鸡场内部的交叉感染(图 6-5)。

　　④鸡舍朝向:国内鸡舍一般习惯于南北向布置。对于利用自然通风为主的有窗鸡舍或敞开式鸡舍来说,夏季通风是个重要问题。从单栋鸡舍来看,将鸡舍的长轴方向垂直于夏季的主风向,在盛夏之日可以获得良好的通风,对排除鸡舍的热量及改善鸡群的体感温度是有利的。但鸡舍往往不是单排的,根据建

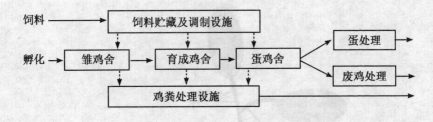

图 6-4　蛋鸡场生产流程示意图

筑通风的实验资料,当风对着前栋建筑正吹时(入射角 0°),则风流曲线受建筑的阻挡而向上升,越过障碍再恢复到自然气流状态,其距离一般要大于屋高的 4~5 倍。根据这个要求,当屋高 3 米时,其间距不宜小于 15 米;如屋高 5 米,则间距至少 20 米以上。由于间距比较大,对土地使用不经济,布置上常难以满足。

　　而当建筑物与风向呈不同角度时,则背风面漩涡范围大小和形状都有显著变化。因此,在群体布置时,鸡舍朝向能与夏季主风向有 30°~60°的入射角,对于群体鸡舍的自然通风比较有利,并且可缩小间距,节约土地。由此可见,鸡舍的朝向应根据不同的地区,结合当地风向来考虑。

　　据报道,东西向的单栋鸡舍,夏天舍温要比南北向的鸡舍低(2~3℃),但因是单栋建筑,还不足以说明问题。分析东西向鸡舍确有优点:鸡舍长轴与夏季主要风向平行,中间走道顺着风向,可以形成良好的风道,能使各层笼架鸡只受风均匀;由于通风情况好,有利降温,使舍内环境条件较好;且东西向鸡舍可使风向入射角接近90°,鸡舍通风可不受间距的影响,从而可以大

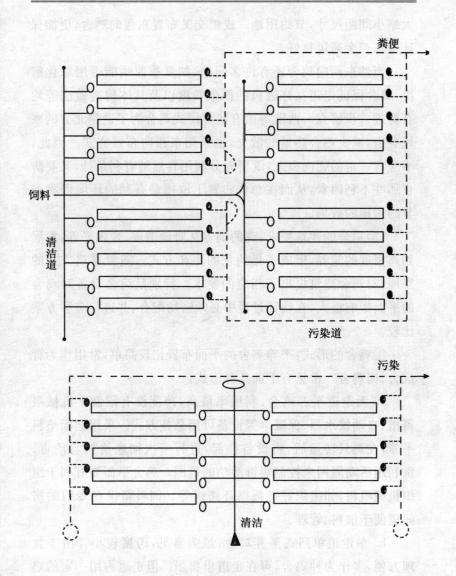

图 6-5　鸡场内部道路分工

大缩小间距尺寸,节约用地。成组交叉布置东西向鸡舍,更能保证每栋鸡舍通风良好。

当然东西向鸡舍还有许多问题,如夏季西晒能否用绿化解决,鸡舍保证走道良好通风的极限长度以及具体构造做法等均有待进一步研究。西欧等国有些封闭式鸡舍为了避免北方的寒风袭击,减少鸡舍热量的散失,也采用东西向布置方式。因此,不应有一定的朝向概念,既要充分利用自然的有利条件,又要防止那些不利因素,从而在总体布置上取得最有利的环境因素和节约用地的效果。

(3)鸡舍的建筑要求:鸡的饲养从野地散放、舍内平养,发展到高密度的笼养,形成了集约化的生产方式。随着养鸡方式的发展,对鸡舍建筑提出了相应的要求。特别是鸡舍设备对鸡舍的平面影响很大,在设计过程中必须密切配合,并进行多种方案比较。

①鸡舍的形式:平养鸡舍的平面布置比较简单,常用作为育成舍、肉鸡舍。常见有下面几种形式:

a. 无走道平养鸡舍:利用率最高,跨度没有限制。机械喂料槽、自动饮水器、保暖伞等设备可用悬挂方式。采用地面垫料平养,在鸡只转运后,将设备挂起,进行一次彻底清扫与消毒。常利用活动隔网来控制鸡群活动的范围。鸡舍平面要有利于组织机械喂料,如组织好链板循环路线等。饲料箱设在专门的房间里便于加料、管理。

b. 单走道单列式平养鸡舍:最为常见,跨度较小。由于管理方便,多作为种鸡舍,可在走道里集蛋。但走道占用一定的鸡舍有效面积,不够经济。鸡舍一端布置饲料间,另一端布置粪坑。如采用螺旋式喂料机,为使供料线不要过长,则宜将饲料间设在鸡舍的中部。这种鸡舍的蛋箱都是沿着走道布置,从而形成一道挡风墙,对通风不利,如横向布置蛋箱,则既考虑到走道集蛋,又能保证舍内通风畅快。当然横向蛋箱不能过多,否则走道集蛋会有困难(图6-6)。

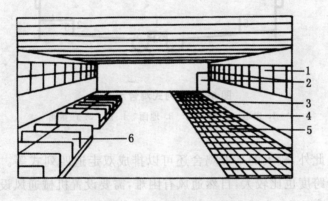

图6-6　单列式鸡舍示意图
1.窗　2.门　3.走道　4.排水沟上的铁丝网　5.饮水器　6.产蛋箱

c. 中走道双列式平养鸡舍:增加了鸡舍跨度,减少了外墙面积,提高了走道利用率,比单列式鸡舍经济。但走道北面的鸡不容易得到阳光,而且开窗困难,要用开窗器具。如采用链板喂料机,存在走道与链板交叉问题;若采用网上平养,则因走道地面较低,需用2套喂料设备;如用料车送料,则可以充分利用中间走道(图6-7)。

d. 双走道双列式平养鸡舍:开窗方便,在特冷、特热的地区,对鸡只防寒、防暑有利。但在建筑面积利用上不及中走道双列式。机械设备布置比较集中,但用料车送料时,行走路线加长了。

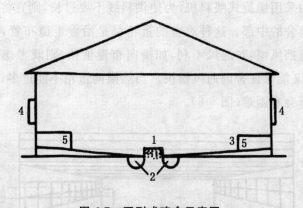

图 6-7　双列式鸡舍示意图
1. 走道　2. 排水沟　3. 地面　4. 窗　5. 产蛋箱

　　此外,较大的平养鸡舍还可以排成双走道四列式等。这种鸡舍跨度也比较大,自然通风有困难,需要设置机械通风设备。

　　②鸡舍:建筑鸡舍的基本要求是冬暖夏凉,空气流通,光线充足,便于饲养管理,容易消毒和经济耐用。

　　a. 鸡舍:鸡舍宽度通常为 8～10 米,长度视需要而定,一般不超过 100 米,内部分隔多采用矮墙或低网(栅)。一般分为育雏舍、育成(或青年)鸡舍、种鸡或产蛋鸡舍及肉用仔鸡舍 4 类。4 类鸡舍的要求各有差异。

　　育雏舍:要求温暖、干燥、保温性能良好,空气流通而无贼风,电力供应稳定。房舍檐高有 2.0～2.5 米即可。内设天花板,以增加保温性能。窗与地面面积之比一般为 1:(8～10),南窗离地面 60～70 厘米,设置气窗,便于空气调节,北窗面积为南窗的 1/3～1/2,离地面 100 厘米左右,所有窗户及下水道通外的口子都要装上铁丝网,以防兽害。育雏地面最好用水泥或砖铺成,以便于消毒。为便于保温和管理,育雏室应隔成几个小间(图6-8)。

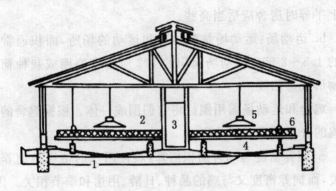

图 6-8　育雏室示意图

1. 排水沟　2. 铁丝网　3. 门　4. 集粪池　5. 保温伞　6. 饮水器

育成鸡舍:也称青年鸡舍。育成阶段鸡的生活力较强,对温度的要求不如雏鸡严格。因此,育成鸡舍的建筑结构简单,基本要求是能遮挡风雨、夏季通风、冬季保暖、室内干燥即可。规模较大的鸡场,建筑育成鸡舍时,可参考育雏鸡舍。

种鸡舍或产蛋鸡舍:有单列式和双列式两种。双列式鸡舍中间设走道。单列式鸡舍冬暖夏凉,较少受季节和地区的限制,故大多采用这种方式。单列式鸡舍走道应设在北侧。种鸡舍要求防寒、隔热性能更好,可设有天花板或隔热装置,屋檐高2.6～2.8米。窗与地面面积比要求在1:8以上,特别在南方地区南窗应尽可能大些,离地60厘米以上可大部分做成窗,北窗可小些,离地100～120厘米。舍内地面用水泥或砖铺成,并有适当坡度。较高处设置产蛋箱。

肉用仔鸡舍：肉用仔鸡舍的要求与育雏鸡舍基本相同,但窗户可以小些,通风量应大些,要便于消毒。肉用仔鸡采用笼养和网上平养时房舍应适当高些。

b. 运动场：运动场是鸡休息和运动的场所,面积通常为鸡舍的1.5～2倍。运动场面积的1/2应搭有凉棚或栽种葡萄等植物形成遮阳棚。

鸡舍和运动场需用围栏将它们围成一体。根据鸡舍的分间和鸡的分群需要进行分隔。

c. 饲养密度与鸡舍面积估算：鸡舍面积的估算与饲养密度有关,而饲养密度又与鸡的品种、日龄、用途和季节相关。因此,在建筑鸡舍时要留有余地,周密计划。

饲养密度的一般掌握原则是：冬天大些,夏天小些；大面积鸡舍大些,小面积鸡舍小些；舍外运动场大的鸡舍大些,运动场小的鸡舍小些。

(二)鸡舍建筑设计

1. 鸡舍设计

(1)设计要求

①满足鸡舍的功能,适应鸡舍对环境的要求,为肉鸡、蛋鸡和种鸡的生产、发育、繁殖、健康创造良好的环境条件。

②适应工厂化生产的需要,有利于集约化经营与管理,提高经济效益。

③符合建筑要求,有利于施工,节约成本、降低造价。

④符合平面布置要求,与周围建筑物、居民区应有一定距离,并保持协调。

⑤有利于废物的排出及产品、原料的运输。

⑥有利于通风、光照、保温和防疫。

(2)生产工艺设计

①饲养制度:对于规模鸡场应采用全进、全出的饲养制度,有利于防疫和生产。所谓全进全出,即每幢鸡舍内的鸡或每个年龄段的鸡群,按各自的进鸡和出鸡(淘汰)时间,一次进完,或一次出完,不同年龄段的鸡不能混养在一起,这样有利于防疫。

②饲养方法:蛋鸡多采用两段、三段或四段饲养。产蛋鸡的阶段饲养是指根据鸡群的产蛋率和周龄,将产蛋期分为若干阶段,按照不同的营养要求,进行科学饲养的方法。所谓两段饲养,第一阶段,即蛋鸡开产到 42 周龄为产蛋前期,第二阶段,42周龄以后则为产蛋后期,在各个阶段,按照不同的营养要求进行饲养。所谓三段饲养,即分产蛋前期(为开产至产蛋的第 20 周,约 40 周龄)、产蛋中期(从产蛋第 21 周到 40 周,约 60 周龄)和产蛋后期(为产蛋 40 周以后)三个阶段,按照不同的营养要求进行饲养。所谓四段饲养,即根据产蛋率把整个产蛋期划分为四个阶段,第一阶段为开产到产蛋高峰;第二阶段为产蛋高峰到产蛋率为 86％;第三阶段为 86％～79％;第四阶段为产蛋率 79％以后。

③饲养方式:蛋鸡各阶段的饲养方式主要有垫料平养、网上平养和笼养三种。

④饲养密度:合理设计鸡群密度是保证鸡群健康生长发育

良好的条件。

(3)鸡舍设计:鸡舍建筑设计要考虑的因素主要有:气候条件,如温热效果、通风效果、环境工程设计参数;建筑形式,如开放型、密闭型;笼具、网栏等机具设备选型与尺寸;笼列布置、网栏列数、走道数量和宽度;建筑栋数、鸡舍跨度与构件选用;鸡舍面积和容纳鸡数,总平面布置图等。

①平面设计:鸡舍平面设计,是在养鸡工艺平面布置方案的基础上进行的,建筑平面比较集中地反映建筑功能的情况。鸡舍的平面设计要根据饲养工艺做好建筑平面功能分析,包括鸡舍内部饲养管理活动规律和功能要求,鸡舍内部各功能组成部分之间的关系,确定好尺寸,并与剖面和立面的设计有机结合。

②剖面设计:鸡舍剖面设计是解决垂直方向空间处理的有关问题,即根据生产工艺和内部环境需要,设计剖面形式与确定鸡舍剖面尺寸,鸡舍空间的组合和利用,以及鸡舍剖面和结构、构造的关系等。

③立面设计:当平面、剖面设计确定时,建筑立面的形体轮廓也已基本确定。即鸡舍形体外观平视的图示,包括正立面、背立面和侧立面。立面设计除了要符合经济实用的要求外,在可能的条件下也应该美观,与周围环境和谐。

(4)鸡舍的类型与各部分的基本要求

①鸡舍的类型:鸡舍因分类方法不同而有多种类型,如按饲养方式可分为平养鸡舍和笼养鸡舍;按鸡的种类可分为种鸡舍、蛋鸡舍等;按鸡的生产阶段可分为育雏舍、育成舍、成鸡舍;按鸡舍与外界的关系可分为开放舍、半开放舍、密闭式鸡舍、开放—密闭兼备型;另外还有组装式鸡舍等。

②鸡舍建筑配比:在生产区内,育雏舍、育成舍和成鸡舍三者的建筑面积比较,一般为 1：2：3。如育雏舍为 2 幢,育成舍则为 4 幢,成鸡舍为 6 幢,三者配置合理,使鸡群周转能够顺利进行。

③鸡舍的朝向:鸡舍的朝向是指鸡舍的长轴与当地子午线的关系。与子午线垂直的是南北朝向,平行的则是东西朝向。

朝向的确定主要与日照和通风有关,适宜的鸡舍朝向应根据当地的地理位置与主导风向来确定。我国绝大部分地区位于北纬 20°～50°,太阳高度角冬季低,夏季高;夏季多为东南风或西南风,冬季多为东北风或西北风。因而,最佳朝向是南北朝向,一般认为南偏东或南偏西 15°～30°是允许的。但在南方炎热地区,为了避免西晒,则应尽量压缩偏西的朝向。最佳朝向为南偏东或南偏西不超过 10°左右。

④鸡舍的跨度:鸡舍跨度大小决定于鸡舍屋顶的形状、鸡舍的类型和饲养方式等。鸡舍的跨度一般不宜过宽,有窗自然通风的鸡舍跨度以 6～9.5 米为宜,密闭式鸡舍可采用 12 米的跨度。如一般的三层阶梯笼的宽度为 2.1 米,若 2 组排列,跨度以 6 米为宜,3 组采用 9 米,4 组采用 12 米。

⑤鸡舍的长度:鸡舍的长短取决于饲养方式、鸡舍的跨度和机械化管理程度等条件。平养鸡舍比较短,笼养成鸡舍比较长;跨度 6～9 米的鸡舍,长度一般为 30～60 米;跨度为 12 米的鸡舍一般为 70～80 米。机械化程度比较高的鸡舍可长一些,但一般不宜超过 100 米。

⑥鸡舍的高度:鸡舍的高度应根据饲养方式、清粪方法、跨度与气候条件而确定。若跨度不大或采用平养方式或在不太热

的地区,鸡舍不必太高,一般从地面到屋檐的高度为 2.5 米左右;若跨度大或在气候较炎热的地区,又是多层笼养可增高到 3 米左右,或最上层鸡笼距屋顶 1～1.5 米为宜;若为高床密闭式鸡舍,由于下部设有粪坑,高度一般为 4.5～5 米。

⑦屋顶结构:屋顶的结构有多种,如平顶式、双坡式(人字式)、单坡式、联合式、锯齿式(连续式)、钟楼式、半钟楼式(天窗式)、双折式、平拱式、拱式、哥德式等。如图 6-9 所示。

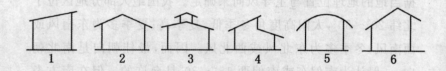

图 6-9　鸡舍屋顶式样示意图
1. 单坡式　2. 双坡式　3. 气楼式　4. 半气楼式　5. 拱式　6. 双坡歧面式

目前国内养鸡场常见的主要是双坡式和平顶式鸡舍。一般跨度比较小的鸡舍多为双坡式,跨度比较大的鸡舍(如跨度为 12 米以上的)多为平顶式。屋顶结构要求保温、隔热性能好。最好设置为三层。在炎热地区,在屋顶的最下屋铺设导热系数小的材料,中间铺设蓄热系数较大的材料,上层铺设导热系数大的材料。这样结构,当屋顶受太阳照射变热后,热传递到蓄热系数较大的材料层蓄积起来,再向下传递时受到阻碍,从而减少热量传递到舍内。中间一层也可以利用空气的隔热性能,建成空心的。而在夏热冬冷的北方,将上层导热系数大的材料换为导热系数小的材料,可避免冬季舍内向外散热。

⑧鸡舍的间距:鸡舍的间距指两幢鸡舍间的距离,适宜的间

距需满足鸡舍的光照及通风的需求,并有利于防疫和防火。一般来说,要遵守防疫与防火间距的规定,即不少于 30 米。一般为鸡舍高度的 5 倍左右。

⑨墙壁和地面:墙壁的有无、多少和厚薄主要取决于当地气候条件和鸡舍的类型。气温高的地区,可以建简易的棚舍、开放式鸡舍或半开放式鸡舍。气温低的地区,墙壁要有较好的隔热能力,可以加厚墙壁,最好用空心墙壁,建筑材料可选用隔热性能好的材料。

地基要求深入地面约 0.7 米,在冻土层厚的地区,要在历史最厚冻层下 0.2～0.5 米。舍内地面应高出舍外地面 0.3 米,在潮湿或水位高的地区,应加高地面。地面保证无间隙,结实坚固。舍内应设有排水系统,以便舍内污水能及时向外排放。地面多采用混凝土地面,以便于清洗消毒和防潮。为防止地下潮气上升,保持地面干燥,在铺混凝土前,先铺设油毛毡纸等防水层。鸡舍地面要有一定的坡度,坡度的大小为 0.5%～1%。

2. 小型农户简易鸡舍建设要求

(1)利用空闲房舍改建成鸡舍:随着农村经济得到了飞快的发展,农民的居住条件不断得到改善,大多数农户都盖起了新房,农村许多养鸡专业户就利用过去的旧房、空房、柴房及闲房改建为简易鸡舍。这样既可使这些房舍得到充分利用,又可降低生产成本。但是旧时的农舍,往往地势低,房屋矮,北墙无窗,若南墙有窗,窗户也都较小,光照和通风性能较差;结构简单,隔热效果差等。将农舍的改建作为养鸡舍,还有好多方面不能符合养鸡的要求,因此,要使农舍成为鸡舍,还必须进行适当的改造。

　　若农舍位于低洼处,地下水位高,墙脚太矮,墙基不隔水和处于长年积水的水塘、水沟边的农舍,可在房舍周围开挖排水沟,排水沟的倾斜度要大些,使沟中不经常积水,周围的散水面也要有一定的倾斜度,使雨水能迅速流入沟中。舍内用泥土或煤渣、石灰渣垫高,打上三合土,最好地面用水泥抹面,同时,将离地面的半墙壁涂上一层水泥。在选择饲养方式时,可采用离地网上平养的方式,使鸡不接触地面。对于通风不良的农舍,房顶最好采用钟楼式,装有小门,可上下启闭,随天气调节其大小。若窗户太小、窗户较高的农舍,可适当增加窗户和降低窗户的高度,同时在墙脚处开设底窗,增大采光面积,及时排除鸡舍内的浊气,使改建后的鸡舍,做到通风透气良好,空气新鲜。对保温性能较差的农舍,可设法制作天花板,以减少热量的散发,提高房舍的保温性能。

　　(2)塑料大棚:塑料大棚原用于种植蔬菜,经改建用于饲养优质型肉鸡可取得良好的经济效益。它的突出优点是投资少,见效快,不破坏耕地,节省能源。与建造固定鸡舍相比,资金的周转回收都快,一般当年可以回收投资,并可获利。缺点是管理维护麻烦,潮湿和不防火等。

　　塑料大棚养鸡,在通风、取暖、光照等方面可充分利用自然能源,冬天利用塑料薄膜的"温室效应"提高舍温,降低能耗,节省饲料;夏天棚顶盖草,四周敞开,通风凉爽。一般冬天夜间或阴雪天,适当提供一些热源,室温可达 12～18℃;夏天棚顶盖厚15 厘米以上的麦草秸或草帘子,棚底敞开 80 厘米,拉上护网,中午最热天,舍内比舍外低 2～3℃,如果结合棚顶喷水,可降低

3~5℃,棚内温度不会过 33℃,亦不会引起中暑死亡。塑料大棚饲养优质鸡设备简单,技术要求不复杂,只要了解塑料大棚建造方法和掌握大棚养鸡的饲养管理技术特点,就能把鸡养好,并可取得较好的经济效益。

(3)简易鸡舍用木桩做支撑架,搭成 2 米高"人"字形屋架,四周用塑料布或饲料袋围好,屋顶铺上油毛毡,地面铺上干稻草,鸡舍四面挖出排水沟。这种简易鸡舍投资省,建造容易,便于撤折,适合小规模冬闲田、果园养鸡或轮牧饲养法。

(三)常用养鸡设备介绍

1. 饮水与喂食设备

(1)真空式饮水器:用塑料制成,由水筒(圆桶)和水盘两部分组成。水筒的顶部呈锥形,水筒的顶部和侧壁一定不能漏气,底盘的大小应根据鸡的大小而定,要求只能让鸡喝到水而不能让鸡站在水中。水筒的底部开有 1 个圆孔,孔的位置不能高过圆盘的上边缘,以免水溢出圆盘外。当圆盘内水位低于圆孔时,水由桶内流出;当水将圆孔堵住时,水流停止。目前有不同规格大小的塑料制成的真空饮水器(图6-10)。

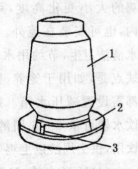

图6-10　真空式饮水器

1. 水筒　2. 水盘

3. 出水孔

(2)吊塔式饮水器:适用于大规模的平面饲养,能保持干净的水质,但内部设

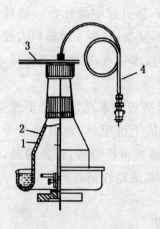

图 6-11　吊塔式饮水器

1. 弹簧　2. 饮水盘

3. 水阀门　4. 接管

备要求高。供水靠饮水器本身的重量来调节，上面与供水管连接。水少时，饮水器轻，弹簧可顶开进水阀门，水流出；当水重达到一定限度时，水流停止（图 6-11）。

（3）乳头式饮水器：由阀芯和触杆构成，直接连通水管，平时靠水压关闭阀门（图 6-12）。当鸡啄噙触杆时，触杆上推，水即流出。将饮水完毕，因水压使阀芯下压，触杆即将水路封住，水停止流出。它是利用地心引力和毛细管作用控制滴水，使顶针端都经常挂着一滴水。这种饮水器安装在鸡的上方处，让鸡抬头喝水，安装时要随鸡的大小变化高度，可安装在笼内，也可安装在笼外。优点是，饮水清洁卫生，节约用水，不需清洗。缺点是，如用于笼养，则每层鸡笼都需设置减压水箱。每个乳头式饮水器可供 0～6 周龄雏鸡 15 只饮用，供 7 周龄以上鸡 8 只饮用。

（4）V 形水槽：V 形水槽可用镀锌铁皮、塑料制成。其优点是鸡喝水方便，制作简单，成本低。其

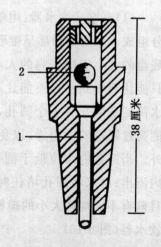

图 6-12　乳头式饮水器

1. 触杆　2. 阀芯

缺点是水易受到污染。水槽下面应有流水沟,以免水槽的水被鸡洒到垫料上,将垫料弄湿发霉,产生不良气体,危害鸡群健康。

(5)开食盘:适用于育雏,有方形、圆形等形状,常用饲盘直径为35厘米,可供80只雏鸡使用。

(6)料槽:常用于笼养,可人工喂料,也可与各种喂食机配套使用,多采用U形槽,宽80~95毫米。一般情况下,轻型蛋鸡每只占饲槽长度100毫米,中型蛋鸡每只占饲槽长度120毫米(指单边长度)。

(7)饲料桶:适用于平养的2周龄以后的仔鸡或大鸡使用。这种料桶中部带有圆锥形的底,外周套以圆形料盘。料桶与圆锥形底之间留有2~3厘米的间隙,从而使桶里的饲料自动流入料盘。料桶通常随着鸡体的生长,提高悬挂的高度。饲料桶的圆盘上缘的高度与鸡站立时的肩高相平就可(图6-13)。

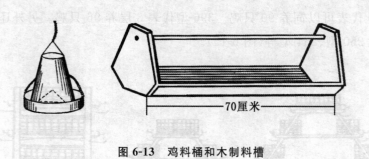

图6-13 鸡料桶和木制料槽

(8)喂料机械设备:包括贮料塔、输料机、喂食机和食槽四部分,在大型现代化养鸡场多用,一般场户应用较少(图6-14)。

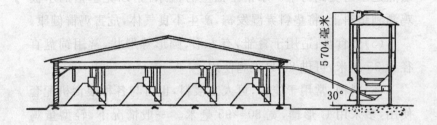

图 6-14　鸡舍大型喂食设备

2. 鸡笼

按用途可分为：育雏鸡笼、育成鸡笼、产蛋鸡笼等，按形式可分为：叠层式、全阶梯式、半阶梯式、阶叠混合式和平置式等。蛋鸡笼又分为好几种，常见的有 390 型和 396 型，390 型第一个数字表示 3 层，有 6 个单笼组成，每个单笼分为 5 格，每格 3 只鸡，90 代表可以饲养 90 只鸡。396 型代表 3 层养 96 只鸡。另外还有 260 型、264 型等（图 6-15）。

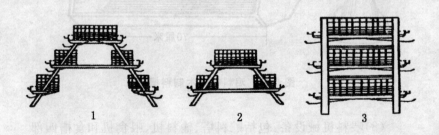

图 6-15　常见的鸡笼形式类型

1. 三层全阶梯式鸡笼　2. 二层全阶梯式鸡笼　3. 三层重叠式鸡笼

（1）雏鸡笼：为了节省鸡舍面积和便于加热等管理，雏鸡笼多采用重叠式。如 4 层重叠育雏笼。单只笼体为 100 厘米×50 厘米×30 厘米，笼脚高 15 厘米，笼间距 14 厘米。笼侧壁、后壁网孔为 25 毫米×25 毫米，笼底网孔为 12.5 毫米×12.5 毫米，笼门间隔可调。4 层笼高度为 1.86 米。每层单笼可容纳幼雏 20 羽，每羽雏鸡占笼面积 250 厘米。

（2）育成鸡笼：育成鸡笼与种鸡笼基本相同。其单体笼为 80 厘米×40 厘米×40 厘米，侧壁网孔为 25 毫米×25 毫米，笼底网孔为 40 毫米×40 毫米。每笼饲养 10 羽育成鸡，每羽鸡占笼面积为 320 厘米^2。为了转群方便，一般采用综合式或半阶梯式鸡笼。

（3）产蛋鸡笼：目前使用的蛋鸡笼形式多样，但常用的蛋鸡笼有深浅两种。深笼的笼深为 50 厘米，浅笼则在 35 厘米左右。我国生产的蛋鸡笼多为浅笼，浅笼每只小笼的长度由采食宽度和每笼养鸡羽数决定，采食宽度相当于鸡体背宽，每只小笼可饲养 3～5 羽蛋鸡，太少不经济，太多影响产蛋率。另外，目前国内生产的多为浅鸡笼。

（4）肉鸡笼：肉鸡笼构造与蛋鸡笼构造基本相同，只不过笼底不需要集蛋装置，而且通常采用群体笼养的方式。其单体笼尺寸为：高 350～400 毫米，深 540～600 毫米，宽 700～900 毫米。可容纳肉用仔鸡 12～15 羽。

（5）种鸡笼：可分为蛋鸡笼和肉用鸡笼，从配置方式上可分为两层和三层。与肉鸡笼设备结构相似。

值得特别提出的是，靠墙摆设鸡笼，无论是从防疫的角度看还是从鸡的健康角度看，都是极不合理的。多次检测都表明了这种摆设的鸡笼与墙形成的直角形粪道在鸡舍内是病原微生物积聚最多的地方,其数量一般为其他地方的 2~6 倍。同样,有害气体 H_2S 的浓度也比舍内其他地方高出 40%~120%,这种摆设在农户建造的鸡舍中很常见,应尽早改变这种摆设方式,让鸡笼与墙之间留有过道。

3. 清粪设备

鸡舍内的清粪方式有人工清粪和机械清粪两种。机械清粪常用设备有:刮板式清粪机、带式清粪机和抽屉式清粪机。刮板式清粪机多用于阶梯式笼养和网上平养;带式清粪机多用于叠层式笼养;抽屉式清粪板多用于小型叠层式鸡笼。

通常使用的刮板式清粪机分全行程式和步进式两种。它由牵引机(电动机、减速器、绳轮)、钢丝绳、转角滑轮、刮粪板及电控装置组成。工作时电动机驱动续盘,钢丝绳牵引刮粪器。向前牵引时刮粪器的刮粪板呈垂直状态,紧贴地面刮粪,到达终点时刮粪器前面的撞块碰到行程开关,使电动机反转,刮粪器也随之返回。此时刮粪器受背后钢丝绳牵引,将刮粪板抬起越过鸡粪,因而后退不刮粪。刮粪器往复行走一次即完成一次清粪工作。刮板式清粪机一般用于双列鸡笼,一台刮粪时,另一台处于返回行程不刮粪,使鸡粪都被刮到鸡舍同一端,再由横向螺旋式清粪机送出舍外。全行程式刮板清粪机适用于短粪沟。步进式刮板清粪机适用于长鸡舍,其工作原理和全行程式完全相同。刮板式清粪机是利用摩擦力及拉力使刮板自行起落,结构简单。仅钢丝绳和粪尿接触易被腐蚀而断裂。采用高压聚乙烯塑料包覆的钢丝,可以增强抗腐蚀性能。但塑料外皮不耐磨,容易被尖锐物体割破失去包覆作用。因此,要求与钢丝绳接触的传动件表面必须光滑无毛刺。

4. 通风设备

通风设备的作用是将鸡舍内的污浊空气、湿气和多余的热量排出,同时补充新鲜空气。现在一般鸡舍通风采用大直径、低转速的轴流风机。

5. 鸡舍光照控制设备

鸡舍照明补光一般有白炽灯、日光灯、节能灯等,光照控制设备主要有 24 小时可编程序控制器,目前国产光控器有 9TI-6 型鸡舍光控器。它的特点是:①开关时间可任意设定,控时准确;②光照强度可以调整,光照时间内日光强度不足,自动启动补充光照系统;③灯光渐亮和渐暗;④停电程序不乱等。

6. 温度控制设备

(1)供暖设备

①保温伞:用电或天然气、煤气做热源的一种伞形育雏器,有折叠式和不可折叠式两种;不可折叠式又分方形、长方形及圆形等。保温伞由电炉丝接通电源或天然气、煤气燃烧后散热。地面及网上平养一般需要电热育雏伞,通常伞面可用铁皮制作,直径有 1.5 米、2 米、2.5 米三种规格,高 60～70 厘米、向上倾斜成 45°角,可分别育雏 300 只、400 只和 500 只。内装有自动调节温度装置,育雏时一般在保温伞的外围还要围上 30～50 厘米高的围栏,以防止雏鸡远离热源而受冷,热源距围栏 75～90 厘

米,3日龄后逐渐向外扩大,10日龄后撤离。目前市场上常见的是9YD-Z型育雏伞。该伞通电12小时后可将温度提高到31~41℃(图6-16)。

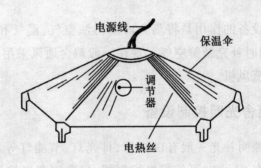

电源线

保温伞

调节器

电热丝

图6-16　电热保温伞

②煤火炉:煤火炉是最经济的保温设备,如果鸡舍保温性能良好,一般15~20平方米用一个火炉即可。火炉的炉膛要用黄泥制成,4~5厘米厚,以防散热过快。在距火炉15厘米的周围用铁丝网或砖隔离,以防雏鸡进入火炉烧死或垫料燃烧引起火灾。火炉烟道要根据风向放置,以免烟囱口经常迎风,使火炉倒烟。特别要注意雏鸡易发生一氧化碳中毒。

③地下火炕:在鸡舍内地面下面挖沟,从鸡舍一端中间引向另一端,然后绕回始端,烟道随屋山墙向上引出屋顶,要求火道有一定坡度。火道始端垒制火炉,火炉垒一火膛,火膛顶部离地面有一定的高度,用煤和木材取暖。为使舍内温度相对均匀,火炉的远心端火道离地面高一些,近心端火道离地面矮一些。也有把火道设置在地面下,从鸡舍中间引向另一端,然后拐弯随前

后墙回始端。如果育雏面积不大,垒制火道随墙引向一侧或两侧。火炕地面上铺设一层细沙或垫草。如果舍内温度低,可以离地面一人高处用塑料薄膜搭起,以提高舍内温度。

④红外线灯泡:靠红外线灯散发热量,保温效果也很好。灯泡规格一般是 250 瓦,一只红外线灯泡可保温 100～200 只雏鸡,通常将 2～3 个红外线灯泡联用,挂在离地 35～40 厘米的高处,保温 300～500 只雏鸡。红外线灯泡优点是温度稳定,室内干燥;其缺点是耗电量大,成本高,易损坏。特别注意在通电时不能碰到水。

⑤红外线加热器:板状加热器的功率为 800 瓦,其辐射面为金属氧化物或碳化物远红外涂层,配有温度自控装置。加热器辐射面离地 2 米左右。使用 1～2 年后,表面涂层老化发白,应重新涂刷或更换,以保证辐射效率,节省能源。使用时,利用电阻丝的热能激发红外涂层,发出的不可见红外光,其波长为 0.76～1 000 微米。红外线加热器除可以提高室温外,兼有杀菌、增加动物血液循环和降低发病率的作用。有的资料指出,可使雏鸡成活率提高 7%～10%。

⑥暖风机式空气加热器:主要由进风道、热交换器、轴流风机、混合箱、供热恒温控制装置、主风道组成。暖风机有壁装式和吊挂式两种型式,前者常装在鸡舍的进风口上,对进入鸡舍的空气进行加热处理;后者常吊挂在鸡舍内,对舍内的空气进行局部的加热处理。

通过热交换器的通风供暖方式,是目前效果最好的,它一方面使舍内温度均匀,空气清新;另一方面效益也好,节省效果显著。

⑦热风炉式空气加热器:加热器由通风机、热风炉和换热器组成。这种供暖通风机通常装在鸡舍的进风口上。它是以空气为介质,以煤为燃料的手动式固定火床炉,为供暖空间提供洁净热空气。该设备结构简单,热效率高,送热快,成本低。

⑧太阳能式空气加热器:太阳能式空气加热器是利用太阳辐射能来加热进入鸡舍空气的设备,由集热器和通风机组成。冷空气由集热器汇集加热后,被通风机送入鸡舍内。太阳能式空气加热器是鸡舍冬季采暖经济而有效的装置。

(2)降温设备:盛夏季节,只靠通风换气不可能维持舍内的适宜温度,连续高温将会严重影响鸡群健康和生产能力。这时必须及时采取防热降温措施。鸡舍的降温设备主要是对舍内空气进行冷却处理,以达到降温的目的。常用的降温设备如下。

①喷雾降温设备:喷雾降温的原理在于当空气与呈雾状的细小水滴接触时,水滴吸收空气中热量,使空气得到了降温。

②风机:即鸡舍内用来换气的通风机。鸡舍一般采用节能、大直径、低转速的轴流风机。

③湿帘风机降温系统:湿帘风机降温系统,其主要作用是夏季空气通过湿帘进入鸡舍,可以降低进入鸡舍空气的温度,起到降温的效果。湿帘风机降温系统由纸质波纹多孔湿帘、湿帘冷风机、水循环系统及控制装置组成。在夏季空气经过湿帘进入鸡舍,可降低舍内温度 $5\sim8$℃。

7. 孵化设备

(1)孵化机:孵化机指种蛋入孵至落盘胚胎生长发育的场所。选择孵化机时要根据设计孵化量的大小、孵化空间的大小等实际情况选择其容量和型号。目前使用的孵化机主要有箱式和室式两种。室式孵化机又称孵化室,是一种房间式孵化机,人可以进入室内,其容量能容纳 36 000～144 000 枚种蛋。箱式孵化机又称电孵化箱,其容量能容纳 20 000 枚种蛋以下。目前国内多采用此种孵化机。

对孵化机的要求主要为:

①孵化温度均匀,各点之温差不应超过±0.4℃。孵化期间温度为 37.8℃,出雏期温度为 37.3℃。

②可自动调节孵化室内的相对湿度。孵化期内的相对湿度为 53%～59%,出雏期内为 70% 左右。

③能自动控制机内通风,使蛋周围空气中 CO_2 的含量不超过 0.5%。

④能定时自动转蛋。孵化时 2～3 小时转一次蛋,进入出雏期则不能转蛋。

(2)出雏机:指胚蛋从落盘至出雏结束期间发育的场所。与孵化机不同的地方在于出雏机无翻蛋系统,其他结构和使用与孵化机基本相同。孵化机与出雏机配套使用,一般采用同一箱体。

(3)照蛋灯用于孵化时检查胚胎发育情况,以便及时发现和解决问题。目前用的最多的是手持式照蛋灯,要求光的强度能穿透褐色蛋壳,能清晰地照出胚胎的发育情况。以便及时清除死胚和弱胚。

8. 其他设备

养鸡生产中除上述已介绍的一些生产设备外,还有防疫设备、鸡粪处理设备、饲料加工设备以及断喙器、称重器、产蛋箱、场内运料车等。各种设备的使用和介入可以大大提高劳动生产率和减轻工人的劳动生产强度。

（1）消毒设备

①自动喷雾装置：适用带鸡消毒，在鸡舍上方安装两列塑料管，每隔4米安装4个组合喷头，消毒时打开电源，4个喷头会旋转喷出药液。

②各式喷雾器包括手推式、背负式以及电动式等。

③火焰消毒器适用于养殖设备及环境的消毒及对病害畜禽的处理，火焰温度可达1 000℃。

（2）切嘴机：又叫断喙机，是用来切断鸡嘴的必备机具，9QZ型切嘴机是采用红热切烧，既断嘴又止血。

（四）经济实用鸡舍建造示例

1. 大棚鸡舍建造技术

鸡舍骨架整体采用毛竹结构，鸡舍总长50米，每间长5米，宽12米，面积600米。鸡舍檐口的高度为1.6米。屋面多层材料，最外面为优质石棉瓦或油毡，石棉瓦或油毡下每平方米铺2.5千克以上稻草，稻草下面用塑料薄膜或彩条塑料编织布，塑料薄膜或彩条塑料编织布下面用毛竹片支撑，鸡舍横截面结构见图6-17。鸡舍每3～4间开1个气窗，宽度0.3米，长2.5～3.0米。鸡舍两侧使用单层彩条塑料编织布作为卷帘。毛竹立柱地下部分至地上1.0米高度处涂有沥青，以防蛀防腐。鸡舍

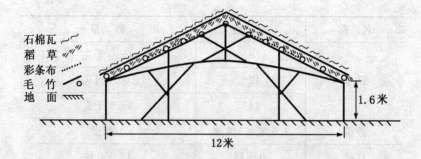

图 6-17　大棚鸡舍横截面结构图

内采用水泥地面,略高于舍外。鸡舍建造用材见表 6-1。

表 6-1　50 米×12 米大棚鸡舍建造用材

名　称	规　格	数　量
毛竹	周长 26 厘米	40 根
	周长 33 厘米	320 根
	周长 36 厘米以上	40 根
农用塑料薄膜	4 米双幅	1 卷×50 千克/卷
	1 米双幅	2 卷×25 千克/卷
彩条塑料纺织布	4 米×50 米	2 卷
稻草		2.5 千克/米²×600 米²
石棉瓦(或油毡)		600 米²×1.35(系数)(42 卷)
铁钉	中号(长 2.5 寸)	10.5 千克
	大号(长 5 寸)	9.0 千克

续表

名　称	规　格	数　量
铁丝	10#	15.0 千克
	12#	100.0 千克
	14#	45.0 千克
芦编	3.6 米×3.6 米	100 张
红砖	九五砖	12 000 块
水泥地面		600 米^2
建棚工资		4 元/米^2

　　鸡舍中建造火龙加热,火龙灶口在鸡舍进口端的第 3 间,灶口外侧的中部对准第 3 间立柱,一半在立柱前,一半在立柱后;火龙在鸡舍正中立柱偏北面建造,距离柱子 0.15 米;火道长度为 30 米。鸡舍之间的间距为 18 米,是鸡舍宽度的 1.5 倍。

　　按照这种方法建造的鸡舍冬暖夏凉,经济实用,养鸡成活率高,农户普遍欢迎。在目前的价格条件下,建造这种鸡舍每平方米造价在 50 元以下,总造价不超过 25 000 元,可以使用 10 年;地面火道加温方式成本低、升温快、温度均匀、易于控制;鸡舍之间有 18 米宽的运动场,可以满足地方土鸡喜欢运动、沙浴、采食青饲料的生活习性,可以提高优质鸡的成活率,有利于优质鸡的早熟及风味物的合理沉积。鸡舍每平方米可以饲养优质鸡12～15 只,每个鸡棚一批可以饲养 8 000 只左右,按照农户饲养 1 只优质鸡获利 1.5 元计算,每个鸡舍一批饲养优质鸡 8 000 只共获利 12 000 元,1 年可以收回鸡舍成本。

2. 养鸡塑料大棚的设计

（1）塑料大棚的保温设计：环境温度对鸡的生长发育、成活、性成熟、受精、产蛋、蛋重、蛋壳品质以及饲料利用率等都有明显的影响。对鸡来说，产蛋比较适宜的温度范围是 5～27℃，产蛋最适宜的温度则是 13～20℃。当环境温度低于－2℃时，难以维持正常体温和较高的产蛋率；当环境温度低于－9℃时，鸡活动迟缓，鸡冠受冻，产蛋率明显下降，饲料利用率也大幅度降低，造成饲料的浪费。为了保证鸡正常生产所达到的适宜温度，必须在塑料大棚的设计和建造上保证有足够的热量来源，并加强保温结构以尽量减少热量的流失。塑料大棚内的热量是指在没有人工加温、取暖的情况下，由塑料大棚所获得太阳光辐射能量的累积，从而使塑料大棚内的温度高于棚外。塑料大棚内的温度由于太阳辐射而逐渐升高，中午时棚内温度达最高，到下午以后，由于太阳光减弱，棚内温度逐渐下降，下半夜至次日早晨4～6 时棚内温度最低，形成昼夜温差。为了减少温差，可在下午3～4 时趁棚内温度较高时用草帘等物将塑料大棚覆盖上，以提高塑料大棚内的夜间温度。塑料大棚的表面散热量和棚内外温差呈正比，即温差愈大散放热量就愈多。因此，在建造塑料大棚时一定要用保温性能好的材料并适当加大厚度，或用多层材料组合在一起的异质结构以加强绝热能力，从而提高塑料大棚的保温性能。实践证明，塑料大棚的形式与保温有着密切的关系，跨度大的圆形的塑料大棚，其围护结构的面积相对小，保温比大，温度变化缓慢，昼夜温差小，保温效果好。相反，跨度小而围护结构面积大则不利于保温。

　　塑料大棚的方位不同，采光就不同，受冷风侵袭情况也不同。塑料大棚一般以坐北朝南、东西延长为好，这样不仅能保证光线最大限度透入，而且还有利于保温。试验表明，塑料大棚的保温效果好坏与棚顶的保温有直接关系。在塑料大棚的围护结构中，失热最多的是棚顶，其次是地面，同时，因热气流上升，棚内的温度一般上高下低，因而热量容易通过棚顶散失。采用拱圆形塑料大棚养鸡时，为了减少棚内的热量散失，后坡最好有较厚的保温层，可在入秋以后在后坡上压稻草、玉米秸等保温，也可在塑料大棚的东、西、北侧夹上防风障，阻止寒风侵袭。

　　目前建造塑料大棚用的塑料薄膜品种较多，它是塑料大棚不可缺少的围护材料，也是采光的重要建筑材料和夜间重点防寒的设施。在选用塑料薄膜时不仅要求透光好、保温好，而且还要耐用无滴。一般采用 0.10～0.12 毫米厚的聚氯乙烯无滴膜。

　　(2)塑料大棚的通风换气设计：通风换气是塑料大棚内环境条件不可忽视的重要方面。其原则是：排除过多的水汽，使相对湿度保持适宜状态；降低棚内的温度；清除空气中的微生物、灰尘，以及棚内的氨气、硫化氢和二氧化碳 3 种有害气体。

　　目前国内外养鸡工作者根据鸡的生长发育、生产性能以及对气体代谢的需要，制定了通风换气量参数，如成年鸡每千克体重每小时换气量为 3.8～4.0 米。育成鸡每千克体重每小时换气量为 4.0～5.0 米。并根据舍(棚)内环境温度以及空气污染程度增大或减少换气量。

　　换气量的大小要根据棚内空气情况灵活掌握，使 3 种有害气体及相对湿度控制在正常范围内，人进入棚内既无特殊异味，又不感到闷热潮湿。为此，一些鸡场安装大、中、小 3 种类型的通风机,以便灵活掌握换气量。在通风形式上有自然通风和机械通风2种。自然通风就是在塑料大棚的两侧留有通风换气孔,靠风压或热压进行自然通风,这种通风换气虽然也能将舍内的有害气体换出舍外并换进新鲜空气,但因受天气条件等许多因素制约,不可能保证塑料大棚有充分的换气效果。机械通风常用纵向负压通风形式。这种通风是用轴流风机抽出棚内污浊空气,使棚内气压变小,空气稀薄,新鲜空气从对侧的进气孔流入棚内形成棚内外气体交换。实践证明,采用纵向负压通风效果最好,但必须根据换气量安装风机,风机的换气量功能必须按60%计算,这样才能达到通风换气的要求。例如,某塑料大棚养500只鸡,每只鸡1.6千克,换气量为1.6千克×500只×4米³/小时＝3 200米³/小时,就是说每小时需3 200米³的换气量,所用的风机应是5 400米³/小时,这样可安装1台3 200米³/小时的风机和1台2 200米³/小时的风机共2台,在严冬棚内温度低、空气较好时,只开1台2 200米³/小时的风机,如果棚内空气污浊、氨气浓度大,则可2台一齐开动。

(3)塑料大棚的建筑设计:塑料大棚的规格主要由饲养规模和饲养方式决定。笼养每平方米可养16～25只鸡,网上平养每平方米可养8～10只鸡,地面平养每平方米可养4～5只鸡。在此实用面积基础上再加上工作间的面积。

①塑料大棚的跨度:塑料大棚的跨度与饲养规模和饲养方式有密切关系,又与当地气候条件有密切关系。雨雪多的地区跨度以5～6米为宜,雨雪少的地区以7～8米为宜;晴天多的地区跨度可以加大,以增加棚内热容量。笼养时,若笼架宽2米,要装2排笼,则跨度应在5.6～6.4米,即大棚中间安装一排笼,

靠南、北两侧各安装半排笼,2 个过道各 0.8 米,计 5.6 米。如果 2 排笼都安装在大棚中央,就形成 3 个过道,这样跨度应为 6.4 米。

②塑料大棚的长度:塑料大棚的长度除与饲养量有关外,其与跨度的比例还关系到大棚的坚固性。例如,饲养 1 000 只产蛋鸡,其大棚应长 20 米、宽 5.6 米(即大棚中间安装 1 排笼,靠南、北两侧各安装半排笼,2 个过道各 0.8 米),面积为 112.0 米^2,其中工作间 22.4 米,养鸡面积 89.6 米,大棚的周长为 51.2 米,长∶宽为 3.57∶1。如果棚内中间并列放 2 排,南北两侧放半排,就形成 3 个过道,其跨度为 8.4 米,大棚的长需要 15 米,面积 126 米^2,大棚的周长为 46.8 米,其长∶宽为 1.79∶1。可见,由于跨度增大其长宽比变小,周长也变小,建筑面积增大,抗风能力减弱,坚固性能也差,因此,塑料大棚的长与跨度必须适宜,比例合理。

③塑料大棚的高度:大棚的高度与跨度、棚内空气质量有关,高度还受笼架高度的制约。一般来说,跨度增加,高度应增加。增加高度,可提高采光效果,增加蓄热量,使大棚内空气新鲜。实践证明,塑料大棚的高跨比以(0.4~0.5)∶1 为宜。

④棚面弧度:拱圆形塑料大棚的设计首先要考虑到牢固性。塑料大棚能否坚固耐用,主要因素决定于框架材料的质量以及塑料薄膜的强度和棚面的弧度。大棚内外的空气压力不同、温差不同,特别是当棚外风速大的时候,由于空气压强小而使棚内产生举力,使塑料薄膜向外鼓起。但在风速变化的瞬间,加上压膜线的拉力,又使塑料薄膜返回棚架,由此,造成塑料大棚的薄膜反复摔打,严重时甚至将薄膜弄坏。据测定,棚面弧度与风速

有着密切关系,弧度合理,可以减缓风速对塑料大棚的冲击,而棚面平坦,则摔打现象最为严重。合理的弧线可用合理的轴线公式求得。弧线点高公式为:$Y=4f/L^2×X×(L-X)$,式中 Y 为弧线点高,f 为中高,L 为跨度,X 为从大棚一侧开始的水平距离。例如,塑料大棚的跨度 6 米,中高 2.6 米,在地面上画一道 6 米直线,分 6 等份,则除大棚两侧脚外共有 5 个等距点,每个点向上引垂线,确定各垂线高度,将各高度连起来,就形成一个比较合理的拱圆形塑料大棚的弧线。各点垂线高度为:

$$Y_1=4×2.6/6^2×1×(6-1)=1.44 \text{ 米}$$
$$Y_2=4×2.6/6^2×2×(6-2)=2.31 \text{ 米}$$
$$Y_3=4×2.6/6^2×3×(6-3)=2.60 \text{ 米}$$
$$Y_4=4×2.6/6^2×4×(6-4)=2.31 \text{ 米}$$
$$Y_5=4×2.6/6^2×5×(6-5)=1.44 \text{ 米}$$

塑料大棚材料主要为普通农用薄膜、竹竿和草帘等,具有材料易得,造价低廉,保温性能良好,可充分利用家前屋后零星隙地,并能满足养殖户降低生产成本、减少固定投资费用的实际需要等优点,深受养殖户喜爱。

建造一个长 20 米、宽 9 米、脊高 2.5 米的塑料大棚,一般造价为 2 000～3 000 元,使用寿命 3 年,全年养鸡 1 万只,每只商品鸡的房舍折旧费用仅 3 分钱左右,是建房养鸡房舍成本的 1/10。目前,江苏省如皋、东台等地普遍采用塑料大棚鸡舍饲养优质肉鸡,实地调查表明,平均育成率在 97％以上。

七、家庭养鸡场疾病防治要点

(一)鸡发病的主要因素及防治措施

1. 鸡发病的主要因素

(1)鸡病发生的原因

①饲养场地周边环境不良:由于家庭养鸡投入较小,不可能选择离人居住环境远的地点,往往在村落中养鸡;并且常常是一个村有几家甚至几十家都养鸡,密度非常高,无法实现500米的养殖安全间隔。有的鸡舍与鸡舍间距不到10米。这样的养殖环境特别有利于疾病的传播。

②生物安全的隔离能力较低:由于场地投入不高,设施现代化程度低,隔离水平较低,因而无法做到近距离条件下的疾病防疫。

③环境控制状况较差:具体表现在,对设备的消毒、环境的消毒、饲料来源的控制、进出人员的管理等情况,都不能达到控制和限制疾病发生的环境要求。日常消毒程序也不完善。

④鸡只的自身污染和相互污染:大多数养鸡户不注意鸡本

身的代谢产物(如鸡粪等)的妥善处理,造成鸡只自身污染和相互污染。

⑤生产上不能做到全进全出。

(2)鸡病流行的基本条件:鸡病的发生流行,必须具备三个基本条件:一是传染源(受病原微生物感染的动物);二是传染途径(病原微生物由传染源排出后经传染媒介再侵入其他易感动物所经的途径);三是易感动物(对某种传染病缺乏抵抗力的动物),这三个基本环节造成了传染病的流行。如果采取措施,切断其中任何一个环节,传染病就不能流行。引起鸡病传播的主要途径有以下几个方面。

①卵源传播:有的病原体存在于感染鸡的卵巢或输卵管内,在蛋的形成过程中进入蛋内;有的蛋经泄殖腔排出时,病原体附着在蛋壳上;还有一些蛋通过被病原体污染的各种用具而带菌带毒。现已知由蛋传播的疾病有:鸡白痢、禽伤寒、禽大肠杆菌病、鸡支原体病、禽脑脊髓炎、禽白血病、病毒性肝炎、包涵体肝炎、减蛋综合征等。

②孵化室传播:主要发生在雏鸡开始啄壳至出壳期间。这时雏鸡开始呼吸,接触周围环境,就会加重附着在蛋壳碎屑和绒毛中的病原体的传播。通过这一途径传播的疾病有:禽曲霉菌病、沙门氏菌病等。

③空气传播:存在于鸡的呼吸道中的病原通过喷嚏或咳嗽排入空气,被健康鸡吸入而发生感染。有些病原体随分泌物、排泄物排出,干燥后可形成微小的粒子或附着在尘埃上,经空气传播到较远的地方。经这种方式传播的疾病有:鸡败血支原体病、鸡传染性支气管炎、鸡传染性喉气管炎、鸡新城疫、禽流感、禽霍

乱、鸡传染性鼻炎、鸡痘、鸡马立克氏病、禽大肠杆菌病、禽曲霉菌病等。

④饲料、饮水和设备、用具的传播：病鸡的分泌物、排泄物可直接进入饲料和饮水中，也可通过被污染的加工、储存和运输工具、设备、场所及人员而间接进入饲料和饮水中，蛋鸡摄入被污染的饲料和饮水而导致疾病的传播。饲料箱、蛋箱、装鸡箱、运输车等设备也往往由于消毒不严而成为传播疾病的重要媒介。

⑤垫料、粪便和羽毛的传播：病鸡的粪便中含有大量病原体，病鸡使用过的垫料常被含有病原体的粪便、分泌物和排泄物污染。如不及时清除和更换这些垫料并严格消毒，极易导致疾病的传播。鸡马立克氏病的病毒存在于病鸡的羽毛中，如果对这种羽毛处理不当，可以成为该病的重要传播因素。

⑥混群传播：某些病原体往往不使成年鸡发病，但它们仍然是带菌、带毒和带虫者，具有很强的传染性。如果将后备鸡群或新购入的鸡群与成年鸡群混合饲养，往往会造成许多传染病的暴发流行。由健康带菌、带毒和带虫的蛋鸡而传播的疾病有：鸡白痢、沙门氏菌病、鸡支原体病、禽霍乱、鸡传染性鼻炎、禽结核、鸡传染性支气管炎、鸡传染性喉气管炎、鸡马立克氏病、淋巴白血病、球虫病、组织滴虫病等。

⑦其他动物和人的传播：自然界中的一些动物和昆虫，如狗、猫、鼠、各种飞禽、蚊、蝇、蚂蚁、蜻蜓、甲壳虫、蚯蚓等都是鸡传染病的活的媒介，它们既可以是传播途径，也可以让一些病原体在自身体内寄生繁殖而成为传染源。如绦虫的发育必须经过蚂蚁和甲壳动物的体内寄生才能完成。人常常在鸡病的传播中起着很大的作用。当经常接触鸡群的人所穿的衣服、鞋袜以及

他们的体表和手被病原体污染后,如不彻底消毒,就会把病原体带到健康鸡舍而引起发病。

2. 鸡病的防治措施

(1)综合性防疫措施

①进鸡前的消毒

a. 鸡舍地面必须是便于冲刷、消毒的水泥地面。首先将鸡舍的房顶、墙壁、门窗及其他设施冲洗干净,然后关闭门窗和通风,为消毒做好准备。

b. 在进鸡前的 9 天,用 3％的热火碱水彻底喷洒整个鸡舍进行第一次消毒,10 小时后通风 3～4 小时,尔后关闭门、窗。

c. 在进鸡前的 6 天进行第二次消毒,用甲醛、高锰酸钾熏蒸鸡舍,舍外用 3％热火碱水消毒,要求做到均匀、周到、无遗漏、无死角。消毒后,鸡舍门口放脚踏消毒盆,以备日后进入鸡舍时使用。

d. 对于老鸡场,进鸡前除对鸡舍进行上述消毒处理外,还要把撤掉的设备,如饮水器、料桶等用消毒液浸泡 30 分钟,然后用清水冲洗,晾干后搬入鸡舍备用。

②实行全进全出的饲养制度:全进全出制是保证鸡群健康、消除传染病的根本措施。同一栋鸡舍,要做到同时进鸡、进鸡前要对环境统一进行彻底的清扫、冲刷、消毒,而且还要做到免疫、药物预防、带鸡消毒、环境消毒同时进行,以减少鸡群的交叉感染,保证鸡群的持续安全生产。

③建立隔离区有条件的地方,尽可能做到养殖安全隔离(500 米)和提高隔离能力。

④制定一个适合本鸡场的消毒程序。

a. 雏鸡：每周用 10％百毒净或 0.2％过氧乙酸带鸡消毒一次；保持水槽、饮水器、料槽的清洁，每隔 3 天消毒 1 次，以 10％百毒净或其他消毒液浸泡半小时。

b. 育成鸡：每 10 天用 10％百毒净消毒 1 次。

c. 成鸡：每 15 天用 10％百毒净消毒 1 次。

d. 每 1 个月进行 1 次饮水消毒，首选百毒净，也可用优氯净，发生传染病时连用 7 天治疗浓度后，再恢复到预防浓度。

⑤粪便消毒：对粪便要每天清扫一次，清扫后再用消毒剂消毒场地。粪便积成堆，覆盖一层黄土，利用生物发酵产生的生物热消毒。

⑥做好病死鸡的处理，对弱鸡、病鸡及时隔离，死鸡进行焚烧或深埋(1.5～2 米)处理。

(2)疾病监测与免疫预防

①疾病监测

a. 搞好监测：要定期监测鸡舍内环境，测定舍内空气、器物表面的病原菌、饮水的细菌总数和大肠杆菌等卫生指标。有条件的鸡场应每周检测一次有害气体 NH_3、H_2S、CO_2 含量，NH_3 浓度应小于 15 微升/升；清洁的饮水，$pH < 8$，每 100 毫升水中的大肠杆菌数不能超过 500 个。选用不同鉴别培养基，对孵化设备、鸡舍、种蛋及饲料等进行细菌含量监测。

b. 流行病学监测：在较大范围内有计划、有组织地收集流行病学信息，为防疫提供依据。当发生疫情时，通过监测本场鸡群的抗体消长及周围养鸡场的发病情况，及时做出反应，迅速采取果断措施(如封锁、严格消毒等)。

　　c. 饲料及药物监测：检查饲料中有害物质，如黄曲霉毒素、劣质鱼粉等，添加的食盐和药物是否超量；检查营养成分是否合理，如钙磷比例、蛋白质、氨基酸和糖等物质是否适当，特别是维生素和微量元素的含量是否正常等。

　　d. 免疫监测：应用相应的监测技术，定期跟踪监测和不定期抽测危害较严重的新城疫、传染性支气管炎、传染性法氏囊病、马立克氏病及传染性喉气管炎、减蛋综合征等常发病的血清抗体水平，了解鸡群健康情况及疫苗免疫效果。对种鸡场进行监测，为预防鸡病提供准确信息，有利于及时采取果断措施，防止疾病的发生和流行。因各场情况不同，发生疾病种类也各不相同，要结合监测结果，采取有效措施，严格执行净化规程。

　　②制定科学合理的免疫程序：免疫接种在鸡病预防中具有十分重要的意义。养鸡场（户）要根据进鸡渠道及当地疫情情况制定科学合理的免疫程序，并认真执行。

　　a. 预防接种是指将抗原（疫苗和菌苗）通过滴鼻、点眼、饮水、气雾或注射等途径接种到鸡体上，使鸡体产生与特定抗原相对应的抗体（免疫力），从而保障鸡只不受该特定病原的感染，使易感鸡群变为不易感鸡群。

　　b. 免疫程序要科学，疫（菌）苗必须安全有效。给苗途径必须正确，防疫时机要适当。由于当地鸡病流行情况不同，各鸡场鸡群的抗体水平不同。因此，目前尚无完全适合所有鸡场的通用免疫程序，每个养殖场要根据当地鸡病流行情况及严重程度、母源抗体水平、疫苗的种类、接种方法等情况制定适合本场实际的免疫程序。

　　③发生疫情时采取紧急措施

a. 隔离：当鸡场发生传染病或疑似传染病时，应将病鸡和疑似病鸡立即隔离，指派专人饲养管理。在隔离的同时要尽快诊断，经诊断属于烈性传染病时，要报告当地政府和兽医防疫部门，采取必要的控制措施。

b. 消毒：在隔离的同时，要对鸡场及周围环境和所有器具进行彻底消毒，彻底清扫垫草和粪便，对病死鸡要深埋或进行无害化处理，在最后一只病鸡治愈或处理2周后，再进行一次全面的大消毒，才能解除隔离或封锁。

c. 紧急免疫接种：为了迅速控制疫病流行，要对疫区、受威胁的鸡群进行紧急免疫接种，这不但可以防止疫病向周围地区蔓延，而且减少因某些疾病（如鸡新城疫）发病鸡群的死亡损失。但对正处在潜伏期尚未明显发病的鸡群，有可能促进死亡，经过一段时间后，发病及死亡就会迅速下降，使疫病得到控制。

d. 紧急药物治疗：对病鸡和疑似病鸡要进行治疗，对假定健康群要进行预防性治疗。治疗要在确诊的基础上尽早实施，以控制疾病蔓延和防止继发感染。

（二）消毒与防疫

在养鸡生产疫病控制的诸多环节中，免疫接种、消毒和药物防治显得尤为重要，共同组成了动物疫病控制的三个重要支柱。随着全社会对动物性食品安全问题越来越关注，安全、无残留、无公害的绿色健康食品越来越受到消费者的欢迎，而合理的疫苗接种程序、可靠的消毒方法、安全的用药方案正是满足人们食品安全需求、保证养殖业可持续发展的重要途径。

1. 消毒技术

养鸡场要获得较高的经济效益,必须严格有效地控制疾病。消毒是养鸡场控制疾病发生和流行的最重要的措施之一。鸡对各种病原细菌、病毒、真菌和寄生虫有较高的易感性,尤其是规模化鸡群,对疾病更为敏感。环境中存在的大量病原微生物是造成鸡群疾病发生和流行的主要原因,也是造成鸡的烈性传染病,如鸡马立克氏病和法氏囊病免疫失败的重要原因之一。因此,环境消毒是控制疾病流行的重要环节。

近年来消毒药的正确使用已成为世界各国普遍关注的问题。过去曾被视为低毒或无毒的某些消毒药,近年来却发现在一定条件下(例如长期使用等)仍然具有相当的毒、副作用。比如,长期不间断地使用饮水消毒,可能会导致畜禽肠道正常菌群的紊乱。从安全角度考虑,消毒药的刺激性、腐蚀性、对环境的污染等危害性,不亚于其急性毒性。由于频繁使用消毒药,对配制、操作等人员的健康以及动物性食品中药物残留对消费者的安全问题,已逐渐成为公众所关心的问题。从长远考虑,规模化养鸡场在消毒药的选用和合理使用方面要引起重视,一方面达到消毒防病的目的,另一方面也要保证动物性食品的质量。

(1)消毒的类型与方法:预防重于治疗,消毒胜过投药;消毒可以减少投药,投药不能代替消毒。对规模化鸡场而言,必须建立和严格执行消毒预防制度,做到无疫病时对环境进行预防性消毒;当传染病发生时,对环境进行随时消毒和终末消毒。这样才能净化饲养环境,大大减少小环境中的病原微生物的数量,保证鸡群的健康生长。目前,我国养鸡业发展很快,规模不断扩大,但由于饲养管理水平参差不齐,对药物及疫苗的使用不尽合理等原因,致使多种病毒病和细菌病混合感染的现象非常普通,给药物及生物制品控制疾病带来许多难题。在这种情况下,消毒预防显得尤为重要。

①消毒的类型根据消毒目的的不同,可分为:

a. 预防性消毒:是在疫情静止期,为防止疫病发生,确保鸡群安全所进行的消毒。比如,鸡群在 10 日龄以后可实施带禽消毒,育雏期每周 1 次,育成期 7～10 天 1 次,成禽可 15～20 天消毒 1 次。

b. 随时消毒和终末消毒:随时消毒指当传染病发生时,以消灭病原微生物为目的而进行的消毒。消毒使饲养环境中的病原微生物数量减少,一方面可避免治愈后的再次感染,另一方面也可间接提高治疗药物的疗效。对一个养鸡场来说,在传染病发生时,可每天带鸡消毒 1 次。当疫情结束以后,为彻底消灭病原体,对小环境和禽体表要进行 1 次终末消毒。

②消毒方法

a. 物理消毒法:如机械性的清扫、日光照射、紫外线、干燥和高温消毒(煮沸、高压蒸汽)等。在养鸡生产中可进行火焰消毒法和清洗擦拭消毒法。

b. 化学消毒法:是目前养殖业中最常用的方法。主要利用化学消毒剂(气体、液体及固体)直接杀灭病原微生物。例如,使用熏蒸消毒法、浸泡消毒法、饮水消毒法和喷雾消毒法。

c. 生物学消毒法:通过将鸡粪、垫料等鸡场废弃物堆集起来,进行发酵,利用嗜热细菌繁殖时产生的高热,杀灭除芽孢菌以外的大多数病原,尤其是各种寄生虫的虫卵和球虫卵囊等,以达到消毒和无害化处理的目的。

（2）影响消毒效果的因素：消毒效果受很多因素的影响，如果控制不好，可能会导致消毒失败。因此，必须了解和掌握这些影响因素，以保证消毒效果，达到消毒目的。

①病原微生物类型：不同菌种和处于不同状态的微生物，对同一种消毒药的敏感性不同。例如，病毒对单纯的酚类消毒药抵抗力很强，但对复合酚和碱类则很敏感。革兰氏阳性菌对消毒药一般比革兰氏阴性菌敏感。

②消毒药的浓度和作用时间：浓度越高，作用时间越长，效果越好，但对组织的刺激性也越大，甚至对动物机体造成损害。浓度太低，接触时间太短，则达不到杀菌的目的。因此，需根据不同的消毒对象，按说明书上的浓度实施消毒。

③温度和湿度：杀菌效果与温度呈正相关。一般每升高10℃时消毒效果增强1～1.5倍。熏蒸消毒需要较高的温度和相对湿度。

④pH影响较大，如，戊二醛在酸性条件下杀菌力弱，而当pH7.5～8.5时杀菌力增强；含氯制剂的最佳pH为5～6。

⑤有机物的存在：粪、尿、血液、体液等有机物的存在，必然会影响消毒效果。所以消毒前务必清扫消毒场所。不同的消毒剂对有机物的抵抗力有差异，如季胺盐类表面活性剂对有机物抵抗力很差。

⑥长期使用某种消毒药：规模化鸡场长期使用单一品种的消毒剂，往往会导致消毒剂的消毒效果降低。应该是有计划地交叉使用不同类型的消毒药。

⑦配伍禁忌：常见于两种消毒药合用，或消毒药与清洁剂或

除臭剂合用时,消毒效果降低。一般情况下不要把两种消毒药混合使用。

(3)规模化养鸡场消毒药的选用及实施方案:消毒工作的重点是:圈舍、畜禽体表、设备、用具、人员、车辆、饲料、饮水及孵化厂等。尤其是圈舍消毒和带(畜)禽消毒在疫病预防中十分重要。

①场(舍)门口消毒池:消毒池药液水深 20 厘米,可选用复合酚(如 ABB 消毒剂)、2%～5%氢氧化钠等。每 2～3 天更换1 次。

②场区、道路及运动场消毒:经常清扫、保持干净,定期进行喷洒消毒,可选用复合酚、烧碱、生石灰、含氯消毒剂等,每月至少 1 次,疫情发生时增加消毒次数。

③车辆、人员消毒:车辆进场时,车轮必须过消毒池,对车身进行喷雾消毒,可选用复合酚、碘消毒剂(如金碘)、过氧乙酸等。人员进入生产区,必须淋浴、消毒,更换消毒衣、帽、鞋等,方可进入。在鸡舍门口设立脚踏消毒槽,一般应常年放入 5%来苏儿消毒液,并经常更换,为了防止药液挥发,可放入一些海绵或麻袋浸湿。

④设备、用具、衣物消毒:食槽、饮水器等用具和衣物要经常洗涤,用消毒药进行喷洒或浸泡消毒。

⑤空舍的消毒:畜禽出舍后或进舍前进行消毒,实施顺序为:圈舍排空→清扫→洗净→干燥→消毒→干燥→再消毒,两次消毒最好是喷雾、喷洒消毒和熏蒸消毒交替进行。喷雾、喷洒消毒可选用复合酚、碘消毒剂、过氧乙酸及双季铵盐类消毒剂等;熏蒸消毒选用甲醛、过氧乙酸等。

鸡场一般应在进鸡前 3～5 天进行鸡舍熏蒸消毒。先关闭所有门窗,保持舍内温度 15～25℃,湿度 70%～90%。如使用甲醛进行熏蒸消毒时,应根据鸡舍空间大小,每立方米用甲醛 30 毫升、高锰酸钾 15 克混合后产生杀菌性气体,达到熏蒸目的。24 小时后打开门窗通风换气。

⑥带鸡消毒:采用喷雾消毒,以杀灭空气及环境中的病原和鸡体表及笼舍上的病原。可选用碘消毒剂(如金碘)、0.3%过氧乙酸等。将选定的消毒药按规定浓度稀释好,放入气雾发生器内,选用雾粒直径 100 微米左右的喷嘴,关闭门窗,按每立方米 15 毫升药量喷雾。

家禽 10 日龄以后可实施带鸡消毒,预防性消毒为育雏期每周 1 次,育成期 7～10 天 1 次,成年鸡可 15～20 天消毒 1 次;疫病发生时的随时消毒每天带鸡消毒 1 次;当疫情结束以后,为彻底消灭病原体,也要带鸡进行 1 次终末消毒。

带鸡喷雾消毒时,喷雾应均匀;喷雾量应根据季节适当增减,一般以鸡体表稍湿为宜。在疫苗使用前后 3 天应停止喷雾消毒。带鸡消毒可能会给动物带来一定的应激反应,可在饮水中添加多种维生素和葡萄糖,以减少应激反应。

⑦饮水消毒:饮用水中加入消毒剂,可选用碘消毒剂、季胺类及漂白粉等。鸡饮水免疫前后 2～3 天不用,也不宜长期不间断地使用,关键是控制好水源的卫生。

⑧孵化厂卫生消毒:种蛋消毒可采用熏蒸消毒或浸泡消毒,熏蒸消毒可用甲醛、过氧乙酸;浸泡消毒可用碘制剂、季铵类消毒剂。孵化室、孵化器及用具进行喷雾、喷洒消毒。

熏蒸消毒:种蛋在收集后尽早集中消毒,在密闭的种蛋库内,按每立方米用甲醛 20 毫升,高锰酸钾 10 克熏蒸 20 分钟后通风换气。在入孵后 12 小时再次集中消毒,关闭孵化器通风口,按每立方米用甲醛 14 毫升,高锰酸钾 7 克熏蒸消毒 20 分钟,然后打开通风口通风换气,继续孵化,24～96 小时以后不宜熏蒸消毒。

⑨粪便处理及粪池、粪沟及污水的消毒:粪便处理可采用生物热消毒法,如堆粪法、发酵池法。粪池、粪沟及污水的消毒采用喷洒消毒,可选用漂白粉、生石灰等。

2. 免疫接种技术

免疫接种是使用疫(菌)苗,在平时对鸡群有计划地进行预防接种,在可能发生疫病或疫病发生早期对鸡群进行紧急免疫接种,以提高鸡群对相应疾病的特异性抵抗力,防止疾病发生和流行。目前,对鸡群中的绝大多数传染性疾病,通过选用质量可靠的疫苗,正确地使用疫苗,严格按照科学的免疫程序进行免疫接种,均可得到有效的控制。因此,免疫接种是规模化鸡场防疫体系中一个极其重要的环节,也是构建养鸡业生物安全体系的重要措施之一。

(1)疫苗的种类

①活疫苗:活疫苗是用活的微生物制成,可以在机体内大量繁殖,产生类似发生隐性感染或轻症感染。一般只需很小的剂量就能刺激机体产生强烈的体液和细胞免疫应答,以及局部黏膜免疫应答,从而获得较为可靠和持久的免疫力。目前常用的活疫苗都是通过人工定向变异或从自然界筛选出来的毒力高度减弱或基本无毒的病原。一些强毒活疫苗,由于使用风险很大,

易造成免疫鸡群长期带毒、疫病扩散、流行加剧,目前已随着相应弱毒疫苗的问世而被取代。

②死疫苗:死疫苗是收获经培养增殖的病原微生物后,通过物理或化学方法灭活制成的疫苗。其优点是安全、易保存和研制周期短。由于这类疫苗不能在体内复制增生,因此使用剂量较大,免疫作用持续时间短、接种次数增多、防疫成本增高。为了克服上述缺陷,死苗中一般都要加入佐剂,以非特异性增强抗原的免疫原性,延长免疫刺激时间,提高机体的免疫效应。佐剂的种类很多,鸡用的死疫苗中以油佐剂苗最为常见,如减蛋综合征灭活油苗、鸡传染性鼻炎油乳剂苗、鸡大肠杆菌多价油苗等。

③多价苗和联苗:将同一种细菌或病毒的不同血清型混合制成的疫苗叫多价苗,如多杀性巴氏杆菌多价苗、鸡马立克氏病HVT-SB1 多价冻干苗等。联苗是以不同微生物混合制成的疫苗。如鸡新城疫—传染性支气管炎—传染性法氏囊病灭活油苗。多价苗和联苗的优点在于仅用一针就可以同时预防几种病原或一种病原的多种血清型,所以普遍受到养殖场的欢迎。

(2)免疫接种的途径和方法:对家禽进行免疫接种常用的方法有:点眼、滴鼻、刺种、羽毛囊涂擦、擦肛、皮下注射或肌内注射、饮水、气雾等,在生产中采用哪一种方法,应根据疫苗的种类、性质及本场的具体情况决定,即要考虑免疫效果。

①滴鼻点眼:这是使疫苗通过上呼吸道或眼结膜进入体内的一种接种方法,适用于新城疫Ⅳ系(Lasota)疫苗、传染性支气管炎疫苗及传染性喉气管炎弱毒苗的接种。这种接种方法尤其适合于幼雏、产蛋期的家禽,它可以避免疫苗病毒对母源抗体中和,应激小,对产蛋影响较小。点眼、滴鼻法是逐只进行,能保证

每只家禽都能得到剂量一致的免疫,免疫效果确实,抗体水平整齐。因此,一般认为点眼、滴鼻是弱毒疫苗接种的最佳方法。

进行点眼、滴鼻接种时,可把1 000头份的疫苗加50毫升的生理盐水稀释,充分摇匀,然后用滴管于每只家禽的鼻孔或眼结膜上滴一滴(0.05毫升),也可把1 000头份的疫苗加100毫升的生理盐水稀释,然后于每只家禽的鼻孔及眼结膜上各滴一滴。

②肌内注射:此法作用迅速,尤其适合于种鸡。新城疫Ⅰ系疫苗的肌内注射效果比点眼、滴鼻好。肌内注射时,以翅根部肌肉为好,进针时针头稍倾斜,按疫苗的使用说明,每只家禽注射0.2~1毫升。也可采用胸部肌内注射,但进针时要注意,不要垂直刺入,以免伤及肝脏、心脏而造成死亡。

③皮下注射:是将疫苗注入鸡的皮下组织,如马立克氏病疫苗、油乳剂灭活疫苗,多采用颈背部皮下注射。注射时用食指和拇指将颈背部皮肤捏起呈三角形,沿三角形的下部刺入针头注射。皮下注射时疫苗通过毛细血管和淋巴系统吸收,疫苗吸收缓慢而均匀,维持时间长。

④刺种:此法适用于鸡痘疫苗、新城疫Ⅰ系疫苗的接种。刺种部位在鸡翅膀内侧皮下,具体方法是将1 000羽份的疫苗用25毫升生理盐水稀释,充分摇匀,然后用接种针蘸取疫苗,刺种于家禽翅膀内侧无血管处,雏禽刺种一针,成年家禽刺种两针。

⑤羽毛囊涂擦:此法可用于鸡痘疫苗的接种。接种时向1 000羽份的疫苗加30毫升生理盐水稀释,在腿部内侧拔去3~5根羽毛后,用棉签蘸取疫苗,逆向涂擦。

⑥擦肛:此法仅用于传染性喉气管炎活疫苗的接种。方法是把1 000羽份的疫苗稀释于30毫升生理盐水中,然后把鸡倒

提肛门向上,将肛门黏膜翻出,用接种刷蘸取疫苗刷肛门黏膜,至黏膜发红为止。

⑦气雾法:此法是压缩空气通过气雾发生器,使稀释疫苗形成直径1～10微米的雾化粒子,均匀地浮游于空气中,随呼吸而进入鸡的体内,以达到免疫目的。

气雾免疫不但省力,而且对于某些呼吸道亲嗜性的疫苗特别有效。例如,新城疫Lasota系弱毒苗、传染性支气管炎弱毒苗等。但是气雾免疫对家禽的应激作用较大,可能会加重鸡慢性呼吸道疫病、鸡大肠杆菌病引起的气囊炎的发生。所以,必要时可在气雾免疫前后在饲料中加入抗菌药物。

进行气雾免疫时应注意:①用于气雾免疫的疫苗必须是高效的,而且通常采用加倍的剂量。②稀释疫苗最好用去离子水或蒸馏水,水中可加入0.1%的脱脂奶粉及明胶,稀释剂中不能含有任何盐类,因为雾粒喷出后迅速干燥引起盐类浓度提高,而影响疫苗病毒的活力。③雾粒大小要适中,一般以喷出的雾粒中有70%以上直径在1～12微米为好。雾粒过大,停留在空气中的时间太短,也容易被黏膜阻止,不能进入呼吸道;雾粒过小,则易被呼气排出。④喷雾时房间应密闭,减少空气流动,并避免阳光直射,喷毕20分钟后才可开启门窗。

⑧饮水法:对于大型养鸡场,逐只免疫费时费力,对禽群影响较大,且不能在短时间内达到整体免疫的效果。因此,在生产实践中可用饮水免疫。饮水免疫目前主要用于鸡新城疫Lasota系弱毒苗、传染性支气管炎H_{120}及H_{52}弱毒苗、传染性法氏囊病弱毒苗的免疫。饮水免疫虽然省时省力,但由于种种原因会造成家禽饮入疫苗的量不均一,抗体效价参差不齐。许多研究

者证实,饮水免疫引起的免疫反应最小,往往不能产生足够的免疫力,不能抵抗较强毒力的毒株引起的疾病流行。

为了使饮水免疫达到预期效果,必须注意以下几个问题:①用于稀释疫苗的水必须十分洁净,不得含有重金属离子,必要时可用蒸馏水。②饮水器具要十分洁净,不得残留消毒剂、铁锈、有机污染物。③为保证所有鸡在短期内饮到足够量的含疫苗水,鸡舍的饮水器具要充足,而且在服用疫苗前停止饮水 2~4 小时(视天气及饲料等情况而定)。④用于饮水免疫的疫苗必须是高效价的,且使用剂量要加倍,为保证疫苗不被重金属离子破坏,可在水中加入 0.1% 的脱脂奶粉。

(3)免疫接种时的注意事项

①疫苗接种应于鸡群健康状况良好时进行,对于正在发病的鸡群,除了那些已证明紧急预防接种有效的疫苗(如鸡新城疫疫苗、传染性喉气管炎疫苗等)外,不应进行免疫接种。

②接种疫苗所用的器具,如注射器、针头、滴管等在使用前应进行彻底清洗和消毒。接种结束后,应把接触过活毒疫苗的器具及剩余的疫苗浸入消毒液中,或经煮沸消毒,然后清洗,以防散毒。

③接种弱毒活菌苗前后 5 天,鸡群应停止使用对菌苗敏感的药物。

④所有疫苗在稀释和使用过程中,均应避免阳光直射,避免靠近光源。

⑤为降低接种疫苗时鸡群的应激反应,可在接种前用 25 毫克/千克的维生素 C 拌料或饮水,或在疫苗接种前后 2~3 日使用电解多维等饮水。

（三）常见病的防治

1. 鸡新城疫

新城疫是一种由副黏病毒引起的一种高度接触性传染病，主要侵害鸡和火鸡，其他禽类和野禽也能感染，亦可感染人。本病常呈败血症经过，其特征是呼吸困难、下痢和神经症状。主要病理变化为黏膜和浆膜出血，腺胃黏膜出血具有诊断意义。

【流行特点】

本病一年四季均可发生，特别在初春和秋冬季节变换时易发，各种日龄的鸡都能感染，雏鸡带有较高母源抗体的在 $1\sim$ 2 周内有一定的抵抗力。

本病主要经消化道和呼吸道传播，带毒鸡、飞禽、家畜、宠物以及外来人员随便进出鸡舍，饲料包装袋与外界交替使用，消毒隔离不严，大小鸡群混养，垫料、粪便处理不当，免疫不当或失败等因素都可造成本病的流行。

随着我国集约化养鸡业的发展和防疫、免疫的普及，那种发生于非免疫鸡群或早期免疫抑制鸡群中的高死亡率的典型鸡新城疫已经变得少见。各地区发生的主要是非典型的新城疫，其特点是发生在免疫鸡群中，发病率和死亡率较低。雏鸡最初以呼吸道症状为主，其后表现出新城疫的神经症状；育成鸡主要表现为病鸡生长不良、消瘦、瘫痪和排稀绿粪便，鸡群有零星死亡，影响鸡以后的产蛋性能；产蛋鸡主要表现为呼吸道症状和产蛋量下降，蛋壳质量变差，鸡群死亡率稍有增高，病程较长，产蛋率回升缓慢,血清抗体呈非免疫性突然增高,并在鸡群中巡回出现高抗体反应,致使出壳雏鸡母源抗体离散性大,给首免日的确定造成一定难度。其中,高母源体抗体的鸡在二免前易成为高易感鸡,感染发病主要表现呼吸道症状和神经症状。

潜伏期长短、发病程度与感染病毒的数量、毒株的强弱、感染途径、感染鸡的日龄和鸡体抵抗力有关。一般潜伏期为 3～5 天。雏鸡与育成鸡发病程度比产蛋鸡严重。

【症状和病变】

体温升高,精神不振,羽毛松乱,缩颈闭眼,食欲减少或废绝,腹泻,粪便呈黄绿色或黄白色,嗉囊积液,倒提鸡时常有大量淡黄色酸臭液体从口中流出。

呼吸困难,张口伸颈,带有喘鸣声或"咯咯"的怪声,有吞咽动作,鸡冠、肉垂呈青紫色。

部分病鸡出现腿麻痹、脚爪干瘪、瘫痪、鸡体消瘦、头颈扭曲、后仰、转圈等神经症状,多见于雏鸡与育成鸡。

产蛋鸡的产蛋量下降,蛋壳质量变差,褪色蛋、白壳蛋、软壳蛋、畸形蛋增多。

岛屿状或枣核状坏死溃疡灶,盲肠扁桃体肿胀、出血和溃疡。

直肠和泄殖腔出血,胸腺、胰腺常见点状出血,腹脂出现细小出血点。

产蛋鸡出现卵泡变形、出血,以及因卵泡破裂引起的腹膜炎。

非典型新城疫病理变化不典型,主要表现为肠道和泄殖腔充血、出血,以及呼吸道症状。

【防治措施】

(1)预防

①加强卫生管理,防止病原体侵入鸡群,禁止从污染地区引进种鸡或雏鸡,也不要从这些地区购买饲料、养鸡设备等,禁止无关人员进入鸡场,并防止飞鸟和其他野生动物的侵入。在饲养管理中,应实行"全进全出"的饲养管理制度,以防病原体接力传染,定期带鸡消毒。

②定期预防接种,增强鸡群的特异免疫力:预防新城疫,需要制定一个合理的免疫程序,以使鸡群保持高度、持久、一致的免疫力。但免疫程序的制定应该考虑多方面的因素。首先是本地区该病的流行情况及特点,同时要根据本场的饲养规模、饲养方式、使用新城疫疫苗的种类,以及适用的免疫方法等。同时还应重视其他疫病对新城疫防治的影响,例如,鸡传染性法氏囊病、鸡马立克氏病、鸡白痢病、鸡慢性呼吸道病等。免疫程序不能千篇一律,也绝不能一成不变,更不能照搬其他场的免疫程序,在制定免疫程序时,应以对鸡群免疫状态与抗体水平的监测为基础。至于抗体效价平均值在多少范围内免疫最合适,应根据具体情况决定。在安全地区,HI 抗体的滴度 $\log_2$ 平均值在 $3\sim4$ 之间进行免疫;在不安全地区,HI 抗体的滴度 $\log_2$ 平均值在 $4\sim5$ 之间即可免疫。有条件的鸡场最好根据抗体血凝抑制效价监测结果来确定免疫的最适时间,首免时间可根据如下公式进行推算:雏鸡出壳后,抽检 0.5% 雏鸡的血凝抑制抗体效价,并求其对数平均值,然后计算首免时间。首免日龄 $=4.5\times$(1 日龄血凝抑制抗体对数值 -4)$+5$。平时应待抗体效价降到 $1:16\sim1:32$ 以下时进行免疫。免疫后 $10\sim14$ 天抽检,抗体效价比免疫

前提高两个滴度方可以认为免疫成功,否则应重新免疫。

没有监测条件的鸡场可参照以下免疫程序进行。

鸡出壳后 7～10 日龄用Ⅱ(B₁)系、Ⅳ(L)系或 Clone-30 疫苗点眼或滴鼻进行首免;二免最好在首免后 15 天进行,疫苗同上,可用饮水免疫。三免与二免之间的间隔时间以不超过 25 天为宜。四免的时间要根据监测结果及饲养期而定。如果饲养规模较小,或处在新城疫严重污染或受威胁地区内,应在二免后根据抗体效价选择免疫时机,采用中等毒力疫苗(即Ⅰ系苗)进行注射免疫,也可以考虑用灭活苗和弱毒结合使用。

(2)治疗 鸡群发病后,无特异治疗方法,应采取紧急免疫的措施。可视鸡的日龄大小,分别用Ⅳ或 Clone-30 系疫苗加倍量饮水,Ⅰ系苗肌内注射。

2. 禽流感

禽流感又称真性鸡瘟、欧洲鸡瘟,是 A 型流感病毒引起的一种烈性传染病。本病一旦传入鸡群,会造成巨大的经济损失。

【流行特点】

各种家禽和野禽均可感染,其中鸡和火鸡最易感,鸭、鹅和鸽子则感染较少,但可成为带毒者。

本病可经消化道、呼吸道、损伤的皮肤和眼黏膜等多种途径传播感染,野鸟特别是迁徙的水鸟在本病的传播上起重要作用。

本病易与大肠杆菌等细菌病混合感染。

【症状和病变】

病鸡精神沉郁,食欲减退,消瘦,有时出现呼吸道症状,如咳嗽、打喷嚏、啰音、流泪等。病鸡眼睑、头部浮肿,肉冠、肉垂肿胀、出血、发紫、坏死,脚部出现蓝紫色血斑,有时出现头颈抽搐或向后扭转的神经症状。

产蛋鸡群产蛋率下降,蛋壳粗糙,软壳蛋、褪色蛋增多。

机体脱水、发绀。气管充血,有黏性分泌物。内脏浆膜黏膜、冠状脂肪、腹部脂肪有点状出血。腺胃乳头溃疡出血,肌胃内膜易剥落,皱褶处有出血斑。肠道广泛性出血和溃疡,充满脓性分泌物。肝脏、脾脏肿大出血,肾肿大。法氏囊水肿呈黄色,气囊有干酪样分泌物。

产蛋鸡腹腔内卵黄破裂,卵泡变形。充血、萎缩,输卵管内有白色黏稠分泌物。

【防治措施】

该病属法定的畜禽一类传染病,危害极大,故一旦暴发,确诊后应坚决彻底销毁疫点的禽只及有关物品,执行严格的封锁、隔离、消毒和无害化处理措施。当怀疑该病时,应迅速报告当地兽医部门,并采取严格的控制措施。平时应加强鸡场的防疫管理,鸡场门口要设消毒池,谢绝参观,严禁外人进入鸡场,工作人员出入要更换消毒过的胶靴、工作服、用具、器材,车辆要定时消毒。粪便、垫料及各种污物要集中作无害化处理;消灭鸡场的蝇蛆、老鼠、野鸟等各种传播媒介。建立严格的检疫制度,种蛋、雏鸡等产品的调入,要经过兽医检疫;新进的雏鸡应隔离饲养一个时期,确定无病者方可入群饲养;严禁从疫区或可疑地区引进鸡苗或禽制品。加强饲养管理,避免寒冷、长途运输、拥挤、通风不良等因素的影响,增强鸡的抵抗力。

由于该病病毒易于发生变异及各血清型毒株间缺乏交叉免疫性,因此,目前尚无特效的疫苗来预防本病。本病毒具有多样性抗原,必要时可使用当地流行的毒株制备的灭活苗进行免疫接种,建立免疫隔离带。对禽流感目前没有特异的治疗方法,在发病的早期可用金刚烷胺、阿司匹林、抗菌素、中药联合治疗有一定的效果。

3. 鸡传染性法氏囊病

传染性法氏囊病是青年鸡的一种急性、接触性传染病。其病原体为双股 RNA 病毒。临诊表现为发病突然,呈尖峰式发病。本病病毒主要侵害鸡的体液免疫中枢器官——法氏囊,使病鸡法氏囊的淋巴细胞受到破坏,不能产生免疫球蛋白,导致免疫机能障碍(免疫不全或免疫抑制),使疫苗接种后达不到预期效果,由于免疫机能降低,还容易感染鸡的其他疾病。

【流行特点】

本病以 3～8 周雏鸡最易感,成鸡和 2 周以下雏鸡很少感染发病。本病发生无季节性,以 4～7 月份流行较为严重。

本病具有高度接触传染性,可在感染鸡和易感鸡群之间迅速传播。病鸡是本病主要传染源。病鸡的粪便中含有大量病毒,可通过直接接触病鸡或接触污染了病毒的饲料、饮水、垫料、尘埃、用具、人员等,经消化道和呼吸道及眼结膜传播。

本病潜伏期很短,为 1～5 天,感染后 2～3 天出现临床症状。病程常为一过性,发病后 3～4 天达死亡高峰,后渐减少,8～9 天即可停息,死亡率为 5％～30％,有继发感染或并发感染时死亡率更高。

【症状和病变】

发病突然,精神不振,采食减少,翅膀下垂,羽毛蓬乱无光泽,怕冷,在热源处扎堆,或在墙角呆立,呈衰弱状态。

病初,可见有的病鸡啄自己泄殖腔。排黄色稀粪,后出现白色水样粪便,泄殖腔周围羽毛被粪便污染。急性者出现症状后1～2天内死亡。病鸡脱水严重,趾爪干瘪,眼窝凹陷,拒食、羞明震颤,衰竭死亡。发病1周后,病死鸡数明显减少,鸡群迅速康复。

病死鸡脱水,胸肌腿肌有条状或斑状出血。腺胃尤其是腺胃和肌胃交界处有溃疡和出血点或出血斑。盲肠淋巴结肿大,并有出血点。肾脏肿大,苍白。输尿管扩张。常见尿酸盐沉积。

法氏囊肿大到正常的2倍或以上,水肿。严重者出血如紫葡萄状,内褶肿胀、出血,内有大量果酱样黏液或黄色干酪样物。一般感染初期法氏囊肿大,后期则开始萎缩,10天以后只有正常体积的1/5～1/3。

【防治措施】

(1)预防:传染性法氏囊病的发生主要是通过接触感染,所以平时应加强卫生管理,定期消毒。免疫接种是控制传染性法氏囊病的主要方法,特别是种鸡群的免疫,以提高雏鸡母源抗体水平,防止雏鸡早期感染。目前使用的疫苗有两类,活毒疫苗和灭活笛,活毒疫苗中又分为弱毒苗和中毒苗。由于母源抗体水平,当地污染情况,鸡场性质,饲养管理方式不同,因此,在生产实践中,应根据本场情况综合考虑,选择适宜的疫苗和可行的免疫程序。在生产中可参考以下接种方案:

①种鸡2～3周龄弱毒疫苗饮水,4～5周龄中等毒力疫苗饮水,开产前油佐剂灭活疫苗肌内注射。

②商品鸡如果种鸡在开产前和40周龄,注射过传染性法氏

囊油乳剂灭活苗两次。商品鸡一般在2周龄用弱毒苗免疫一次，4～5周龄时再次免疫。第二次免疫可选用弱毒力疫苗或中等毒力疫苗。如果种鸡免疫情况不详或没免疫，则商品鸡的免疫时间可适当提前到7日龄或根据抗体监测水平自行制定免疫程序。

(2)治疗：发现传染性法氏囊病后，可及时注射高免血清或高免卵黄抗体，每只鸡1～2毫升，并在饲料或饮水中添加肾肿解毒剂。为避免病鸡脱水衰竭死亡，可饮口服补液盐以补充体液。由于法氏囊是一个免疫器官，患传染性法氏囊病后，使机体的免疫功能下降，抵抗力降低，这时鸡易患球虫病、大肠杆菌病等。所以，除加强消毒外，饲料中应添加适量抗生素防止继发感染。

4. 鸡马立克氏病

鸡马立克氏病是由疱疹病毒引起的鸡的一种高度传染性的肿瘤性疾病。

【流行特点】

本病主要感染鸡，野鸡、火鸡和鹌鹑等也可感染。1周龄内的雏鸡最易感，随日龄增长，易感性降低。1日龄雏鸡比10日龄以上的仔鸡易感性高出几百倍，比成鸡高出数千倍，各鸡群发病率高低不等，一般为5％～30％，严重的可达80％以上。

本病多发于2月龄以上的鸡，高峰日龄在100日龄左右。黄羽肉鸡比白羽肉鸡易感，某些地方鸡种易感性较高。

【症状和病变】

根据病变发生的主要部位和症状，可分为4种类型。

(1)神经型:常见侵害坐骨神经,一侧较轻,另一侧较重,形成一种特征性的"劈叉式"姿态,臂神经受侵害时,被侵一侧翅膀下垂,有的病鸡还表现头颈歪斜,嗉囊麻痹或扩张;有的病鸡双腿麻痹,脚趾弯曲,似维生素 B_2 缺乏的症状。解剖可见一侧或双侧神经肿胀变粗,一般受侵害的神经粗度是正常的 2～3 倍,神经纤维横纹消失,呈灰白色或黄白色。有的神经上有明显的结节。

(2)内脏型:此型较为多见。流行初期可出现急性病例,病鸡表现精神不振,食欲减退,羽毛松乱,粪便稀薄呈黄绿色,极度消瘦。解剖可见心、肝、脾、肾、肺等组织表面有大小不等、形状不一的单个或多个白色结节状肿瘤,肿瘤质地坚实,稍突出于脏器表面,较光滑,切面平整,呈油脂状。腺胃壁增厚,乳头融合肿胀,有出血或溃疡。肠壁增厚,形成局部性肿瘤。卵巢肿大,肉变,呈菜花状。一般不引起法氏囊肿瘤,但常见法氏囊萎缩。

(3)皮肤型:皮肤增厚,有结节或痂皮。毛囊呈肿瘤状,严重时呈疥癣样,多发生于大腿、颈、背等生长粗羽的部位。

(4)眼型:发生于一眼或双眼,视力丧失,虹膜褪色,瞳孔收缩,边缘不整齐,似锯齿状,严重时整个瞳孔只留下一个针头大的小孔。

【防治措施】

本病目前尚无有效的药物治疗,只有采取综合性的防疫措施,才能减少本病造成的损失。

(1)加强免疫预防:目前应用的主要是冻干疫苗和液氮疫苗。使用时注意:购买疫苗后应严格按说明书上的要求保存和运送。使用时要用相应的稀释液进行稀释,现用现配。有条件的地方可将稀释好的疫苗放置在冰浴中。疫苗一经稀释应在1小时内用完。

(2)防止马立克氏病野毒早期感染:雏鸡出壳时接种马立克氏病疫苗后,需要12～15天才能发挥充分的免疫作用。在此期间极易感染外界环境中的马立克氏病的野毒,致其免疫失败。因此,育雏室在进雏前应彻底清扫、用甲醛熏蒸消毒,并空舍2周以上。育雏前期,尤其是前2周内最好采取封闭式饲养,以防感染。

(3)疫苗选择在马立克氏病高发地区、环境污染严重的鸡场或怀疑有超强毒力的马立克氏病野毒存在时,可更换疫苗种类,选用双价苗或多价苗。

(4)加强饲养管理,减少应激鸡在饲养过程要防止饲养密度过大、饲料发霉变质、鸡舍通风不良、饲料营养水平差等应激发生,以增强其抗病能力。

(5)防止早期感染其他病原体:鸡在饲养过程要防止早期感染如传染性腔上囊病毒、网状内皮组织增生症病毒、鸡传染性贫血病毒、鸡白痢、沙门氏杆菌等其他病原体,因为这些病原体均可干扰马立克氏病疫苗的免疫作用。

5. 鸡传染性支气管炎

鸡传染性支气管炎是由冠状病毒引起的鸡的一种急性、高度传染性呼吸道传染病。

【流行特点】

本病只感染鸡,各种日龄均可感染,但以2～20日龄雏鸡最严重,肾型传染性支气管炎主要引起雏鸡发病,产蛋鸡变异传染性支气管炎主要引起产蛋鸡发病。

本病在鸡群中传播迅速,几乎在同一时间内有接触史的易感鸡都可感染,在鸡群中流行过程为 2～3 周。仔鸡病死率为 5%～30%,成年鸡感染后极少死亡。

本病传染源主要是病鸡和康复的带毒鸡。传播途径主要是通过飞沫经空气由呼吸道感染,也可通过饲料、饮水、尿液等经消化道感染。本病一年四季均可发生,但以气候寒冷季节多发。

本病的发生流行与应激因素有密切的关系。如接种疫苗,鸡舍过冷、过热、拥挤、通风不良,以及维生素、矿物质和其他营养供应不足等。

【症状和病变】

雏鸡伸颈张嘴呼吸,有啰音或喘息音,打喷嚏和流鼻液,有时伴有流泪和面部水肿。出现呼吸症状 2～3 天后精神不振,食欲下降,常聚热源处,翅膀下垂,羽毛逆立。

雏鸡发生肾型传染性支气管炎时。大群精神较好,表现典型双相性临床症状,即发病初期有 2～4 天轻微呼吸道症状,随后呼吸道症状消失,出现表面上的"康复",1 周左右进入急性肾病变阶段,出现零星死亡。病鸡羽毛逆立,精神萎靡,排米汤样白色粪便,鸡爪干瘪。

青年鸡发病时张口呼吸,咳嗽,发出"咯罗"声,为排出气管内黏液,频频甩头,发病 3～4 天后出现腹泻,粪便呈黄白色或绿色。

产蛋鸡发病后,除出现气管啰音、喘气、咳嗽、打喷嚏等症状外,突出表现是产蛋量显著下降,并产软壳蛋、畸形蛋、褪色蛋,蛋壳粗糙,蛋清稀薄如水。

气管、支气管、鼻道和窦腔内有浆液性、卡他性或干酪性的渗出物,气管黏膜肥厚,呈灰白色。

产蛋鸡的腹腔内可见到液状卵黄物质,输卵管子宫部水肿,内有干酪样分泌物。雏鸡病愈后有的输卵管发育受阻。变细、变短或呈囊状,失去正常功能,致使性成熟后不能正常产蛋。

发生肾型传染性支气管炎时,机体严重脱水,肾脏肿大,褪色。肾小管和输尿管内充满白色的尿酸盐,肾脏呈斑驳状花肾。

【防治措施】

(1)预防

①加强饲养管理,降低饲养密度,避免鸡群拥挤,注意温度变化,避免过冷、过热。加强通风,防止有害气体刺激呼吸道。合理配比饲料,防止维生素尤其是维生素 A 的缺乏,以增强机体的抵抗力。

②适时接种疫苗。预防本病所用的疫苗有传染性支气管炎弱毒苗 H_{120}、H_{52} 和 28/86(肾型)。首免可在 3 日龄用传染性支气管炎 H_{120}—28/86 二价苗滴鼻免疫;二免可在 20～30 日龄用传染性支气管炎 H_{120} 弱毒疫苗饮水免疫。种鸡,在肉用鸡免疫的基础上,开产前再用灭活苗肌内注射免疫一次。

(2)治疗:本病目前尚无特异性治疗方法,改善饲养管理条件,降低鸡群密度,饲料或饮水中添加抗生素等对防止继发感染,具有一定的作用。对肾型传染性支气管炎,发病后应降低饲料中蛋白的含量,并注意补充电解质,同时用 0.1%～0.2% 肾肿解毒药饮水。

6. 产蛋下降综合征

产蛋下降综合征(EDS-76)是一种由禽腺病毒引起的鸡以产蛋下降为特征的传染病,其主要表现为鸡群产蛋突然下降,软壳蛋、畸形蛋增加,蛋质低劣。

1976年本病首次报道于荷兰,随后世界上许多国家均有本病的报道,我国在1991年分离到病毒,证实有本病存在。近年来,它对养禽业造成巨大的经济损失,引起高度的关注。

【流行特点】

本病除鸡易感外,自然宿主为鸭和鹅,但鸭和鹅均不表现临床症状。各种品系的鸡均对本病易感,鸡的品种不同对EDS-76病毒易感性有差异,产褐色蛋母鸡最易感。不同年龄的鸡都可感染本病,母鸡只有在产蛋高峰期表现明显。

本病传播方式主要是经受精卵垂直传播。水平传播也是很重要的方式,病鸡的输卵管、泄殖腔、粪便、肠内容物都可向外排毒,传播给易感鸡。

鸡感染EDS-76病毒的特征是,当病毒侵入鸡体后,在性成熟前对鸡不表现致病性,在产蛋初期由于应激反应,致使病毒活化而使产蛋鸡发病。

【症状和病变】

感染鸡主要表现为突然性群体产蛋下降,比正常下降20%~38%,甚至达50%。软壳蛋、畸形蛋增加,蛋质低劣,占15%以上。对受精率和孵化率没有影响,病程一般可持续4~10周。

本病无明显病变,仅现卵巢变小,萎缩。子宫和输卵管黏膜出血和卡他性炎症。

【防治措施】

(1)预防:杜绝 EDS-76 病毒传入,所以应从非疫区鸡群中引种,引进种鸡应严格隔离饲养,产蛋后经 HI 试验检测,确认 HI 抗体阴性者,才能留作种鸡用。要严格执行兽医卫生措施,加强鸡场和孵化室消毒工作。

免疫接种是防制本病的主要措施。油佐剂灭活苗对鸡免疫接种起到较好的效果。ND+EDS-76 二联油苗,或 ND+EDS-76+IB 三联油苗,对本病有良好保护力。

(2)治疗:对本病尚无有效的治疗方法。发病时,应加强饲养和管理,同时服用抗菌药物,防止继发感染。

7. 鸡痘

鸡痘是由痘病毒引起的一种急性、接触性传染病。

【流行特点】

本病主要发生于鸡和火鸡,鸽子有时也发生。各种日龄的鸡均可感染,但以雏鸡和青年鸡较多见,特别是雏鸡可引起较高死亡率。

病鸡脱落和碎散的痘痂是传播病毒的主要污染物。本病主要通过皮肤或黏膜的伤口感染,也可通过带毒的库蠓、蚊、蝇和其他吸血昆虫的叮咬而感染,这是夏秋季节易流行的重要原因。一般来讲,夏秋季多发皮肤型鸡痘,冬季则以黏膜型鸡痘为主。

鸡群过分拥挤,鸡舍阴暗潮湿,营养缺乏,寄生虫病及并发或继发其他疾病时,均能加重病情。

【症状和病变】

本病潜伏期为 4~8 天,分为皮肤型、黏膜型和混合型。

①皮肤型:痘斑主要发生在鸡体无毛或毛稀少的部位,特别是鸡冠、肉垂、眼睑、喙角和趾部等处。常在感染后5～6天出现灰白色小丘疹,过3～5天出现明显的痘斑,再过10天左右,痂皮脱落。破溃的皮肤易感染葡萄球菌,使病情加重。

②黏膜型:痘斑常发生于口腔、咽喉和气管,初呈圆形黄色斑点,逐渐扩散成为大片假膜,随后变厚成棕色痂块,不易剥离,常引起呼吸、吞咽困难,甚至窒息而死。病鸡表现精神萎顿,食欲减退,张口呼吸,常发出"嘎嘎"的声音。

③混合型:为以上两种症状同时发生。病情较为严重,死亡率较高。

【防治措施】

(1)预防鸡痘的预防,除了加强鸡群的卫生、管理等一般预防措施之外,可靠的办法是接种疫苗。目前应用的疫苗为鸡痘鹌鹑化弱毒疫苗:在鸡翅内侧无血管处皮下刺种1～2针。1月龄以内的雏鸡刺一针,2月龄以上的鸡刺两针,刺种后3～4天,刺种部位出现红肿、水泡及结痂,2～3周痂块脱落,免疫期5个月。凡刺种或毛囊法接种的鸡,应于接种后7～10天进行抽查,检查局部是否结痂或毛囊是否肿胀。如局部有反应,表示疫苗接种成功,如无这些变化应予补种。

(2)治疗:目前尚无特效治疗药物,主要采用对症疗法,以减轻病鸡的症状和防止并发症。皮肤上的痘痂,一般不作治疗,必要时可用清洁镊子小心剥离,伤口涂碘酒、红汞或紫药水。对白喉型坞痘,用镊子剥掉u腔黏膜的假膜,用1%高锰酸钾洗后,再用碘甘油或氯霉素涂擦。病鸡眼部如果发生肿胀,眼球尚未发生损坏,可将眼部蓄积的干酪样物排出,然后用2%硼酸溶液或 1％高锰酸钾冲洗干净,再滴入 5％蛋白银溶液。剥下的假膜、痘痂或十酪样物都应烧掉,严禁乱丢,以防散毒。

8. 鸡脑脊髓炎

鸡脑脊髓炎是由小 RNA 病毒引起的主要侵害雏鸡中枢神经系统的一种传染病。

【流行特点】

本病各日龄鸡均可发生,1～4 周内雏鸡多发,且表现出典型症状,6 周龄后鸡感染后一般不表现临床症状。

本病可通过种蛋垂直传播。在孵化过程中,病雏鸡在孵化器内可传染给健康雏鸡。本病也可通过接触污染的饲料、饮水、用具等做水平传播。

【症状和病变】

病鸡精神不振,随后出现共济失调,头颈振颤,步态异常。有时扑打翅膀,以跗关节和胫关节着地行走,严重者则侧卧瘫痪在地。病鸡仍保持正常的饮食欲,只因病鸡完全麻痹后,无法饮食及互相踩踏而死亡。

病鸡耐过后,生长发育迟缓,出现一侧或两侧眼球的晶状体混浊或褪色,内有絮状物,瞳孔光反射弱,眼球增大失明。

产蛋鸡感染后,采食、饮水、死淘率无明显变化,只表现为产蛋率下降,蛋重变小,蛋壳颜色、蛋壳厚度等均无异常,1 周左右开始回升,产蛋曲线呈“V”字形。

一般剖检无明显病变,仅能见到脑部轻度充血,少数鸡肌胃层中散在有灰白区。成年鸡发病无上述变化。

【防治措施】

本病尚无有效的治疗方法。一般来说,应将发病鸡群扑杀并作无害化处理。如有特殊需要,也可将病鸡隔离,给予舒适的环境,提供充足的饮水和饲料,避免尚能走动的鸡践踏病鸡等。

预防上可采取一般的对待传染病的卫生防疫措施,同时对鸡群接种疫苗。目前有两类疫苗可供选择,一类是致弱了的活病毒疫苗,可经饮水、口服或点眼滴鼻免疫;另一类是灭活的油剂苗,一般在种鸡开产前的 1 个月经肌内注射接种。由于鸡传染性脑脊髓炎主要危害 3 周龄内的雏鸡,所以主要应对种鸡群进行免疫接种,较合适的免疫接种应安排在 10～12 周龄,经饮水或滴鼻、点眼接种弱毒苗,在开产前 1 个月接种一次油乳剂灭活苗。

9. 鸡白痢

鸡白痢是由鸡白痢沙门氏菌引起的雏鸡的一种急性、败血性传染病。

【流行特点】

本病主要发生于鸡,各种日龄的鸡都能感染,2 周龄内主要呈急性败血症;20～45 日龄鸡呈亚急性;成年鸡多为慢性或隐性感染。褐羽鸡种比白羽鸡种敏感。公鸡发病率低于母鸡。

本病传播途径主要有以下几个方面:一是经带菌蛋垂直传播;二是孵化器内感染,由于带菌种蛋出雏之后,雏鸡的胎粪、绒毛、蛋壳等都含有大量鸡白痢沙门氏菌,其他雏鸡可通过呼吸道或消化道被感染;三是水平感染,即病鸡及带菌鸡的排泄物含有大量病菌,由污染的饲料、饮水、用具等经消化道传染给其他健康鸡,通过呼吸道、眼结膜、交配等途径也可感染。

鸡群过度拥挤、潮湿、育雏舍温度过高或过低、通风不良、长途运输、饲料品质不好等,都可诱发和加重本病的流行。

【症状和病变】

带菌蛋在孵化期出现死胚或弱雏,雏鸡出壳后即可发病,孵化器内或出生时感染的雏鸡在2～7日龄开始发病并出现死亡,10日龄左右达死亡高峰,20日龄后,发病鸡迅速减少。

雏鸡表现为精神萎靡,食欲废绝,羽毛逆立,两翅下垂,缩颈闭目,怕冷,常靠近热源或堆挤在一起。排白色糊状粪便,常粘在肛门周围的羽毛上,堵塞肛门,致使不能排粪,病雏"吱吱"叫,焦急不安。急性病例不发生下痢就可死亡。成年鸡感染常无临床症状,产蛋率与受精率下降,有极少数鸡表现精神委顿,排稀粪,出现"垂腹"现象。

出壳后5天内死亡的雏鸡,病变不明显,只见肝肿大、发黄,脾肿大、卵黄吸收不良。病程稍长的鸡可见嗉囊空虚,肝、脾肿大,肝脏呈黄色,表面有少量针尖大小的坏死灶。心肌和肺表面有灰白色增生结节。盲肠膨大,有干酪样栓子。

成年母鸡主要表现为卵泡萎缩、变形、变色,有腹膜炎。成年公鸡睾丸萎缩,输精管管腔增大,充满稠密渗出物。

【防治措施】

(1)预防本病应从多个方面采取综合性的预防措施。

①检疫净化鸡群:鸡白痢沙门氏菌主要通过种蛋传递。因此种鸡应严格剔除带菌者,可通过血清学试验,检出阳性反应者。首次检查可在阳性出现率最高的60～70日龄进行,第二次检查可在16周龄时进行,以后每隔1个月一次,发现阳性鸡及

时淘汰,直至全群的阳性检出率不超过 0.5% 为止。

②严格消毒:孵化场要对种蛋、孵化器和其他用具进行严格消毒。种蛋最好在产蛋后 2 小时就进行熏蒸消毒,防止蛋壳表面的细菌侵入蛋内。雏鸡出壳后再进行一次低浓度的甲醛熏蒸。育雏舍、育成舍和蛋鸡舍做好地面、用具、饲槽、笼具、饮水器等的清洁消毒,定期对鸡群进行带鸡消毒。

③加强雏鸡的饲养管理:在养鸡生产中,育雏始终是关键,饲养应十分细心,温度、湿度、通风、光照应严格控制。雏鸡应给予碎粒饲料,并少喂勤添,以最大限度地减少鸡白痢沙门氏菌经污染的饲料传入鸡群的可能性。密切注意鸡群动态,发现糊肛鸡应及时隔离或淘汰。

④及时投药预防:在鸡白痢沙门氏菌流行的地区,雏鸡出壳后可饮用 2%～5% 乳糖或 5% 的红糖水,效果较好,或在饲料中添加抗生素。

(2)治疗:呋喃类、磺胺类及其他抗生素对本病都有效果,用药物治疗急性病例,可以减少雏鸡的死亡,但痊愈后仍能带菌。

发病时可在饲料中加入金霉素或土霉素,按 0.1% 的量拌料中连用 5～7 天;复方磺胺-5-甲氧嘧啶按 0.03% 拌料,连用 5～7 天;氟哌酸或环丙沙星按 50 毫克/升饮水,连用 3～5 天。此外也可用庆大霉素、新霉素等拌料或饮水。

上述药物在使用时要注意交替用药,以免沙门氏菌形成耐药性。

近年来微生态制剂广泛应用于养鸡生产中,它具有安全、无毒、不产生不良反应、细菌不产生耐药性、无残留等优点。常用的有促菌生、调痢生、抗痢宝、8501(SA38 菌株制成的活菌粉剂)、乳酸菌等。在使用微生态制剂的同时以及前后 4～5 天应禁止使用抗菌药物。

雏鸡发病后,在使用上述药物的同时,在饲养管理上应高温育雏,延长脱温的时间,以促进卵黄的吸收和脐孔的愈合。

10. 大肠杆菌病

大肠杆菌病是由致病性大肠埃希氏杆菌引起的一种传染病。该病的血清型较多,临床表现复杂多样。该病为条件性传染病,多继发或并发于其他疾病。

【流行特点】

本病的传播途径主要有 3 种:一是产蛋母鸡带菌,垂直传播给下一代;二是种蛋本身不带菌,但蛋壳表面被细菌污染,未能及时消毒,在保存期或孵化期侵入蛋内部;三是接触被大肠杆菌污染的饲料、饮水、垫料、空气等,通过消化道、呼吸道、脐带、皮肤创伤等途径感染。

各种日龄的鸡都能发生本病,但以 4 月龄以内的鸡易感性较高。鸡大肠杆菌病可以单独感染,但更多的是继发感染,常与慢性呼吸道疾病、沙门氏菌病、腹水症、法氏囊病、新城疫等并发或继发。

大肠杆菌属条件性病原微生物,饲养密度大、鸡舍通风不良、卫生条件差、过冷过热、营养不良、其他传染病的感染等,都可诱发本病。疫苗滴鼻、点眼免疫时常诱发大肠杆菌眼炎。

本病冬春寒冷时和气温多变季节易发。

【症状和病变】

①大肠杆菌性败血症:6～10 周龄肉鸡多发,病死率在 5%～

20％。特征性病理变化是纤维素状心包炎，心包膜肥厚、混浊，心包积液。肝脏明显肿胀，表面有白色胶胨样包膜或纤维素性渗出物，肝有白色坏死点或坏死斑。脾脏充血、肿胀。气囊混浊，肥厚。

②出血性肠炎：病鸡主要表现下痢，并带有血液。剖检可见肠黏膜出血和溃疡，一般呈散发，致死率较高。

③大肠杆菌性肉芽肿：特征是在小肠、盲肠、肠系膜及肝等部位出现结节性肉芽肿病变，病死率较高。

④脐炎：主要发生在出壳初期。病雏脐孔红肿、开张，后腹部胀大，呈红色或青紫色，粪便黄白色、稀薄、腥臭，病雏委顿、废食，出壳最初几天死亡较多。剖检可见卵黄吸收不良，囊壁充血，内容物黄绿色。肝呈土黄色，肿胀，质脆，有斑状或点状出血。肠黏膜充血或出血。

⑤卵黄性腹膜炎：主要发生于产蛋鸡，一般呈散发。病鸡产蛋停止，鸡冠发紫，拉黄绿粪便，死亡的病鸡多体膘良好。剖检可见腹腔内布满蛋黄凝固的碎块或蛋黄液，味恶臭，肝褐色，有的病鸡输卵管内有黄白色干酪样物。

⑥全眼球炎：在发生大肠杆菌性败血症的同时，另有部分鸡眼睑肿胀、流泪、羞明、角膜混浊，眼球萎缩而失明。

【防治措施】

（1）加强卫生：大肠杆菌属是条件性致病菌引起的一种疾病，该病的发生与外界各种应激因素有关，防治的原则首先应该改善饲养环境条件，加强对鸡群的饲养管理，改善鸡舍的通风条件，认真落实鸡场卫生防疫措施，控制霉形体等呼吸道疾病的发生，加强种蛋的收集、存放和孵化的卫生消毒管理，做好常见病的预防工作,减少各种应激因素,避免诱发大肠杆菌病的流行与发生。特别是育雏期保持舍内的温度,防止空气及饮水的污染,定期进行鸡舍的带鸡消毒,在育雏期适当的在饲料中添加抗生素,有利于控制本病的暴发。如在雏鸡出壳后1～5日龄及4～6周龄时分别给予2个疗程的抗生素,可以起到有效的预防作用。

(2)免疫接种:采用本地区发病鸡群的多个菌株或本场分离菌株制成的大肠杆菌灭活苗有一定的预防效果。种鸡在开产前接种疫苗,在整个产蛋周期内大肠杆菌病明显减少,种蛋受精率、孵化率、健雏率有所提高,大大降低了雏鸡阶段本病的发生率。

(3)治疗:鸡群发生大肠杆菌病后,可以用药物进行治疗,但大肠杆菌对药物极易产生耐药性,因此,采用药物治疗时,最好进行药敏试验,且要注意交替用药。给药时间要早,早期投药可控制早期感染的病鸡,促使痊愈,同时可防止新发病例的出现。某些患病鸡,已发生各种实质性病理变化时,治疗效果极差。在生产中可交替选用以下药物:0.1％氟甲砜霉素拌料连用5～7天;0.03％复方磺胺-5-甲氧嘧啶拌料连用5～7天;环丙沙星或恩诺沙星、氧氟沙星50毫克/升饮水,连用3～5天。

11. 禽巴氏杆菌病

禽巴氏杆菌病,是由多杀性巴氏杆菌引起的禽的急性、致死性传染病。

【流行特点】
本病一年四季均可发生,但以春、秋两季发生较多。各种家禽和野禽均能感染,雏鸡对此病有一定的抵抗力,发病较少,育成鸡和成年鸡较易感。

病鸡的尸体、粪便、分泌物和被污染的饲料、饮水、用具等是本病主要传染源,某些昆虫也是本病的传染媒介。主要经消化道和呼吸道感染,也能经皮肤伤口或被带菌的吸血昆虫叮咬皮肤感染。

【症状和病变】

①最急性型:常见于本病流行初期或新疫区,多发生于个别体质肥壮、高产的母鸡,病程很短,突然死亡,看不到明显的症状和病变。

②急性型:较常见,多发生于流行中期。病鸡精神委顿,废食,离群呆立,体温升高,羽毛松乱。缩颈闭目,呼吸困难,常从鼻孔、嘴中流出黏液,冠和肉垂肿胀发紫。常有剧烈腹泻粪便呈黄绿色。剖检可见皮下组织和腹腔脂肪、肠系膜、浆膜、生殖器官等处有大小不等的出血斑点。整个肠道有充血、出血性炎症,尤以十二指肠最严重。肝肿大、质脆,表面散布着针尖大小的灰黄色或灰白色坏死点,有时有点状出血。心冠脂肪、心内膜有大小不等的出血点。产蛋鸡卵泡严重充血、出血、变形,呈半煮熟状。

③慢性病例:常见于流行后期或老疫区,也可由急性转变而来。病鸡表现精神沉郁,食欲减退,冠和肉垂苍白肿大,眶下窦、关节肿胀,跛行,部分鸡出现耳部或头部病变,引起歪颈,有的发生持续性腹泻。病鸡日益消瘦,病程较长,关节肿大,变形,有炎性渗出物和干酪样坏死。带菌者生产性能长期不能恢复。

血液涂片或组织触片,用美蓝或瑞氏染色后油镜观察。可见两极浓染的巴氏杆菌。

【防治措施】

（1）预防

①免疫预防：在禽霍乱多发地区，可用禽霍乱灭活疫苗或弱毒苗进行免疫预防。有条件的地方可试用自家组织灭活苗进行预防接种。

②管理措施：禽霍乱不能垂直传播，雏鸡在孵化场内没有感染的可能性，健康鸡的发病是在入舍后，接触病鸡或其污染物而感染的，因此，杜绝多杀性巴氏杆菌进入鸡舍，对防治鸡霍乱十分重要。鸡舍需经彻底的清洗消毒，然后才可以引进新鸡饲养。避免底细不清、来源不同的、不同日龄的鸡群混合饲养，也要避免一个场内或一个舍内鸡、鸭、鹅等不同禽类混养。尽可能地防止饲料、饮水或用具被污染。谢绝参观，非鸡舍人员不得进入鸡舍或场区，饲养员进入鸡舍时应更换衣服、鞋帽，并消毒。防止其他动物如猪、犬、猫、野鸟进入鸡舍或接近鸡群。一旦鸡群发生霍乱，要及时采取药物治疗和疫苗接种措施，以减少损失。

（2）治疗：多种药物对禽霍乱都有治疗作用，实际疗效在一定程度上取决于治疗是否及时和药物是否恰当，长期使用某一种药物还会产生耐药性，影响疗效，因此，应结合药敏试验来选择药物。对于产蛋鸡或即将产蛋的鸡，避免使用磺胺类药物，以免影响产蛋。一般连续用药不应少于 5 天，之后可改换另一种药物，以防止复发；以上疗程结束后，每隔 7～10 天或天气骤变时，应当用药 1～2 天，以防止复发。1 个月后可不再定期用药，但要注意鸡群动态，发现复发苗头应及时用药。常用的药物有以下几类（具体用药浓度按说明书去做）。

①抗生素：许多抗生素都可治疗本病，通常使用方便的抗生素，如金素素、土霉素和按0.1%拌料喂给，连用3～5天，可收到满意的效果。群体较小时可使用青霉素、链霉素肌内注射，每千克体重每天各5万国际单位，连用3天。庆大霉素每千克体重每天1万国际单位。

②磺胺类药物：磺胺二甲基嘧啶拌料，剂量为0.1%～0.2%，连喂2～3天，疗效良好。

③喹乙醇、喹诺酮类：喹乙醇用量为30毫克/千克体重，拌料；每天1次，连用3～5天，需要再用一个疗程时，要停药2～3天；按饲料中添加0.003%浓度，有一定预防作用。氟哌酸拌料，用量为0.01%～0.02%，饮水用量为50毫克/升，连用3～5天；或用50毫克/升的环丙沙星或恩诺沙星饮水，连用3～5天。

12. 鸡霉形体病

鸡霉形体病是鸡的一种接触性、慢性呼吸道传染病。本病特征为上呼吸道及邻近窦黏膜的炎症，常蔓延至气囊、气管等部位。表现为咳嗽、流鼻液、气喘和呼吸啰音。本病发展缓慢，病程长，所以也称为慢性呼吸道病（CRD）。虽然本病死亡率不高，但因病程较长，影响肉鸡的发育，使产蛋鸡产蛋率下降，饲料报酬降低，胴体降级和治疗费用的增加，本病已成为养鸡业所付出的经济代价最高的疾病之一。

【流行特点】

各种日龄鸡都能感染，以4～8周龄雏鸡最易感，其病死率和生长抑制的程度都比成年鸡显著。本病一年四季均可发生，但以寒冷季节较为严重，在大群饲养的肉鸡群中更容易流行，而成年鸡多为隐性感染和散发。本病的传染源是病鸡和隐性带菌鸡。当传染源与易感的健康鸡接触时,病原体通过飞沫或尘埃经呼吸道吸入而传染,也可通过被污染的饲料、饮水和用具通过消化道传染。更值得注意的是本病可通过卵垂直传播给其下一代,通过卵垂直传播是本病难以消除的主要原因之一。此外,在公鸡的精液中和母鸡的输卵管中都发现有鸡毒霉形体存在,因此,自然交配和人工授精也有发生传染的可能。本病在鸡群中传播较慢,但在新发病的易感鸡群中传播较快。本病的发生及其严重程度与鸡群所处的环境因素密切相关。在本病发生时某些降低机体抵抗力的诱因都有促进作用,如环境卫生较差、密度过大、通风换气不良、有毒有害气体浓度过高、气雾免疫、滴鼻免疫、气候突变和寒冷时、断喙等均可促使本病的暴发和复发,加重病情,使死亡率上升,死亡率可达30%以上。

此外,在鸡毒霉形体感染时,各种病原体的并发和继发感染可使本病病情加重,其中主要有传染性支气管炎病毒、传染性喉气管炎病毒、新城疫病毒、致病性大肠杆菌、鸡嗜血杆菌、多杀性巴氏杆菌、葡萄球菌和多种霉菌等。在生产中大肠杆菌是鸡毒霉形体感染时最常并发或继发的一种病原微生物。

【症状和病变】

幼龄鸡表现为鼻孔中流出浆液性或黏液性鼻液,鼻孔周围被分泌物沾污,打喷嚏、甩鼻。当炎症蔓延至下呼吸道时,则表现咳嗽、气喘及气管内的呼吸啰音,夜间比白天听得更加清楚。病鸡生长停滞,食欲稍下降,精神不振,逐渐消瘦;继发鼻炎、窦炎和结膜炎时,鼻腔及眶下窦蓄积多量渗出物而出现颜面部肿胀,结膜发炎,流泪,眼睑红肿,眼部突出似"金鱼眼",一侧或两侧眼球受到压迫,造成萎缩和失明。成年鸡的症状与幼鸡相似,但症状较轻,死亡率很低。产蛋母鸡产蛋率下降,并维持在较低水平上,孵化率降低,弱雏增加。

剖检时主要肉眼病变为鼻腔、气管、支气管中含有多量黏稠的分泌物,气管黏膜增厚、变红。早期气囊轻度混浊,可见结节性病灶,随病程的延长,气囊增厚,有干酪样渗出物,气囊粘连,有时也能见到肺炎病变。鼻腔、眼下窦内蓄积多量黏液或干酪样物。结膜发炎的病例可见结膜红肿,眼球萎缩或破坏,结膜中能挤出灰黄色干酪样物质。严重病例常伴有心包膜炎、肝周炎、输卵管炎。

【防治措施】

(1)预防

①加强饲养管理:防止病、健鸡接触,降低饲养密度,注意通风,保持舍内空气新鲜,防止过热、过冷,定期清粪,防止氨气、硫化氢等有毒有害气体的刺激等,均是防治本病的重要管理环节。此外,坚持"全进全出"制,定期带鸡消毒,加强消毒防范,防止其他传染病的侵入而诱发或加重鸡毒霉形体感染的症状。在接种弱毒苗时,要注意鸡群健康状况,有本病感染的雏鸡群不能用气雾法,以防激发本病出现临床症状。

②防止垂直传播:一定要从确实无本病的种鸡场购买鸡苗,并在育雏的1~3天在饲料或饮水中添加适量的抗生素以防止垂直传播。

③免疫接种:生产中采用较多的是灭活苗,对7~15日龄雏鸡颈部皮下注射0.2毫升,成年鸡颈部皮下注射0.5毫升,平均预防效果在80%左右,注射灭活苗后15日开始产生免疫力,免

疫期约 5 个月。

（2）治疗：某些抗菌药物对本病有一定的疗效，特别是发病初期和临床症状轻微者效果更加明显，待病程进入中后期，器质性病变比较严重时往往疗效不佳。在治疗本病时可用恩诺沙星、环丙沙星、氧氟沙星、氟哌酸按 50 毫克/升饮水，效果良好。此外，泰乐菌素、北里霉素、强力霉素、链霉素、红霉素等均有不同程度的疗效，可根据情况选用。应用抗菌药物治疗，疗程不应少于 5～7 天，同时加强饲养管理，改善卫生条件，否则难以收到良好效果。

13. 鸡传染性鼻炎

鸡传染性鼻炎是由副鸡嗜血杆菌引起的鸡的一种急性呼吸道传染病。

【流行特点】

本病主要发生于鸡，各种日龄的鸡都能感染，但主要发生在育成鸡和产蛋鸡。

病鸡和隐性感染的鸡是本病的主要传染源。本病可通过含有病菌的飞沫及尘埃经呼吸道感染，也可通过被污染的饲料、饮水和用具经消化道感染。

本病常发生于秋冬季节，鸡群密度大、通风不良、鸡舍寒冷、潮湿、营养不良、有寄生虫病及其他疾病的感染都能加重病情，使病死率增高。

【症状和病变】

病鸡食欲减退，精神不振。特征症状为流鼻液，脸部水肿，流泪，公鸡肉垂肿胀。病的中后期，有呼吸困难、啰音、腹泻等症状。病愈仔鸡生长发育不良。

产蛋鸡感染后,产蛋率下降,体重下降,死亡率很低。

剖检可见鼻腔及眶下窦充满水样灰白色黏稠性分泌物或黄色干酪样物,黏膜发红、水肿。产蛋鸡卵泡变形、出血、易破裂,有时坠入腹腔引起腹膜炎。

【防治措施】

鸡场在平时应加强饲养管理,改善鸡舍通风条件,做好鸡舍内外的兽医卫生消毒工作,以及病毒性呼吸道疾病的防制工作,提高鸡只抵抗力对防治本病有重要意义。

鸡场内每栋鸡舍应做到全进全出,禁止不同日龄的鸡混养。清舍之后要彻底进行消毒,空舍一定时间后方可让新鸡群进入。

目前已有鸡传染性鼻炎油佐剂灭活苗,经实验和现场应用对本病流行严重地区的鸡群有较好的保护作用,根据本地区情况可自行选用。

副鸡嗜血杆菌对磺胺类药物非常敏感,是治疗本病的首选药物。一般用复方新诺明或磺胺增效剂与其他磺胺类药物合用,或用2～3种磺胺类药物组成的联磺制剂均能取得较明显效果。此外红霉素、强力霉素、庆大霉素、卡拉霉素等也是可选用的药物,其用法用量可参考大肠杆菌病等的治疗。

14. 鸡球虫病

鸡球虫病是由艾美尔科的各种球虫寄生于鸡的肠道引起的疾病,2月龄内雏鸡易感。病鸡表现为消瘦、贫血和血痢,轻度感染和耐过的鸡生长发育严重受阻,并降低对其他疾病的抵抗力。本病分布很广,对养鸡业危害十分严重。

【流行特点】

各种品种的鸡均有易感性,多发生于幼龄鸡,发病率和死亡率均很高。成年鸡对球虫也敏感,地面平养鸡易发生。

病鸡是主要传染源,污染的饲料、垫料、饮水、土壤或用具等均有卵囊存在,感染途径主要是鸡吃了感染性的卵囊。本病在温暖潮湿的季节易发生流行。鸡舍潮湿、通风不良、鸡群拥挤、维生素缺乏以及日粮营养不平衡等,都能促使本病的发生和流行。

【症状和病变】

①盲肠球虫:多见于1月龄左右幼鸡,病鸡表现为精神沉郁,食欲废绝,羽毛松乱,鸡冠及可视黏膜苍白,逐渐消瘦,贫血和腹泻,粪便中带有少量血液。剖检可见盲肠肿大,充满血液或血样凝块,盲肠黏膜增厚,有许多出血斑和坏死点。产蛋鸡可引起盲肠出血、肿大,有小球虫结节。

②小肠球虫:常见于2月龄左右幼鸡,主要侵害小肠中段,可引起出血性肠炎,病鸡表现为精神萎靡,排出大量的黏液样棕褐色粪便。耐过鸡营养不良,生长缓慢。剖检可见肠管呈暗红色肿胀,切开肠管可见充满血液或血样凝块,黏膜有大量出血点,与球虫增殖的白色小点相间,肠壁增厚、苍白、失去正常弹性。

③慢性球虫:常见于2～4月龄的青年鸡或成鸡,病鸡逐渐消瘦,贫血,间歇性下痢,产蛋量减少,病程长,死亡率较低,主要病变是肠道苍白、肠壁增厚、失去弹性。

【防治措施】

(1)加强饲养管理:保持鸡舍干燥、通风和鸡场卫生,定期清除粪便,堆积发酵以杀灭球虫卵囊。保持饲料、饮水清洁,笼具、料槽、水槽定期消毒,一般每周一次,可用沸水、热蒸汽或3%～5%热碱水等处理。用球杀灵和1:200的农乐溶液消毒鸡舍及运动场,均对球虫卵囊有强大杀灭作用。补充足够的维生素 K_3 和给予3～7倍推荐量的维生素 A 可加速鸡患球虫病后的康复。

(2)免疫预防:应用鸡胚传代致弱的虫株或早熟选育的致弱虫株给鸡免疫接种,可产生较好的预防效果。

(3)药物防治:目前防治鸡球虫病的药物种类繁多,但防治效果较为理想,应用较广泛的主要有:

①氯苯胍:预防按30～33毫克/千克浓度混饲,连用1～2个月;治疗按60～66毫克/千克混饲3～7天后,改预防量予以控制。

②氨丙啉:可混饲或饮水给药。混饲预防浓度为100～125毫克/千克,连用2～4周;治疗浓度为250毫克/千克,连用1～2周,然后减半,连用2～4周。应用本药期间,应控制每千克饲料中维生素 B_1 的含量以不超过10毫克为宜,以免降低药效。用加强氨丙啉预防,按66.5～133毫克/千克浓度混饲;治疗浓度加倍。

③莫能霉素:预防按80～125毫克/千克浓度,混饲连用。与盐霉素合用有累加作用。

④盐霉素(球虫粉,优素精):预防按60～70毫克/千克混饲连用。

⑤马杜拉霉素(抗球王、杜球、加福):预防按5毫克/千克浓度混饲连用。

⑥百球清:主要作治疗用药,按 25～30 毫克/千克浓度饮水,连用 2 天。

⑦磺胺类药:对治疗已发生感染的优于其他药物,故常用于球虫病的治疗。常用的磺胺药有:复方磺胺-5-甲氧嘧啶,治疗按 300 毫克/千克拌料,连用 5～7 天;磺胺二甲氧嘧啶,预防按 125～250 毫克/千克浓度混饲,连用 5～6 天,或连用 3 天,停药 2 天,再用 3 天;磺胺六甲氧嘧啶,混饲预防浓度为 100～200 毫克/千克;治疗按 1 000～2 000 毫克/千克浓度混饲,连用 4～7 天。

(4)使用抗球虫药应注意的问题

①早诊断,早用药:鸡球虫的致病阶段主要是裂殖增殖期,当粪便中检出卵囊确诊后才用药治疗,为时已晚,所以,防治球虫病最为有效的方法是做好药物预防;平时密切注意鸡群状况,一旦发现鸡球虫病先兆或出现病死鸡,应及时确诊,尽快用药,才能获得较好的防治效果。

②防止球虫产生耐药性:若长时间、低浓度单一使用某种抗球虫药,球虫很容易对该药产生耐药性,甚至会对与该药结构相似或作用机制相同的同类药物或其他药物产生交叉耐药性。因此,在养鸡实践中,应在短时间内有计划地交替、轮换使用不同种类的抗球虫药或联合用药,以防止或延缓球虫耐药虫株和耐药性的产生。

③合理选用药物:除考虑抗球虫药的安全性、抗球虫效果、抗虫谱和价格等因素外,应根据抗球虫药作用于球虫的发育阶段和作用峰期、鸡的用途和用药目的合理选用适宜的抗球虫药。

15. 住白细胞虫病

鸡住白细胞虫病是由住白细胞虫寄生于鸡的红细胞和单核细胞而引起的鸡的贫血性疾病。我国常见的是卡氏住白细胞虫病。该病常发生于夏秋季节,主要由库蠓叮咬而传播。

【流行特点】

本病的发生有明显季节性,南方常在 4～10 月份发生流行;北方常在 6～9 月份发生流行。雏鸡发病率和死亡率高,成年鸡发病后,死亡率较低。

住白细胞虫的发育需要库蠓参加才能完成,它的发育共分 3 个阶段:裂殖发育、配子发育、孢子发育。第一阶段一部分和第三阶段是在库蠓体内进行的,发育成熟的孢子通过库蠓叮咬传染给鸡,造成流行发病。

【症状和病变】

病鸡精神沉郁,食欲减退,贫血,肉冠苍白,下痢,粪便呈黄绿色,脚软或轻瘫。部分病鸡口流鲜血。

成年母鸡产蛋率下降,时间可长达 1 个月。

剖检死亡病鸡可见尸体消瘦,冠白,血液稀薄,肝、脾肿大、出血,肺、肾等内脏器官出血,胸肌、腿肌有出血点或出血斑。

病鸡心外膜、腹膜、胸和腿部肌肉及肝、脾等表面,有针尖至粟粒大小的与周围组织有明显分界的灰黄色小结节,把它挑出、压片、染色镜检,可见裂殖体和裂殖子。

【防治措施】

消灭吸血昆虫库蠓是预防本病的主要环节。库蠓多在流行季节的清晨及晚间飞入鸡舍吸血,可用 0.2% 除虫菊酯煤油溶液或 0.005％溴氰菊酯喷洒鸡舍和周围环境,隔 10～15 天再用一次,可杀灭库螨,杜绝病原侵入。可选用的预防及治疗药物有:

泰灭净:治疗以 0.1 克/千克浓度均匀拌入饲料中,喂服 14 天。

磺胺二甲氧嘧啶:预防时,以 0.2％浓度拌饲料,连用 3 天;或以 0.1％～0.2％配比均匀混入饮水中,连用 3 天。治疗时,先以 0.5％浓度拌料喂服 2～3 天,再按 0.3％比例拌料喂服2～3 天。

16. 禽曲霉菌病

禽曲霉菌病是鸡的一种真菌性疾病。引起禽曲霉菌病的主要病原为烟曲霉和黄曲霉。本病的特征是呼吸道发生炎症和形成小结节,故又称为霉菌性肺炎。本病主要发生于幼鸡,呈急性群发性暴发,发病率和死亡率都较高。

【流行特点】

曲霉菌及他们所产生的孢子在自然界中分布广泛,鸡常通过接触发霉的饲料、垫料、用具而感染。各种日龄鸡都有易感性,以幼雏的易感性最高,常为群发性和呈急性经过,成年鸡仅为散发。出壳后的幼雏进入被霉菌严重污染的育雏室或装入被污染的笼具,2～3 天后即可开始发病和死亡。4～12 日龄是本病流行的高峰,以后逐渐减少,至 3～4 周龄时基本停止死亡。污染的垫草、木屑、土壤、空气、饲料是引起本病流行的传染媒介,雏鸡通过呼吸道和消化道而感染发病,也可通过外伤感染而引起全身曲霉菌病。育雏阶段的饲养管理及卫生条件不良是引起本病暴发的主要诱因。育雏室内日夜温度差大,通风换气不良,密度过大,阴暗潮湿以及营养不良等因素,都能促使本病的发生和流行。另外,在孵化过程中,孵化器污染严重时,在孵化时霉菌可穿过蛋壳而使胚胎感染,刚孵出的幼雏不久便可出现症状。

【症状和病变】

雏鸡开始减食和不食,不愿走动,翅膀下垂,羽毛松乱,嗜睡,对外界反应淡漠。接着出现呼吸困难、气喘、呼吸次数增加等症状,但与其他呼吸道疾病不同,一般不发出明显的咯咯声,病雏头颈伸直,张口呼吸,眼、鼻流液,渴欲增加,迅速消瘦,体温下降,后期腹泻,若食道黏膜受侵害,出现吞咽困难。病程一般在 1 周左右,发病后如不及时采取措施,死亡率可达 50％以上。

有些雏鸡可发生曲霉菌性眼炎,通常是一侧眼的瞬膜下形成一黄色干酪样小球,致使眼睑鼓起,有些鸡还可在角膜中央形成溃疡。

肺部病变最为常见,肺、气囊和胸腔浆膜上有针头大至米粒或绿豆粒大小的结节。结节呈灰白色、黄白色或淡黄色,圆盘状,中间稍凹陷,切开时内容物呈干酪样,有的互相融合成大的团块。肺脏上有多个结节时,可使肺组织质地坚硬,弹性消失。严重者,在病雏的肺、气囊或腹腔浆膜上有肉眼可见的成团的霉菌斑或近似于圆形的结节。病鸡的鸣管中可能有干酪样渗出物和菌丝体,有时还有黏液或胶胨样渗出物。

【防治措施】

(1)加强饲养管理,搞好鸡舍卫生,注意通风,保持鸡舍干燥,经常检查垫料,不喂霉变饲料,降低饲养密度,防止过分拥挤。这些是预防曲霉菌病发生的最基本措施。当饲料中的水分超过 13％～14％或环境相对湿度超过 80％～85％时,霉菌易于生长,且当温度超过 25℃时霉菌生长加快。

(2)在饲料中添加防霉剂是预防本病发生的一种有效措施。

(3)鸡舍垫料霉变,要及时发现,彻底更换,并进行鸡舍消毒,可用甲醛熏蒸消毒或 0.4%过氧乙酸或 5%石炭酸喷雾后密闭数小时,通风后使用。停止饲喂霉变饲料,霉变严重的要废弃,并进行焚烧。

(4)治疗制霉菌素对本病有一定疗效,其用量:成鸡 15～20毫克,雏鸡 3～5 毫克,混于饲料中连用 3～5 天。克霉唑对本病治疗效果也较好,其用量为每 100 只雏鸡用 1 克,混饲投药,连用 3～5 天;也可用 1:2 000～1:3 000 的硫酸铜溶液饮水,连用 2～3 天;或在 1 千克水中加入 5～10 克碘化钾,连续 3～4 天。

17. 恶食癖

鸡恶食癖包括啄肛、啄羽、啄趾、啄蛋等异常行为表现,其中以啄肛的危害最严重,常将肛门周围及泄殖腔啄得血肉模糊,甚至将肠道啄出吞食,造成被啄鸡的死亡。在肉鸡中这种恶食癖尤为严重,常造成严重的经济损失。

【流行特点】

构成恶食癖的原因很复杂,主要是因为管理不善、营养不平衡和其他方面的缺陷而发生的。现将各种因素分述如下:

(1)饲养密度过大,鸡群活动空间太小,缺乏觅食和活动条件,鸡群易发生烦躁不安的情绪,这种条件下很容易发生啄癖。

(2)育雏室闷热,湿度过大,光线太强,甚至能看到鸡蹼足上血管中血液的流动,使雏鸡误认为是一种小蠕虫,造成啄趾。

(3)鸡有时发生意外损伤或出现流血,其他鸡出于好奇,啄上一口,尝到血肉的美味后,会越啄越凶,并发展为啄肛。

(4)饲料中食盐缺乏,某些微量元素或维生素不足,常引起啄肛。

(5)饲料中蛋白质严重不足时。特别是蛋氨酸等含硫氨基酸的缺乏,容易引起啄羽。

(6)饲料中大容积性饲料(如麸、糠)比例太小,虽然营养足够,但未有饱感,则易引起啄癖。

(7)鸡群中患有脱毛疥癣虫、虱、螨等外寄生虫,可引起受刺激的鸡啄自己的羽毛或皮肤,创伤处又可引起其他鸡的啄食,形成啄癖。

【防治措施】

(1)要到现场进行调查和分析,找出发生恶食癖的主要原因,并努力消除这个因素。

(2)将染有恶癖的鸡和被啄的鸡及时挑出、隔离,以免恶癖蔓延。在被啄鸡的伤口涂上紫药水或四环素软膏。

(3)加强饲养管理,提高整齐度,减少矮胖鸡,防止产蛋鸡脱肛。鸡群要及时分群,饲养密度不宜过大,加强通风换气,改善鸡舍环境。

(4)饲料营养全价,供应充足的蛋白质和微量元素。

(5)发生啄癖时,可在鸡舍暂时换上红色灯泡或窗户上挂上红布帘子,使舍内形成一种红色光线,雏鸡就不容易看清蹼足上的血管或血迹。也可将瓜菜吊在适当高处,让鸡啄食,或悬挂乒乓球等玩具,转移啄癖鸡的注意力。光线太强可在鸡舍窗户上蒙一层黑色帘子,对预防啄癖有一定作用。

(6)平时进行断喙,是防止啄癖的有效措施。断喙时一定要到位,形成下喙比上喙长。

(7)发病鸡群饲料中添加 2% 石膏,连用 1 周左右;也可在饮水中添加 1% 的食盐,但时间不能长,以免发生食盐中毒。在饲料中添加蛋氨酸、羽毛粉、硫酸亚铁、硫酸钠、啄羽灵、啄肛灵等,在某些情况下也有效果。

(四)家庭养鸡场必备的药物

家庭养鸡场必备的药物和使用方法参见表 7-1。

(五)养鸡场免疫程序制定实例

概括地说,免疫程序是指鸡出壳后接种各种疫苗的时间、次数和顺序。对于规模化的鸡场,要有效地防止各种传染性疾病的暴发和流行,就需要制定合理的免疫程序。免疫程序的制定应根据本地区或本场疫病流行情况的规律、鸡群的病史、品种、日龄、母源抗体水平以及疫苗的种类、性质等因素进行综合考虑,制定一个科学合理的适应本鸡场的免疫程序,并视具体情况进行调整。下面介绍种鸡与蛋鸡(见表 7-2)、商品肉鸡(见表 7-3)常用的免疫程序,仅供参考。

1. 种鸡与蛋鸡常用的免疫程序(推荐)

2. 商品肉鸡常用的免疫程序(推荐)

表 7-1　家禽常用药物及使用方法

药物名称	别名及主要用途	用法与用量	注意事项
青霉素 G	又名:青霉素苄青霉素 抗菌药物	肌内注射:5万~10万单位/千克体重	与四环素等酸性药物及磺胺类药有配伍禁忌
氨苄青霉素	又名:氨比西林、氨苄西林 抗菌药物	拌料:0.02%~0.05% 肌内注射:25~40毫克/千克体重	同青霉素 G
阿莫西林	又名:羟氨苄青霉素 抗菌药物	饮水或拌料:0.02%~0.05%	同青霉素 G
头孢氨苄 IV	又名:先锋霉素 IV 抗菌药物	口服:35~50毫克/千克体重	同头孢曲松钠

续表

药物名称	别名及主要用途	用法与用量	注意事项
红霉素	抗菌药物	饮水:0.005%～0.02% 拌料:0.01%～0.03%	不能与莫能菌素、盐霉素合用
罗红霉素	抗菌药物	饮水:0.005%～0.02% 拌料:0.01%～0.03%	与红霉素存在交叉耐药性
泰乐菌素	又名:泰农抗菌药物	饮水:0.005%～0.01% 拌料:0.01%～0.02% 肌内注射:30毫克/千克体重	不能与聚醚类抗生素合用。注射用药反应大,注射部位坏死,精神沉郁及采食量下降1～2天
北里霉素	又名:吉他霉素、柱晶白霉素抗菌药物	饮水:0.02%～0.05% 拌料:0.05%～0.1% 肌内注射:30～50毫克/千克体重	蛋鸡产蛋期禁用

药物名称	别名及主要用途	用法与用量	注意事项
林可霉素	又名：洁霉素 抗菌药物	饮水：0.02%～0.03% 肌内注射：20～50毫克/千克体重	最好与其他抗菌药物联用，以减缓耐药性产生，与多黏菌素、卡那霉素、新生霉素、青霉素G、链霉素、复合维生素B等药物有配伍禁忌
杆菌肽	抗菌药物	拌料：0.004% 口服：100～200单位/只	对肾脏有一定的毒副作用
链霉素	抗菌药物	肌内注射：5万～10万单位/千克体重	雏禽和纯种外来禽慎用
庆大霉素	抗菌药物	饮水：0.01%～0.02% 肌内注射：5～10毫克/千克体重	与氨苄青霉素、头孢菌素类、红霉素、磺胺嘧啶钠、维生素C等药物有配伍禁忌。注射剂量过大，可引起毒性反应，表现水泻、消瘦等

续表

药物名称	别名及主要用途	用法与用量	注意事项
卡那霉素	抗菌药物	饮水:0.01%～0.02% 肌内注射:5～10毫克/千克体重	尽量不与其他药物配伍使用。与氨苄青霉素、头孢曲松钠、碘胺嘧啶钠、碳酸氢钠、氨茶碱、碳酸氢钠、维生素C等有配伍禁忌。注射剂量过大,可引起毒性反应,表现为水泻、消瘦等
阿米卡星	又名:丁胺卡那霉素 抗菌药物	饮水:0.005%～0.01% 拌料:0.01%～0.02% 肌内注射:5～10毫克/千克体重	与氨苄青霉素、头孢唑啉钠、红霉素、新霉素、维生素C、氨茶碱、盐酸四环素类、地塞米松、环丙沙星等有配伍禁忌。注射剂量过大,可引起毒性反应,表现为水泻、消瘦等
新霉素	抗菌药物	饮水:0.01%～0.02% 拌料:0.02%～0.03%	

续表

药物名称	别名及主要用途	用法与用量	注意事项
壮观霉素	又名：大观霉素、速百治 抗菌药物	肌内注射：7.5~10毫克/千克体重 饮水：0.025%~0.05%	蛋鸡产蛋期禁用
安普霉素	又名：阿普拉霉素 抗菌药物	饮水：0.025%~0.05%	
土霉素	抗菌药物	饮水：0.02%~0.05% 拌料：0.1%~0.2%	与丁胺卡那霉素、氨茶碱、青霉素G、氨苄青霉素、头孢菌素类、新生霉素、红霉素、磺胺嘧啶钠、碳酸氢钠等药物有配伍禁忌。剂量过大对孵化率有不良影响
强力霉素	又名：多西环素、脱氧土霉素 抗菌药物	饮水：0.01%~0.05% 拌料：0.02%~0.08%	同土霉素

续表

药物名称	别名及主要用途	用法与用量	注意事项
四环素	抗菌药物	饮水：0.02%～0.05% 拌料：0.05%～0.1%	同土霉素
金霉素	抗菌药物	饮水：0.02%～0.05% 拌料：0.05%～0.1%	同土霉素
甲砜霉素	又名：甲砜氯霉素、硫霉素 抗菌药药物	饮水或拌料：0.02%～0.03% 肌内注射：20～30毫克/千克体重	与庆大霉素、新生霉素、土霉素、四环素、红霉素、林可霉素、泰乐菌素、螺旋霉素等有配伍禁忌
氟苯尼考	又名：氟甲砜霉素 抗菌药药物	肌内注射：20～30毫克/千克体重	

续表

药物名称	别名及主要用途	用法与用量	注意事项
氧氟沙星	又名：氟嗪酸 抗菌药物	饮水：0.005%~0.01% 拌料：0.015%~0.02% 肌内注射：5~10 毫克/千克 体重	与氨茶碱、碳酸氢钠有配伍禁忌。与磺胺类药合用，加重对肾的损伤
恩诺沙星	抗菌药物	饮水：0.005%~0.01% 拌料：0.015%~0.02% 肌内注射：5~10 毫克/千克 体重	同氧氟沙星
环丙沙星	抗菌药物	饮水：0.01%~0.02% 拌料：0.02%~0.04% 肌内注射：10~15 毫克/千克体重	同氧氟沙星

续表

药物名称	别名及主要用途	用法与用量	注意事项
达氟沙星	又名:单诺沙星 抗菌药物	饮水:0.005%~0.01% 拌料:0.015%~0.02% 肌内注射:5~10毫克/千克 体重	同氧氟沙星
沙拉沙星	抗菌药物	饮水:0.005%~0.01% 拌料:0.015%~0.02% 肌内注射:5~10毫克/千克 体重	同氧氟沙星
氟哌酸	又名:诺氟沙星 抗菌药物	饮水:0.01%~0.05% 拌料:0.03%~0.05%	同氧氟沙星

续表

药物名称	别名及主要用途	用法与用量	注意事项
磺胺嘧啶	抗菌药物 抗球虫药 抗卡氏白细胞原虫药	饮水:0.1%~0.2% 拌料:0.2%~0.4% 肌内注射:40~60毫克/千克体重	不能与拉沙霉素、莫能菌素、盐霉素配伍。产蛋鸡慎用。本品最好与碳酸氢钠同时使用
磺胺二甲基嘧啶	又名:菌必灭 抗菌药物抗球虫药 抗卡氏白细胞原虫药	饮水:0.1%~0.2% 拌料:0.2%~0.4% 肌内注射:40~60毫克/千克体重	同磺胺嘧啶
磺胺甲基异噁唑	又名:新诺明 抗菌药物抗球虫药 抗卡氏白细胞原虫药	饮水:0.03%~0.05% 拌料:0.05%~0.1% 肌内注射:30~50毫克/千克体重	同磺胺嘧啶

续表

药物名称	别名及主要用途	用法与用量	注意事项
磺胺噻唑恶啉	抗菌药物 抗球虫药 抗卡氏白细胞原虫药	饮水:0.02%~0.05% 拌料:0.05%~0.01%	同磺胺嘧啶
二甲氧苄氨嘧啶	又名:敌菌净 抗菌药物 抗球虫药 抗卡氏白细胞原虫药	饮水:0.01%~0.02% 拌料:0.02%~0.04%	由于易形成耐药性,因此不宜单独使用。常与磺胺类药或抗生素按1:5比例使用,可提高抗菌甚至杀菌作用。不能与拉沙霉素、莫能菌素、盐霉素等抗球虫药配伍。产蛋鸡慎用。最好与碳酸氢钠同时使用

续表

药物名称	别名及主要用途	用法与用量	注意事项
三甲氧苄氨嘧啶	抗菌药物 抗球虫药 抗卡氏白细胞原虫虫药	饮水:0.01%~0.02% 拌料:0.02%~0.4%	由于易形成耐药性,因此不宜单独使用。常与磺胺类药或抗生素药至杀菌作用。与拉沙霉素、莫能菌素、盐霉素等抗球虫药有配伍禁忌。产蛋鸡慎用。本品不能与青霉素、维生素B₁、维生素B₆、维生素C联合使用
痢菌净	又名:乙酰甲喹 抗菌药物	拌料:0.005%~0.01%	毒性大,务必拌匀。连用不能超过3天
吗啉胍	又名:病毒灵 抗病毒药物	饮水或拌料:0.01%~0.02%	活病毒疫苗接种前后7天内不得使用
利巴韦林	又名:三氮唑核苷,病毒唑 抗病毒药物	饮水或拌料:0.005%~0.01%	活病毒疫苗接种前后7天内不得使用

续表

药物名称	别名及主要用途	用法与用量	注意事项
金刚烷胺	抗流感药物	饮水或拌料：0.005%～0.01%	剂量过大会引起神经症状
莫能菌素	又名：欲可胖，牧能菌素 抗球虫药物	拌料：0.009 5%～0.012 5%	能使饲料适口性变差，以及引起啄毛。产蛋鸡禁用。火鸡、珍珠鸡、鹌鹑易中毒，慎用。肉鸡在宰前3天停药
盐霉素	又名：优素精，球虫粉，沙利霉素 抗球虫药物	拌料：0.006%～0.007%	火鸡，珍珠鸡，鹌鹑以及产蛋鸡禁用。本品能引起鸡的饮水量增加，造成垫料潮湿
马杜霉素	又名：加福，抗球王 抗球虫药物	拌料：0.000 5%	拌料不匀或剂量过大引起鸡瘫痪。肉鸡宰前5天停药。产蛋鸡禁用

续表

药物名称	别名及主要用途	用法与用量	注意事项
氯丙啉	又名:安宝乐 抗球虫药物	饮水或拌料:0.012 5%~0.025%	因能妨碍维生素的吸收,因此使用时应注意维生素的补充。过量使用会引起轻度免疫抑制。肉鸡应在宰前10天停药
氯苯胍	又名:罗本尼丁 抗球虫药物	拌料:0.003%~0.004%	可引起肉鸡肉品和蛋鸡的蛋有异味。所以,产蛋鸡一般不宜使用。肉鸡应在宰前7天停药
氯羟吡啶	又名:克球粉、克球多、康乐安、可爱丹 抗球虫药物	拌料:0.012 5%~0.025%	产蛋鸡和鸭禁用。肉鸡和火鸡在宰前5天停药

续表

药物名称	别名及主要用途	用法与用量	注意事项
地克珠利	又名：杀球灵、球必清抗球虫药	拌料或饮水：0.000 1%	产蛋鸡禁用。肉鸡在宰前7~10天停药
常山酮	又名：速丹抗球虫药物	拌料：0.000 2%~0.000 3%	0.000 9%速丹可影响鸡生长。0.000 3%速丹可使水禽（鹅、鸭）中毒。因此，水禽禁用
二甲硝咪唑	又名：地美硝唑、达美素抗滴虫药物、抗菌药物	拌料：0.02%~0.05%	产蛋禽禁用。水禽对本品甚为敏感，剂量大会引起平衡失调等神经症状
甲硝唑	又名：灭滴灵抗滴虫药物、抗菌药物	饮水：0.01%~0.05% 拌料：0.05%~0.1%	剂量过大会引起神经症状
左旋咪唑	驱线虫药	口服：24毫克/千克体重	

表 7-2　种鸡与蛋鸡常用的免疫程序（推荐）

接种日龄	疫苗种类	剂量	接种方法	备注
0	马立克氏病（CV1988）液 N2 苗	1.0 头份	颈部皮下注射	
1	新城疫（Clone30）＋传染性支气管炎（Ma5）二联活苗	1.0 头份	滴鼻	
4	球虫苗（种鸡型）	1.0 头份	拌料	全程笼养可以不用
7	新城疫（Lasota）活苗	2.0 头份	饮水或滴鼻	
11	传染性法氏囊炎活苗	2.0 头份	饮水或滴鼻	
14	传染性支气管炎（H120，含肾株）或传染性支气管炎（4/91）活苗	1.2 头份	饮水或滴鼻	
15	禽流感（H5）灭活苗	0.4 毫升	肩部注射	
20	新城疫（Lasota）活苗	2.0 头份	饮水或滴鼻	
20	新城疫＋传染性支气管炎＋传染性法氏囊炎三联灭活苗	0.4 毫升	肩部注射	蛋鸡可用新城疫＋传染性支气管炎二联灭活苗

续表

接种日龄	疫苗种类	剂量	接种方法	备注
22	传染性法氏囊炎活苗	2.0 头份	饮水或滴鼻	
35	禽流感（H5）灭活苗	0.5 毫升	左侧肩部注射	
	禽流感（H9）灭活苗	0.5 毫升	右侧肩部注射	
42	传染性鼻炎＋鸡败血霉形体病（慢性呼吸道病）二联灭活苗	0.5 毫升	左侧肩部注射	蛋鸡可以不用
	鸡痘活苗	2.0 头份	右侧肩部刺种	夏秋季可提前至 14 日龄
50	新城疫（Ⅰ）或新城疫（Lasota）活苗	2.0 头份	左侧肩部注射或饮水	没用过新城疫（Ⅰ）活苗的鸡场不选用该疫苗
	新城疫＋传染性法氏囊炎＋传染性支气管炎三联灭活苗	0.7 毫升	右侧肩部注射	蛋鸡可用新城疫＋传染性支气管炎二联灭活苗
56	传染性支气管炎（H5）活苗	1.5 头份	饮水	
84	禽脑脊髓炎活苗	1.0 头份	饮水	蛋鸡可以不用

续表

接种日龄	疫苗种类	剂量	接种方法	备注
98	禽流感（H5）灭活苗	0.7毫升	左侧肩部注射	
	禽流感（H9）灭活苗	0.7毫升	右侧肩部注射	
112	新城疫＋传染性法氏囊炎＋传染性支气管炎三联灭活苗	0.7毫升	左侧肩部注射	蛋鸡可用新城疫灭活苗
	新城疫（Ⅰ）或新城疫（Lasota）活苗	2.0头份	右侧肩部注射或饮水	没用过新城疫（Ⅰ）活苗的鸡场不选用该疫苗
126	传染性鼻炎＋鸡败血霉形体病（慢性呼吸道病）二联灭活苗	0.7毫升	左侧肩部注射	蛋鸡可以不用
	减蛋综合征-76灭活苗	0.7毫升	右侧肩部注射	
140	禽流感（H5）灭活苗	0.7毫升	左侧肩部注射	
	禽流感（H9）灭活苗	0.7毫升	右侧肩部注射	

140以后　每隔10～12周用2个头份新城疫（Lasota）饮水。
每隔13～15周各用0.7毫升禽流感（H5）、禽流感（H9）注射。

注："＊"表示蛋种鸡，优质鸡种鸡，蛋鸡可相应提前7～14天用。

表 7-3　商品肉鸡常用的免疫程序（推荐）

接种日龄	疫苗种类	剂量	接种方法	备注
4	球虫苗（肉鸡型）	1.0 头份	拌料	全程笼养可以不用
7	新城疫（Lasota）活苗＋传染性支气管炎（H120）二联活苗	1.5 头份	饮水或滴鼻	
11	传染性法氏囊炎活苗	1.5 头份	饮水或滴鼻	
11	球虫苗（肉鸡型）	1.0 头份	拌料	全程笼养可以不用；50 日龄前上市可不用
15	禽流感（H5）灭活苗	0.4 毫升	右肩部注射	
15	鸡痘活苗	2.0 头份	左肩部刺种	冬春季可以不用

续表

接种日龄	疫苗种类	剂量	接种方法	备注
19	新城疫（Lasota）活苗＋传染性支气管炎（H120）二联活苗	1.5 头份	饮水	
	新城疫＋传染性支气管炎二联灭活苗	0.4 毫升	左胸部注射	50 日龄前上市可以不用
23	传染性法氏囊炎活苗	1.5 头份	饮水	
30	禽流感（H5）灭活苗	0.5 毫升	左胸部注射	50 日龄前上市可以不用
49	新城疫（Lasota）活苗	1.5 头份	饮水	60 日龄前上市可以不用
	新城疫（Lasota）活苗	1.5 头份	饮水	90 日龄前上市可以不用
80	禽流感（H5）灭活苗	0.5 毫升	左胸部注射	100 日龄前上市可以不用

八、家庭养鸡场的经营管理

(一)经营决策

现代企业经营管理有一整套理论和方法,养鸡企业的生产实践活动也有其自己的运行规律。企业的决策和经营管理水平直接影响企业的发展,甚至生存。养鸡企业的管理者只有将现代企业经营管理知识应用于养鸡企业自身的生产实践之中,为企业建立一套行之有效的决策和管理制度,才能在市场竞争中立于不败之地。

1. 经营与管理的概念

经营和管理是两个不同的概念,它们是目的和手段的关系。经营是指在国家法律法规允许的范围内,面对市场需要,根据企业的内外部环境和条件,合理地组织企业的产、供、销活动,以求用最少的投入取得最大的经济效益,即利润。管理是根据企业经营的总目标,对企业生产总过程的经济活动进行计划、组织、指挥、调节、控制、监督和协调等工作。经营和管理是统一体,两者相互联系、相互制约、相互依存。经营主要解决企业方向和目标等根本性问题,偏重于宏观决策;管理主要是在经营目标已定的前提下,如何组织实现的问题,偏重于微观调控。

2. 经营决策

开办一个鸡场,必须进行可行性研究,遵循一定的决策程序。决策程序一般分为三步:一是形势分析;二是方案比较;三是择优决策。

(1)形势分析:是企业对外部环境、内部条件和经营目标三者综合分析的结果。

①外部环境要进行市场调查和预测,了解产品的价格、销量、供求的平衡状况和今后发展的可能;同时也要了解市场现有产品的来源、竞争对手的条件和潜力等。

②内部条件主要包括场址适宜经营,如环境适宜生产和防疫、交通比较方便、有利于产品与原料的运输和废弃物的处理,水、电等供应有保证;资金来源的可靠性,贷款的年限;利率的大小;生产制度与饲养工艺的先进性,设备的可靠性与效率;人员技术水平与素质;供销人员的经营能力;饲养鸡种来源的稳定性,健康状况与性能水平等。

③经营目标产品的产量、质量与质量标准;产品的产值、成本和利润。

一般来说,外部环境特别是市场难于控制,但内部条件能够掌握、调整和提高,鸡场在进行平衡时,必须内部服从外部,也就是说,养鸡场要通过本身努力,创造、改善条件,提高适应外部环境和应变的能力,保证经营目标的实现。

(2)方案比较:根据形势分析,制订几个经营方案,实际上这也是可行性研究,同时对不同的方案进行比较,如生产单一产品或多种产品;是独立经营或是合同制生产,是独资或是合资。主要对不同的方案在投入、风险和效益方面进行比较。

(3)择优决策:最后选出最佳方案,也就是投入回收期短,投产后的产品在质量和价格上具有优势,效益较高,市场需大于供,需要量将稳定增长,价格有上升的趋势等。选择这样的方案,鸡场可能获得较大的成功机会。

(二)生产管理

鸡场建场开始,就应考虑投产后的经营管理问题。如鸡场的选择、布局,饲养方式,栏舍结构,场址所处的交通、水质水源,饲料的运输和产品的销售等,均与劳动生产率密切相关,应在建场过程中综合考虑,妥善解决。否则,就会降低饲养效益,容易导致办场失败。就一般养鸡场来说,经营管理的基本内容主要包括:组织管理、计划管理、生产技术管理、物资管理和财务管理。

1. 组织管理

为使鸡场生产正常而有秩序地进行,必须建立一个分工明确而合理的组织管理机构,鸡场由于经营的方向、方式与规模不同,其机构部门的设置和人员的编制也不同。但其组织管理内容基本相似。

(1)人员的合理安排与使用:养鸡是专业性强、艰苦的工作,对技术人员、管理人员和饲养人员要求较高,他们的素质高低,直接影响着鸡场生产经营的全过程。成功的经营管理者十分注重职工的主观能动性的发挥,知人善任,合理安排和使用人员,做到人尽其才,人尽其力,各司其职,合力共进。

(2)精简高效的生产组织:生产组织与鸡场规模有密切关系,规模越大,生产组织就越重要。规模较大的鸡场一般可设行政、生产技术、供销财务和生产车间等四个部门,部门设置和人员安排应尽量精简。非生产性人员越少,经济效益就越高。中小型鸡场和专业户规模饲养经济效益高,其关键是非生产人员少、办事效率高、综合成本低。

(3)建立健全岗位责任制:搞好规模养鸡的经营管理,必须建立健全岗位责任制。从场长到每一个人员都要有明确的岗位责任,并用文字固定下来,落到实处,使每个人员都知道自己每天该做些什么,什么时间做,做到什么程度,达到什么标准。经营管理者根据岗位目标责任制规定的任务指标进行检查,并按完成情况进行工作人员的业绩考核和奖惩。在确定任务目标时,要从本场实际出发,结合外地经验,目标应有一定的先进性,除不可抗拒的意外原因外,经过努力应该可以达到或超过。原则上多奖少罚,提高完成任务目标的积极性,而且奖罚应及时兑现。

(4)制定技术操作规程:鸡场饲养技术规程,是根据科学研究和生产实践的经验,总结制定出的日常工作的技术规范。如蛋鸡的生产技术操作规程,其内容包括蛋鸡生产中的各项技术措施,兽医卫生和防疫制度等,在鸡的不同饲养阶段还有不同的技术操作规程,如育雏阶段的技术操作规程、育成阶段的技术操作规程、产蛋阶段的技术操作规程。操作规程的条文要具体,简单明确,有较强的可操作性,如育雏阶段的操作规程是指 0～6 周龄的雏鸡,此阶段的雏鸡幼小,尚不能适应外界环境,需要精心管理,同时雏鸡生长发育很快,需要饲喂营养丰富的饲料。这些内容应在规程中扼要简述,还要列出此阶段的温度、光照、饮水、饲料、防疫要求及到 6 周龄的体重要求和成活率指标,同时包括育雏前的准备工作,接雏、开食、日常管理、转群等工作内容。技术操作规程实施前,应请有关专家和人员讨论,根据实际进行必要的修改,然后请饲养人员讨论,使饲养人员对规程有充分的认识和理解,保证贯彻落实。

(5)健全完善各项规章制度:办好鸡场必须制定落实一系列的规章制度,做到有章可循,便于执行和检查,用制度规范鸡场人员的生产生活行为,实现自我管理、自我约束、自我发展。

(6)关心职工:鸡场的经营管理者不仅要关心生产经营,也要真心实意的关心职工,为他们排忧解难,创造一个良好的工作条件和工作环境。要注重职工素质的提高,职工上岗前培训;合格方可上岗,提高操作技能,更新知识,不断提高鸡场经营管理水平。

2. 计划管理

计划管理是经营管理的重要职能。用计划来组织生产和各项工作,是社会化生产的需要。计划管理就是根据鸡场确定的目标,制订各种计划,用以组织协调全部的生产经营活动,达到预期的目的与效果。规模饲养场应有详尽的生产经营计划,按计划内容可分为鸡群周转计划、产量计划、饲料计划、免疫计划、财务收支计划等,按计划期长短可分为年度计划和长期计划,按范围可分为全场计划和部门计划。

(1)鸡群周转计划:反映鸡群在计划期内各群鸡数量的增减变化情况,是编制其他计划的基础。规模鸡场应首先制定出鸡群周转计划,才能据此制定出进雏计划、产品销售、饲料供应计划和财务收支计划。

商品蛋鸡或种鸡规模饲养场一般可分为育雏鸡群、育成鸡群和产蛋鸡群三个大的鸡群。制定周转计划应综合考虑鸡舍、设备、人力、成活(死淘)率、淘汰时间及后备鸡群转入产蛋舍或种鸡舍的时间、数量,保证各群鸡的增减和周转能完成规定的生产任务。编制计划时应尽量做到"全进全出",即整个鸡场、几栋鸡舍或一栋鸡舍,在同一时间进鸡,在同一时间淘汰,实行一阶段饲养,一次清理消毒,既有利于防疫,又便于管理,减少鸡群周转次数,减少应激给鸡带来的损失。因而周转计划的编制亦日趋简单。商品肉鸡多采用同一鸡舍"全进全出"制饲养,所以鸡群进出周转只要根据肉鸡饲养日数以及鸡舍清洗、消毒、空置所需要的时间来安排,比较容易。

制订鸡群周转计划时,先要确定鸡群饲养期。一般鸡群的饲养期是:雏鸡0~6周龄,蛋用种鸡育成鸡7~18周龄,商品肉用仔鸡0~6周龄,商品产蛋鸡20~72周,肉用种鸡24~64周。然后根据鸡群饲养期和对种鸡、蛋鸡的使用年限来制订合理的鸡群更新计划,并制出鸡群周转表。对于饲养多日龄的鸡场,要考虑在各栋鸡舍前后两批周转时均应留有清扫消毒空置时间2~3周,先按每栋具体情况落实年度生产计划和鸡群周转计划,然后综合各栋鸡舍的计划,确定全场饲养批次、日期、数量,列出全场鸡群周转表。

具体制订鸡群周转计划时,要根据年饲养数量,确定年初、年末及各月饲养的各种鸡只数,并算出"全年平均饲养月只数和全年饲养日只数"。

凡蛋鸡种鸡要考虑鸡群的合理年龄结构和更替计划,以确定全年总淘汰数和补充数,并根据生产指标算出月淘汰率和数量。蛋鸡场鸡群周转计划一般应包括:

成鸡的淘汰和接替:目前大、中型蛋鸡场,一般在蛋鸡开产后利用1年即行淘汰,因此必须在淘汰前5个月开始进雏,培养青年蛋鸡接替。

培育新母鸡:一般以每年3~4月份出壳的雏鸡培育为好。此期雏鸡培到9~10月份,即可上笼开产,时值秋凉,产蛋期长,产蛋多。所需苗鸡数按公母鉴别准确率98%;雏鸡育雏成活率95%;育成鸡成活率98%折算。

(2)产品销售计划:这是流通、搞活生产、实现货畅的一个重要环节,也是完成经营目标中的一项重要工作。鸡场主产品,如种鸡场主要指种雏、种蛋;商品鸡场则指商品蛋或商品肉鸡。此外,还有淘汰鸡、非种用蛋、鸡粪等副产品。这些产品均应根据生产计划和可能销售量编制产品销售计划,做到产销对路和衔接,及时投放市场,防止积库压栏。特别种苗是一种有生命的活产品,不能任意积放保存,事先双方签订供求合同,按期按质按量交付苗鸡。并应在苗将出壳前半个月事先通知客户按时接货或送货,做好进雏饲养准备。最好实行以产定销,建立稳固的销售和信息网络,防止盲目生产。销售计划表内容应包括:日期、产品名称、产品数量、单价、总值、接货单位和时间、运输和包装方式、联系人和实发结果等。蛋鸡的主产品是鸡蛋,其次是淘汰鸡和鸡粪,鸡蛋的产量和销售是计划的主要内容。产品销售计划的编制主要依据两个方面,一是鸡群周转计划与生产性能指标;二是市场需求及价格变化曲线,尽可能把产蛋高峰期安排在市场价格较高的时期,淘汰鸡价格也尽量安排在消费旺季,以提高整体经济效益。

(3)物资供应计划:饲料、疫苗、药品是鸡场完成生产目标的重要物资,必须根据生产计划需要编制详细的供应计划,并保质保量,按期提供。其他如饲养防疫人员的劳保用品、灯泡等易耗品、工具、机械设备维修备件、燃料物质,也应列出计划,以保证生产任务的完成。

饲料占饲养成本的 $60\%\sim80\%$,需求量大,必须另列专项计划,保证供应。鸡场无论是使用成品全价料还是自己加工配合饲料,都应对所需的饲料品种、数量、来源做好计划,及早安排,保证供应。如采用商品配合料,应对附近的饲料工业厂家全面考察,确定质量优、价格低、信誉好的建立长期供货关系,成为合作伙伴,避免经常变更饲料给生产带来的不利影响。如自己加工,在筛选各阶段最佳饲料配方的前提下,对主要原料如玉米、豆粕等品种来源应相对稳定,定期进货,按时结算,避免过量进货积压资金,也防止临时购料,造成供应不足或频繁变换配方,影响生产。一般制订饲料计划参照如下参数,蛋鸡 0~20 周龄的饲料用量:白壳蛋鸡 7.8 千克,褐壳蛋鸡 8.2 千克;产蛋母鸡年用料:白壳蛋鸡 40 千克,褐壳蛋鸡 43 千克;白壳蛋鸡产蛋期每天耗料量为 100~105 克;褐壳蛋鸡产蛋期每天耗料量约 110 克;肉用种鸡产蛋期(24~65 周龄)每天约耗料 145 克,累计耗料约 58 千克。每只肉用仔鸡配合料 4 千克。

(4)成本核算计划

①成本核算计划管理目的与内容：衡量一个鸡场经营管理好坏的重要标志是产品成本和劳动生产率的高低，以及由此所产生的经济效益的大小。也就是说，一个经营管理好的鸡场必然收入多，利润大，劳动生产率高，数量和质量逐年上升，成本逐年下降，实现优质、高产、低消耗的要求。另外，对种鸡场还要求无疫病流行。因此，养鸡场和养鸡专业户必须努力增加生产，降低成本，搞好产品成本核算计划。

②产品的成本核算是养鸡场财务管理的核心，是各种经济活动中最中心的环节。产品的成本核算是由生产产品需支出的成本和产品所得的价值构成的。产品的收入资本大于成本费则盈利，小于成本费则亏。养鸡场的产品成本由饲料、工资、燃料、兽药、垫草、企业管理费、固定资产折旧费、房屋设备维修费等构成。成本核算一般是以单位产品为核算的基本单位。如商品蛋场，应先算出每只育成鸡和每千克商品蛋所需的总成本，然后根据生产计划求出全场年成本量。蛋用种鸡父母代种鸡场则以每生产一只母雏、祖代种鸡场以每生产 1.15 只配套雏的成本为基本核算单位。其非配套的淘汰雏收入影响甚微，可以不计。作成本计划，一般是逐批进行的，全部批次计划汇总，即为全场成本计划。

(5)降低成本主要措施

①饲料费：从表 8-1 中可以看出，一个管理水平一般的蛋鸡场饲料费占总成本的 60% 左右，如果管理好的可占 70% 以上，甚至更多。饲料费用作为成本的主要组成部分，如何节约饲料费用就成为一个十分重要的问题。降低饲料费用，一是选择高

表 8-1　蛋鸡生产成本构成因素表

每只鸡成本因素	占总费用比例（%）	每千克蛋成本因素	占总费用比例（%）
雏鸡费	15	后备鸡费	15
饲料费	60	饲料费	64
工资	1	工资	1
折旧费	5	折旧费	5
运输费	3	运输费	2
维修费	1	维修费	5
水电费	3	水电费	1
雏鸡供暖费	3	药费	5
药费	5	低值易耗品	1
低值易耗品	2	企业管理费	1
企业管理费	2		
合计	100	合计	100

产高效良种；二是优化饲料配方，做到既能满足鸡不同生长发育阶段的不同营养需要，又使价格最低；三是减少饲喂过程中的浪费及防止老鼠和鸟类的偷食和糟踏；四是加强饲料贮存管理，防止饲料发霉变质；五是按料重比和料蛋比实行责任目标管理，节约有奖，调动职工增产节料的积极性。

②雏鸡费或育成鸡费：雏鸡费在培育出每只育成鸡的成本占很大比重，此项费用与育雏阶段的饲养管理有很大关系，而育雏成活率的高低对雏鸡费的影响更是显而易见的，认真执行操作规程，降低雏鸡培育费显然是整个蛋鸡生产经营过程中首先

要努力做到的。育成鸡费作为生产过程第二大环节,其在成本管理中的作用和地位,要求生产经营者一环紧扣一环地绝不松懈地抓好,不仅是产蛋期高的生产水平的前提,也是降低成本的重要方面。

③折旧费:是指鸡舍鸡笼等设备作为固定资产,磨损部分逐渐转移到生产的产品成本中,以作为更新设备之用。折旧费主要受建场投资的影响。有些鸡场,片面地追求高水平的鸡舍设备,不仅造成建设周期长,而且造价很高,摊入成本的折旧费就高,成本就增加。而很多鸡场因地制宜,因陋就简,施工时间短,单位造价低,不仅提前获得收益,而且摊入成本的折旧费也低,经济效益就相对较高。因此成本管理实际上在规模饲养场建场前就已经开始了。另一个影响折旧费的因素是折旧年限。如果折旧年限短,则摊入成本的费用就高,如果折旧年限长,虽然摊入成本的费用较低,但是影响设备的及时更新,因此在选择鸡舍建筑方式和设备时,应综合考虑全面分析,选择最优方案实施。

④工资福利:工资在成本中份额不大,但如何提高劳动生产率,建立公平、合理的竞争机制和激励机制,充分发挥人的主观能动性,在单位时间内生产出更多的质量合格的产品,创造更高的效益,是生产经营者的一个永恒的课题。在现阶段把工作和生产实绩与工资挂钩,采取岗位目标责任制是一种充分发挥工资支出作用的一种较为实际的做法。应该指出,奖罚分明是对的,但是不断使鸡场职工收入逐步增长,企业才会有活力。处罚,特别是罚多于奖,不是明智的管理行为。

⑤药费、水电暖费:在育雏、育成过程中这些费用占较大比

重,进行成本控制的主要途径是科学技术的进步,即通过采用科学先进的饲养管理和环境控制技术,合理掌握和使用使之发挥最佳效益。

⑥管理费:这部分支出弹性较大,尽管在总成本中比例不大,但伸缩性较强,它反映了企业经营管理、工作效率的水平。养鸡生产作为一个微利行业,管理费必须从严控制,一松一紧,都关系到盈亏。按目前的养鸡效益,每只蛋鸡年利润10元,浪费100元,那么就是说10只蛋鸡是白养了,蛋鸡生产经营者不能不引起重视。

进行鸡场的成本管理,除了在生产经营过程,严格各项支出控制外,进行成本核算也是一个重要的方面。成本核算可以反映鸡场生产经营过程中活劳动和物化劳动的消耗,分析多种消耗和成本增减变化的原因,从而找出降低成本的途径。

在进行成本核算的基础上,对鸡场的经济活动分析也已广泛用于鸡的经营管理。常用的经济活动分析的技术方法有比较分析法、因素分析法、差额分析法、结构分析法等。经济活动分析的结果,反馈用成本管理控制,对提高养鸡生产经济效益具有重要意义。

(6)财务计划:这是保证经营目标实现所必须预先考虑的资金来源及其运用、分流的一种综合计划。其内容应包括:固定资产折旧计划、维持生产需要的流动资金计划、财务收支计划和利润计划、专用资金计划、信贷计划等。

3. 生产技术管理

生产技术管理是实现经营目标,完成生产计划的中心环节和可靠保证。生产技术管理必须落实到部门、鸡舍,将生产技术任务分解落实到班组和个人,要求每个班组和个人都有具体的年度执行计划和任务。

(1)建立岗位生产责任制:从场长到每个职工,都应有明确的年度岗位任务量,或实行定额承包办法,将任务落实到班组和个人,并用文字固定下来,以作检查、监督和奖罚的依据。

(2)制定生产和技术操作规程:技术操作规程是鸡场生产中按照科学原理制定的日常作业的技术规范。鸡群管理中的各项技术措施和操作等均通过技术操作规程加以贯彻。同时,它也是检验生产的依据。不同饲养阶段的鸡群,按其生产周期制订不同的技术操作规程。如育雏(或育成鸡、或蛋鸡)技术操作规程。通常包括以下一些内容:对饲养任务提出生产指标,使饲养人员有明确的目标;指出不同饲养阶段鸡群的特点及饲养管理要点;按不同的操作内容分段列条、提出切合实际的要求;要尽可能采用先进的技术和反映本场成功的经验;条文要简明具体。规程要邀集有关人员共同逐条认真讨论,并结合实际作必要的修改。只有直接生产人员认为切实可行时,各项技术操作才有可能得到贯彻。制定的技术操作规程才有真正的价值。

(3)制定日工作程序:将各栋鸡舍每天从早到晚按时划分,进行的每项常规操作明文做出规定,使每天的饲养工作有规律地全部按时完成。

(4)建立生产记录,统计日、月报制度:将生产结果,用逐日定量方法,加以记录和评定,然后每月综合成月报表。这是技术监控的必要手段,也是检查生产计划执行情况和经济核算分析的依据。通过逐日记录,能及时掌握鸡群动态,发现生产技术中存在的问题,记录内容应包括:每栋鸡舍每日鸡群动态、天气变化、耗料量和大事纪要。场里要有人汇总统计。年终时要将记录日、月报表汇成册,作生产技术档案存查。

(5)制定综合防疫制度:为了保证鸡健康和安全生产,鸡场内必须制定严格的防疫措施,规定对场内(外)人员、车辆、场内环境、装蛋放鸡的容器进行及时或定期的消毒、鸡舍在空出后的冲洗、消毒,各类鸡群的免疫,种鸡群的检疫等。

(6)其他年度工作

①科学而准确地制定年度各项生产技术指标。

②根据本场条件,制定鸡舍环境控制参数和日粮营养配方。

③认真进行日常技术监控,及时解决生产中的技术问题。

④完成年终技术分析和技术总结,建立技术档案。

⑤建立技术信息联络网,重视技术引进和开发。

4. 鸡场的劳动定额

劳动定额通常指 1 个青年劳动力在正常生产条件下,1 个工作日所能完成的工作量。养鸡场应测定饲养员每天各项工作的操作时间,合理制定劳动定额。影响劳动定额的因素。

(1)集约化程度:大型养鸡场劳动生产率较高,专业化程度高有利于提高劳动效率。

(2)机械化程度:机械化主要减轻了饲养员的劳动强度。因此,应该提高劳动定额。

(3)管理因素:管理严格效率高。

(4)地区因素:发达地区效率高。

5. 物资管理

这是为保证生产所需物资的采购、储备和发放的一种组织手段。鸡场所需的主要物资有:饲料、疫苗、药品、燃料、器材、设备零部件、工具、劳保用品和百元以下的易耗物品等。对这些物资的采购、库存和发放都应建立登记账簿,及时记录登记,严格发放手续,妥善保管,防止变质腐败,做到账物相符。

6. 财务管理

财务管理的主要功能在于保证鸡场资金周转,提高资金周转率和缩短资金周转期。为此,财务管理者应经常参与产品成本分析和核算,为场的总效益分析积累数据,提交分析报告,制定增产节约措施;抓紧销出产品资金的回笼;逐月提出财务收支报表,通报效益进度,及时调整管理措施;提出年终经济效益分析总结报告,为下一年度计划提供依据。

7. 其他管理措施

(1)实行经济责任制,提高职工收益养鸡是风险产业,养鸡工作需要很强的责任心,工作环境艰苦。经营好一个养鸡场必须有一支强有力的队伍,包括精干的技术人员和优秀的饲养人员,要求管理者实行经济责任制,提高职工收益。

(2)实行一体化经营:现代化养鸡生产分为如下几个环节　种鸡和孵化,饲料生产,肉用仔鸡和蛋鸡生产,肉鸡屠宰加工和深加工,产品销售。大而全是现代养鸡生产一体化经营发展的必然趋势,小而全在我国现阶段养鸡生产中仍很重要。

（3）树立企业形象，促进销售工作：销售是养鸡场的主要工作。种鸡场的盈亏取决于种蛋（雏）销售率；商品鸡场主要取决于销售价格。市场经济是买方市场，企业形象非常重要。企业形象的基础是产品质量，其次是广告宣传，必须下大力气提高产品质量，培育市场，树立良好的企业形象。

（4）提高生产水平：我国集约化养鸡起步晚，发展速度较快，总产量增长迅速。由于技术水平和管理等综合因素，每只鸡单产、饲料消耗、死淘率等主要生产指标与国际水平差距较大，因而生产水平提高的潜力很大。

（5）贯彻预防为主的方针：我国养禽业每年因疾病造成的损失是巨大的，养鸡场往往重视突发性传染病，而对慢性传染病重视不够。预防鸡病仅靠兽医人员的工作是远远不够的，从建场开始，就必须贯彻预防为主的方针。

（6）节约饲料成本：养鸡生产中，饲料费占总成本的 60%～70%，因此节约饲料成本，可显著提高经济效益。在生产中应把好饲料原料质量关，加强饲料保管，优化饲料配方，提高饲料经济效益；严格控制饲料加工过程，加强饲养管理，减少饲料浪费，改变饲养形态，提高饲料转化率。

（三）成本核算

在鸡场的财务管理中成本核算是财务活动的基础和核心。只有了解产品的成本，才能算出鸡场的盈亏和效益的高低。

1. 成本核算的基础工作

(1)建立健全各项财务制度和手续。

(2)建立鸡群变动日报制度,包括饲养鸡群的日龄、存活数、死亡数、淘汰数、转出数及产量等。

(3)按各成本对象合理地分配各种物料的消耗及各种费用,并由主管人员审核。

以上材料数字要正确,认真整理清楚,这是计算成本的主要依据。

2. 成本核算的对象和方法

(1)成本核算的对象:每个种蛋、每只初生雏、每只育成鸡、每千克鸡蛋、每只肉用仔鸡。

(2)成本核算的方法

①每个种蛋的成本核算:每只入舍母鸡(种鸡)自入舍至淘汰期间的所有费用加在一起,即为每只种鸡饲养全期的生产费用,扣除种鸡残值和非种蛋收入被出售种蛋数除,即为每个种蛋成本,如下式:

每个种蛋成本=[种鸡生产费用-(淘汰种鸡收入+非种蛋收入)]/入舍母鸡出售种蛋数

种鸡生产费用包括种鸡育成费用,饲料、人工、房舍与设备折旧、水、电费、医药费、管理费、低值易耗品等。

②每只初生蛋雏的成本核算:种蛋费加上孵化费用扣除出售无精蛋及公雏收入被出售的初生蛋雏数除,即为每只初生蛋雏的成本。

每只初生蛋雏成本＝[种蛋费＋孵化生产费用－（未受精蛋＋公雏收入）]/出售的初生蛋雏数

孵化生产费用包括种蛋采购、孵化房舍与设备折旧、人工、水电、燃料、消毒药物、鉴别、马立克氏病疫苗注射、雏鸡发运和销售费等。

③每只育成鸡成本核算：每只初生蛋雏加上育成或其他生产费用，再加上死淘均摊损耗，即为每只育成鸡的成本。

育成鸡的生产费用包括蛋雏、饲料、人工、房舍与设备折旧、水、电、燃料、医药、管理费及低值易耗品等。

④每千克鸡蛋成本：每只入舍母鸡（蛋鸡）自入舍至淘汰期间的所有费用加在一起即为每只蛋鸡饲养全期的生产费用，扣除淘汰蛋鸡收入后除以入舍母鸡总产蛋量（千克），即为每千克鸡蛋成本。

每千克鸡蛋成本＝（蛋鸡生产费用－淘汰蛋鸡收入）/入舍母鸡总产蛋量（千克）

蛋鸡生产费用包括蛋鸡育成费用，饲料、人工、房舍与设备折旧、水电、医药、管理费和低值易耗品等。

⑤每只出栏肉用仔鸡成本：每只肉鸡生产费用，再加上死淘均摊损耗，即为每只出栏肉用仔鸡成本。

肉用仔鸡生产费用包括肉雏、饲料、人工、房舍与设备折旧、水、电、燃料、医药、管理费及低值易耗品等。

3. 考核利润指标

（1）产值利润及产值利润率：产值利润是产品产值减去可变成本和固定成本后的余额。产值利润率是一定时期内总利润额与产品产值之比。计算公式为：

产值利润率＝利润总额/产品产值×100％

（2）销售利润及销售利润率：

销售利润＝销售收入－生产成本－销售费用－税金

销售利润率＝产品销售利润/产品销售收入×100％

（3）营业利润及营业利润率：

营业利润＝销售利润－推销费用－推销管理费

企业的推销费用包括接待费、推销人员工资及旅差费、广告宣传费等。

营业利润率＝营业利润/产品销售收入×100％

利润反映了生产与流通合计所得的利润。

（4）经营利润及经营利润率：

经营利润＝营业利润±营业外损益

营业外损益指与企业的生产活动没有直接联系的各种收入或支出。例如，罚金、由于汇率变化影响到的收入或支出、企业内事故损失、积压物资削价损失、呆账损失等。

经营利润率＝经营利润/产品销售收入×100％

（5）衡量一个鸡场的赢利能力：养鸡是以流动资金购入饲料、雏鸡、兽药、燃料等，在人的劳动作用下转化成鸡肉、蛋产品，通过销售又回收了资金，这个过程叫资金周转一次。利润就是资金周转一次或使用一次的结果。既然资金在周转中获得利润，周转越快、次数越多，鸡场获利就越多。资金周转的衡量指标是一定时期内流动资金周转率。

资金周转率（年）＝年销售总额/年流动资金总额×100％

鸡场的销售利润和资金周转共同影响资金利润高低。

资金利润率＝资金周转率×销售利润率

鸡场赢利的最终指标应以资金利润率作为主要指标。如一肉鸡场的销售利润率是5％，如果一年生产5批，其资金利润率是：

资金利润率＝5％×5＝25％。

（四）提高家庭养鸡场经济效益的途径与措施

1. 提高经营管理水平

（1）做出正确的经营决策：在广泛深入的市场调查并测算可获取经济效益的基础上，结合分析内部条件如资金、场地、技术、劳力等，做出生产规模、饲养方式、生产安排的经营决策。正确的经营决策可收到较好的经济效益，决策不当或错误可导致重大的经济损失或破产。

（2）确定正确的经营方针：确定经营方针的原则是：既考虑需要，又考虑效果；既考虑眼前效果，又考虑长远利益。应按照市场的需要和本场的可能，充分挖掘内部的潜力，合理使用资金和劳力，实现合理经营，保证生产发展，提高劳动生产率，最终提高经济效益。总之，正确的经营方针，要能够以最低的消耗取得最多、最优的产品。

（3）适度规模生产与合作经营：一般情况下，养鸡的数量与养鸡的经济效益同步增长，即养鸡越多，效益越高。适度规模生产便于应用科学的管理方法和先进的饲养技术，合理地配置劳力及使用资金,降低饲养成本。随着肉鸡生产的发展,市场竞争日益加剧,必然导致生产每只肉鸡赢利水平的下降,这就需要通过规模饲养,靠薄利多销的办法来提高整体效益,即"规模效益"。

搞公司加农户、产供销一体化的肉鸡联营公司,具有经济、技术上的实力和饲养成本低、精心管理的优势;二者签订生产合同,由公司提供鸡苗、饲料、兽药、疫苗和技术服务,农户出房舍、设备和劳力,生产出的肉仔鸡按合同规定的规格、时间、价格由公司收购。这种合作经营,可根据市场需要有计划地组织生产,许多产供销环节均由公司统一承担,可节省开支,降低成本;农户不需要更多的周转资金,减少了非生产性工作,产品销售有保证,并能按合同获取一定的利润;公司统一进行产品的屠宰加工,并投放国内外市场。这样以加工销售为龙头,肉鸡饲养为主体,饲料生产为基础,搞活流通,以销带产,以供促养,使肉鸡生产形成一个有机的网络系统。

(4)增加从业人员的收入,提高从业人员的积极性:养鸡生产的风险性较大,工作条件艰苦,养鸡工作需要很强的责任心,且养鸡生产对工人队伍素质的要求较高,稳定一线职工队伍对提高鸡场的生产水平和管理水平十分重要。因此,必须提高他们的生活待遇和收入水平,从而提高他们的生产积极性。

(5)加强管理,增收节支:做好生产管理、计划管理、财务管理、物资管理、销售管理,增收节支,使鸡场的经营管理水平逐年提高。加强对鸡粪和孵化副产品的开发利用,利用得好可弥补工人的工资支出部分。

2. 降低生产成本

鸡的生产成本前面已经谈到,主要由饲料、鸡苗、固定资产折旧、人工、兽药、低值易耗品等组成。饲养每批鸡,均应核算成本,并通过成本分析,找出管理上的薄弱环节,采取有效改进措施,以不断提高经营管理水平。准确核算生产成本,可以准确计算销售利润;降低生产成本,不仅可提高经济效益,还可增强产品的竞争力。降低生产成本的重点是:降低饲料费用支出,提高鸡的产品总产量。

(1)降低饲料成本:饲料是鸡肉、鸡蛋增产的物质基础,是发挥良种高产性能的重要支柱。饲料费用占成本的比率最高,对收益的作用显著而微妙。提高饲料利用率,即生产单位鸡蛋或鸡肉消耗的饲料最少,需要在饲料配方和饲料原料的质量上下功夫,并防止浪费饲料。颗粒饲料可以减少饲料的浪费,虽然价格高一些,但是总体效益较高。因而要降低生产成本,饲料方面具有较大的潜力。

①合理设计配方:如通过配合全价饲料,加速肉鸡增重,降低增重的耗料比;要求所用饲料既能满足肉鸡增重的营养需要,又可获得较高的经济效益。具体可根据饲料经济效率来评价饲料配方的优劣。其计算公式如下:

饲料经济效率＝肉鸡销售收入/饲养肉鸡饲料成本×100％

有了饲料经济效率这一指标,就为我们全面考虑、正确评价肉鸡饲料(或饲料配方)提供了准确可靠的依据。在具体选用饲料配方或更换饲料时,可根据各种饲料的经济效率高低来决定取舍。

②降低饲料价格：即在饲料的全价性和增重效果尽可能不受影响的情况下，选用当地生产的、容易购买的或养分相近可以替代的低价饲料。在工作实践中，首先考虑通过配给营养全面的饲料以提高肉鸡的出场体重，从而增加收入；其次是在同等营养水平的饲料或配方中选用价格较低者，即要分清主次，适当兼顾。绝不能不重视出场体重和饲料报酬，盲目追求降低饲料成本。

③减少饲料浪费：在肉鸡饲养成本中饲料费约占 70%，千方百计减少饲料浪费，就可有效地降低成本，增加效益。能导致饲料浪费的原因很多，可以概括为直接浪费和间接浪费两大类；尤其是间接的饲料浪费应特别予以重视，这类浪费量大却往往不容易察觉。有资料表明，各种浪费造成的损失十分惊人，一般情况下可能浪费饲料 10%～20%。所以，要时刻注意减少饲料的浪费。具体措施：a. 科学设计料槽，减少鸡采集时的浪费。b. 添加饲料谨慎操作，防止抛撒浪费。c. 饲料贮藏应通风干燥，防止霉变。d. 严防鼠害，减少老鼠消耗饲料量。e. 合理设计鸡舍，防止冬季舍温过低。鸡舍温度低于最适温度下限时，每降低 1℃会浪费饲料 1%。f. 改进饲料配方，平衡日粮营养水平，减少营养隐性流失。g. 搞好日常管理，减少应激影响，确保鸡群健康，以减少由疾病或应激造成的饲料浪费。

(2)减少能耗和医药费

①水、电、暖等能耗占生产成本的第三位：减少此项开支，可采取如下措施：a. 鸡舍供温采用廉价能源，如电改煤。b. 鸡舍照明灯加灯罩，可降低照明灯功率 40%，仍保持规定照度。c. 加强全场灯光管制，消灭长明灯。

②医药费支出占生产成本的第四、五位：减少此项费用，宜采用如下措施：以防为主，防重于治。宜用效果较好、价格低廉的药物；许多情况下价格高低和疗效好坏并不一致。不要盲目用药，也不必加大过多药量。对于无饲养价值的鸡，应及时淘汰，不再用药治疗。

3. 提高生产技术水平

现代商品市场的竞争，说到底是技术的竞争，只有高质量、低成本的产品，才有真正的竞争力，但这要靠先进的生产技术来实现。

（1）饲养高产高效健康的鸡种：培育鸡的成本一般占总成本的 20％左右，因此饲养高产高效健康的鸡种很重要。选择鸡种时要考虑品种的生产性能、遗传潜力、市场需求、消费者心理，购买种蛋或雏鸡要到信誉好、管理好、防疫卫生条件好的鸡场或孵化厂。

要充分发挥肉鸡优良品种的遗传潜力，在生产实际中达到应有的生产性能，就需要规范饲养管理技术，提供优质全价低成本的饲料，科学的免疫程序防制疫病，并及时把新技术、新方法引入到生产实践中去。

（2）采用新技术，提高生产水平：我国现代化养鸡起步较晚，平均单产和国际水平相比还有一定差距，也就是说提高潜力还很大。采用新技术，可改善鸡的饲养环境，发挥鸡的生产潜力。在疾病防治方面，应根据鸡群疾病的发生发展规律，科学使用有效的疫苗进行免疫接种，搞好环境消毒和药物预防工作，减少疾病发生率和死亡率，提高经济效益。现代鸡的生产技术在不断改进,竞争日趋激烈,即使各方面条件都具备,成功的必要条件还是取决于生产技术水平。谁的技术水平高,谁就奠定了赢利的基础。

(3)提高饲养管理技术水平:通过提高饲养管理技术水平提高成活率,使育雏育成期的成活率达到或超过生产管理指南规定的生产指标。提高产品的产量和质量,提高产蛋率、孵化率、健雏率及肉鸡的增重、饲料转化率,降低破蛋率和肉鸡残次率。

(4)开发新产品,促进销售工作:鸡场的产品一般都比较单一,主要是出售鲜蛋和活鸡。随着鸡蛋和鸡深加工业的发展,产品的类型逐渐丰富。开发新产品增加产品附加值,可提高鸡场的经济收入。销售工作是鸡场的主要工作,鸡场的盈亏主要取决于鸡场产品的销售率及销售价格,销售要做到质量第一、服务第一,以赢得客户和市场。

(五)生产计划编制示例

1. 劳动定额示例(见表 8-2)

2. 养鸡场生产计划编制示例

现拟建一个自繁自养,年出栏 10 万只肉鸡的综合性生产场,生产计划编制如下。

(1)基本情况:以 AA 鸡为例,其种鸡生产性能为:23 周龄产蛋达 5%,32 周龄达产蛋高峰,入舍鸡高峰产蛋率为 85%,入舍母鸡 40 个产蛋周产 190 个蛋,种蛋合格率为 90%,平均孵化

表 8-2　各项劳动定额(供参考)

工程	定额	条件
肉用仔鸡 1 日龄至上市(平养)	10 000 只/人	饲料到舍,有专业免疫队,人工饲喂,人工供暖,14 日龄内人工加水,此后自动饮水,日常管理
肉用种鸡育雏和育成期(平养)	12 000 只/2 人	
肉用种鸡产蛋期(笼养)	5 000 只/2 人	饲料到舍,有专业免疫队,人工饲喂,人工拣蛋,人工清粪(运到鸡舍门外),人工输精,日常管理
蛋鸡 1～28 日龄(平养)	15 000 只/2 人	饲料到舍,有专业免疫队,人工饲喂,人工供暖,14 日龄内人工加水,此后自动饮水,日常管理
蛋鸡 29～140 日龄(平养)	5 000 只/人	饲料到舍,有专业免疫队,人工饲喂,日常管理
蛋鸡产蛋期(笼养)	10 000 只/2 人	饲料到舍,有专业免疫队,人工饲喂,人工拣蛋,人工清粪(运到鸡舍门外),日常管理

率为 78%,22～66 周龄成活率为 94%,每只入舍鸡提供雏鸡 148 只。实际生产性能按每只入舍母鸡 40 个产蛋周可提供 133 只雏鸡计算。

(2)种鸡计划:一是应出雏肉鸡数。肉鸡 7 周龄出售,成活率为 96%,年出栏 10 万只肉鸡需雏鸡为 100 000 只÷0.96≈105 000 只。

二是所需入舍种鸡数。产蛋期入舍种母鸡 607 只,配套种公鸡 87 只。其计算方法是:

105 000 只/年÷52 周/年≈2 019 只/周

133 只÷40 周·只=3.325 只/(周·只)

2 019 只/周÷3.325 只/(周·只)≈607 只

配套公鸡比按 1:6.98(范围为 6～8)计算,即 607÷6.98=87 只。需购种雏鸡 7 套(每套公雏 15 只、母雏 100 只),母鸡育雏育成留种率为 87%,公鸡留种率为 83%。计算方法是:

7 套×100 只/套×0.87=609 只

7 套×15 只/套×0.83=87 只

三是进种间隔。种鸡整个饲养期为 15.2 个月,产蛋期为 9.2 个月,育雏育成期为 6 个月。为使雏鸡供应不脱节,在第 1 批引进种鸡后 9.2 个月引进第 2 批,第 3 批应在第 2 批引种后 9.2 个月引种,依次类推。

(3)孵化计划:每周计划入孵 2595 个种蛋,而考虑到产蛋高峰及前、后期的不均衡性,孵化器设计容量应为 3 500～4 000 枚(607 只×0.85×7 天=3612 个)。

190 枚/40(周·只)×90%×607 只=2 595 个/周

鸡的孵化期为 21 天,则全年每台孵化器可孵 17 批(365 天/年÷21 天/批=17 批/年);按每周入孵出雏 1 批,则该鸡场需 3 台孵化器(52 批/年÷17 批/(年·台)=3 台)和 1 台出雏器。

(4)鸡舍及相关设备周转计划

一是种鸡舍。采用育雏、育成、产蛋一条龙饲养需 2 栋种鸡舍,每栋 260 米(含 29 米² 操作间)。育雏和育成期密度为 5 只/米²,产蛋期为 3 只/米²。育雏和育成期饲养面积:

$(100 \times 7 + 15 \times 7) \div 5 = 161$ 米^2；产蛋期饲养面积：$(607 + 87) \div 3 \approx 231$ 米^2。

二是肉鸡舍。肉鸡饲养到 7 周龄出售，全进全出，每批出售后冲洗空舍 10 天，则全年每栋可养 6 批，每周一批需 9 栋鸡舍（52 批/年÷6 批/（栋·年）≈9 栋）。出售时饲养密度为 6 只/米^2。100 000 只/年÷52（批/年）≈1 923 只/批；1 923 只/栋÷6 只/米^2≈320 米^2/栋。则肉鸡舍共需 9 栋，每栋 360 米（含 40 米^{2}操作间）。

三是保温伞等加热设备。105 000 只/年×52 批/年≈2 019只/批；2 019 只/批÷400 只/套＝5 套/批；5 套/批×4 批（即每批保温 28 天，含维修保养时间）＝20 套。

(5)饲料计划：包括种鸡和肉鸡耗料。

种鸡耗料：按上述种鸡饲养计划，则全年育雏和育成期鸡需 3.2 万千克饲料，产蛋期鸡需 6.3 万千克饲料。全年种鸡耗料估计为 9.5 万千克，除育雏和育成料为阶段性需要外，产蛋期饲料基本为均衡需要。

肉鸡耗料：肉鸡出售体重为 2 千克，料肉比 2.2：1，每只肉鸡需 4.4 千克饲料，则全年肉鸡料估计为 44 万千克，基本为均衡需要。

附录一　我国蛋用鸡的饲养标准 *

1. 生长期蛋用鸡的代谢能、粗蛋白质、氨基酸、钙、磷及食盐需要量

项　目		生长鸡周龄		
		0～6	7～14	15～20
代谢能	(MJ/kg)	11.92	11.72	11.30
	(Mcal/kg)	2.85	2.80	2.70
蛋白质（%）		18.0	16.0	12.0
蛋　白	(g/MJ)	15	14	11
能量比	(g/Mcal)	63	57	44
钙（%）		0.80	0.70	0.60
总磷（%）		0.70	0.60	0.50

续表

项　目	生长鸡周龄								
	0～6			7～14			15～20		
	%	g/MJ	g/Mcal	%	g/MJ	g/Mcal	%	g/MJ	g/Mcal
有效磷(%)	0.40			0.35			0.30		
食盐(%)	0.37			0.37			0.37		
氨基酸									
蛋氨酸	0.30	0.25	1.05	0.27	0.23	0.96	0.20	0.18	0.74
蛋氨酸+胱氨酸	0.60	0.50	2.11	0.53	0.45	1.89	0.40	0.35	1.48
赖氨酸	0.85	0.71	2.98	0.64	0.55	2.29	0.45	0.39	1.67
色氨酸	0.17	0.14	0.60	0.15	0.13	0.54	0.11	0.10	0.41
精氨酸	1.00	0.84	3.51	0.89	0.76	3.18	0.67	0.59	2.48
亮氨酸	1.00	0.84	3.51	0.89	0.76	3.18	0.67	0.59	2.48
异亮氨酸	0.60	0.50	2.11	0.53	0.45	1.89	0.40	0.35	1.48
苯丙氨酸	0.54	0.45	1.89	0.48	0.41	1.71	0.36	0.32	1.33
苯丙氨酸+酪氨酸	1.00	0.84	3.51	0.89	0.76	3.18	0.67	0.59	2.48
苏氨酸	0.68	0.57	2.39	0.61	0.52	2.18	0.37	0.33	1.37
缬氨酸	0.62	0.52	2.18	0.55	0.47	1.96	0.41	0.36	1.52
组氨酸	0.26	0.22	0.91	0.23	0.20	0.82	0.17	0.15	0.63
甘氨酸+丝氨酸	0.70	0.59	2.46	0.62	0.53	2.21	0.47	0.42	1.74

2. 产蛋期蛋用鸡及种鸡的代谢能、粗蛋白质、氨基酸、钙、磷及食盐需要量

项 目		产蛋鸡及种母鸡的产蛋率（%）								
		大于 80			65～80			小于 65		
		%	g/MJ	g/Mcal	%	g/MJ	g/Mcal	%	g/MJ	g/Mcal
代谢能	(MJ/kg)	11.50			11.50			11.50		
	(Mcal/kg)	2.75			2.75			2.75		
蛋白质(%)		16.5			15.0			14.0		
能量比	(g/MJ)	14			13			12		
	(g/Mcal)				54			51		
钙(%)		3.50			3.40			3.70		
总磷(%)		0.60			0.60			0.60		
有效磷(%)		0.33			0.32			0.30		
食盐(%)		0.37			0.37			0.37		
氨基酸										
蛋氨酸		0.36	0.31	1.31	0.33	0.29	1.20	0.31	0.27	1.13
蛋氨酸＋胱氨酸		0.63	0.55	2.29	0.57	0.49	2.07	0.53	0.46	1.93
赖氨酸		0.73	0.63	2.65	0.66	0.57	2.40	0.62	0.54	2.25
色氨酸		0.16	0.14	0.58	0.14	0.12	0.51	0.14	0.12	0.51

续表

项　目	产蛋鸡及种母鸡的产蛋率(%)								
	大于80			65~80			小于65		
氨基酸	%	g/MJ	g/Mcal	%	g/MJ	g/Mcal	%	g/MJ	g/Mcal
精氨酸	0.77	0.67	2.80	0.70	0.61	2.55	0.66	0.57	2.40
亮氨酸	0.83	0.72	3.02	0.76	0.66	2.76	0.70	0.61	2.55
异亮氨酸	0.57	0.49	2.07	0.52	0.45	1.89	0.48	0.42	1.75
苯丙氨酸	0.46	0.40	1.67	0.41	0.36	1.49	0.39	0.343	1.42
苯丙氨酸+酪氨酸	0.91	0.79	3.31	0.83	0.72	3.02	0.77	0.67	2.80
苏氨酸	0.51	0.44	1.85	0.47	0.41	1.71	0.43	0.37	1.50
缬氨酸	0.63	0.55	2.29	0.57	0.49	2.07	0.53	0.46	1.93
组氨酸	0.18	0.16	0.65	0.17	0.15	0.62	0.15	0.13	0.55
甘氨酸+丝氨酸	0.57	0.49	2.07	0.52	0.45	1.89	0.48	0.42	1.75

3. 蛋用鸡的维生素、亚油酸及微量元素需要量(每千克饲料中含量)

营养成分	0~6 周龄	7~20 周龄	产蛋鸡	种母鸡
维生素 A(IU)	1 500	1 500	4 000	4 000
维生素 D_3(IU)	200	200	500	500
维生素 E(IU)	10	5	5	10
维生素 K(mg)	0.5	0.5	0.5	0.5
硫氨酸(mg)	1.8	1.3	0.80	0.80
核黄酸(mg)	3.6	1.8	2.2	3.8
泛酸(mg)	10.0	10.0	2.2	10.0
烟酸(mg)	27	11	10	10
吡哆醇(mg)	3	3	3	4.5
生物素(mg)	0.15	0.10	0.10	0.15
胆碱(mg)	1 300	500①	500	500
叶酸(mg)	0.55	0.25	0.25	0.35
维生素 B_{12}(mg)	0.009	0.003	0.004	0.004
亚油酸(mg)	10	10	10	10
铜(mg)	8	6	6	8
碘(mg)	0.35	0.35	0.30	0.30
铁(mg)	80	60	50	60
锰(mg)	60	30	30	60
锌(mg)	40	35	50	65
硒(mg)	0.15	0.10	0.10	0.10

①胆碱在 7~14 周龄为 900 毫克。

4. 轻型白来杭鸡母鸡生长期的体重及耗料量(克/只)

周龄	周末体重	每2周耗料量	累计耗料量
出壳	38		
2	100	150	150
4	230	350	500
6	410	550	1 050
8	600	720	1 770
10	730	850	2 620
12	88	900	3 520
14	01000	950	4 470
16	1 100	1 000	5 470
18	1 220	1 050	6 520
20	1 350	1 100	7 620

＊卡为非法定计量单位,1 卡＝4.18 焦耳

附录二　我国肉鸡饲养标准

1. 肉用仔鸡的代谢能、粗蛋白质、氨基酸、钙、磷及食盐需要量

项　　目		0～4 周龄			5 周龄以上		
代谢能	(MJ/kg)	12.13			12.55		
	(Mcal/kg)	2.90			3.00		
蛋白质(%)		21.0			19.0		
蛋　白	(g/MJ)	17			15		
能量比	(g/Mcal)	72			63		
钙(%)		1.00			0.90		
总磷(%)		0.65			0.65		
有效磷(%)		0.45			0.40		
食盐(%)		0.37			0.35		
氨基酸		%	g/MJ	g/Mcal	%	g/MJ	g/Mcal
蛋氨酸		0.45	0.37	1.56	0.36	0.28	1.19
蛋氨酸＋胱氨酸		0.84	0.70	2.91	0.68	0.54	2.25
赖氨酸		1.09	0.90	3.75	0.94	0.75	3.13

续表

项　　目	0～4 周龄			5 周龄以上		
氨基酸	%	g/MJ	g/Mcal	%	g/MJ	g/Mcal
色氨酸	0.21	0.17	0.72	0.17	0.13	0.56
精氨酸	1.31	1.08	4.50	1.13	0.90	3.75
亮氨酸	1.22	1.01	1.22	1.11	0.88	3.69
异亮氨酸	0.73	0.60	2.50	0.66	0.52	2.19
苯丙氨酸	0.65	0.54	2.25	0.59	0.47	1.97
苯丙氨酸＋酪氨酸	1.21	1.00	4.19	1.10	0.87	3.66
苏氨酸	0.73	0.60	2.50	0.69	0.55	2.31
缬氨酸	0.74	0.61	2.56	0.68	0.54	2.25
组氨酸	0.32	0.26	1.09	0.28	0.22	0.94
甘氨酸＋丝氨酸	1.36	1.12	4.69	0.94	0.75	3.13

2. 肉用仔鸡的维生素、亚油酸及微量元素需要量(每千克饲料中含量)

营养成分	0～4 周龄	5 周龄以上
维生素 A(IU)	2 700	2 700
维生素 D$_3$(IU)	400	400
维生素 E(IU)	10	10
维生素 K(mg)	0.5	0.5
硫氨酸(mg)	1.8	1.8
核黄酸(mg)	5.5	3.6

续表

营养成分	0～4 周龄	5 周龄以上
泛酸(mg)	10	10
烟酸(mg)	27	27
吡哆醇(mg)	3	3
生物素(mg)	0.15	0.15
胆碱(mg)	1 300	850
叶酸(mg)	0.55	0.55
维生素 B_{12}(mg)	0.009	0.009
铜(mg)	8	8
碘(mg)	0.35	0.35
铁(mg)	80	80
锰(mg)	60	60
锌(mg)	40	40
硒(mg)	0.15	0.15
亚油酸(mg)	10	10

3. 肉用仔鸡的体重及耗料量(公、母混合雏)

周龄	周末体重	每周耗料量	累计耗料量
一般的商品代肉用仔鸡			
1	80	80	80
2	170	160	240
3	330	320	500

周龄	周末体重	每周耗料量	累计耗料量
一般的商品代肉用仔鸡			
4	540	480	980
5	760	560	1 540
6	990	690	2 230
7	1 240	800	3 030
8	1 500	910	3 940
较好的商品代肉用仔鸡			
1	90	80	80
2	230	240	320
3	430	370	690
4	650	450	1 140
5	920	590	1 730
6	1 200	740	2 470
7	1 500	930	3 400
8	1 800	1 030	4 430

附录三　我国地方品种鸡的饲养标准

1. 地方品种肉用黄鸡的代谢能、粗蛋白质需要量

周龄		0～5	6～11	12 以上
代谢能	（MJ/kg）	11. 72	12. 13	12. 55
	（Mcal/kg）	2. 80	2. 90	3. 00
粗蛋白质（%）		20. 0	18. 0	16. 00
蛋　白	（g/MJ）	17	15	13
能量比	（g/Mcal）	71	62	53

注：其他营养指标参照生长期蛋用鸡和肉用仔鸡饲养标准折算。

2. 地方品种肉用黄鸡的体重及耗料量（克/只）

周龄	周末体重	每周耗料量	累计耗料量
1	63	42	42
2	102	84	126
3	153	133	259
4	215	182	441
5	293	252	693

续表

周龄	周末体重	每周耗料量	累计耗料量
6	375	301	994
7	463	336	1 330
8	556	371	1 701
9	654	399	2 100
10	756	420	2 520
11	860	434	2 954
12	968	455	3 409
13	1 063	497	3 906
14	1 159	511	4 417
15	1 257	525	4 942

附录四 美国 NRC 鸡的饲养标准（第九版）

1. 未成熟来航鸡的营养需要（%或含量/千克饲料）

营养素	白壳蛋鸡				褐壳蛋鸡			
	0～6 周	6～12 周	12～18 周	18～开产	0～6 周	6～12 周	12～18 周	18 周～开产
	150g[a]	930[a]	1 375[a]	1 475[a]	500g[a]	1 100[a]	1 500[a]	1 600[a]
	2 850[b]	2 850[b]	2 900[b]	2 900[b]	2 800[b]	2 800[b]	2 850[b]	2 850[b]
蛋白质和氨基酸								
粗蛋白[c]（%）	18.00	16.00	15.00	17.00	17.00	15.00	14.00	16.00
精氨酸（%）	1.00	0.83	0.67	0.75	0.94	0.78	0.62	0.72
甘氨酸＋丝氨酸（%）	0.70	0.58	0.47	0.53	0.66	0.54	0.44	0.50

续表

营养素	白壳蛋鸡				褐壳蛋鸡			
	0~6周	6~12周	12~18周	18周~开产	0~6周	6~12周	12~18周	18周~开产
	150g[a]	930[a]	1 375[a]	1 475[a]	500g[a]	1 100[a]	1 500[a]	1 600[a]
	2 850[b]	2 850[b]	2 900[b]	2 900[b]	2 800[b]	2 800[b]	2 850[b]	2 850[b]
蛋白质和氨基酸								
组氨酸(%)	0.26	0.22	0.17	0.20	0.25	0.21	0.16	0.18
异亮氨酸(%)	0.60	0.50	0.40	0.45	0.57	0.47	0.37	0.42
亮氨酸(%)	1.10	0.85	0.70	0.80	1.00	0.80	0.65	0.75
赖氨酸(%)	0.85	0.60	0.45	0.52	0.80	0.56	0.42	0.49
蛋氨酸(%)	0.30	0.25	0.20	0.22	0.28	0.23	0.19	0.21
蛋氨酸+胱氨酸(%)	0.62	0.52	0.42	0.47	0.59	0.49	0.39	0.44
苯丙氨酸(%)	0.54	0.45	036	0.40	0.51	0.42	0.34	0.38
苯丙氨酸+酪氨酸(%)	1.00	0.83	0.67	0.75	0.94	0.78	0.63	0.70
苏氨酸(%)	0.68	0.57	0.37	0.47	0.64	0.53	0.35	0.44

续表

营养素	白壳蛋鸡 0~6周	6~12周	12~18周	18周~开产	褐壳蛋鸡 0~6周	6~12周	12~18周	18周~开产
	150g[a]	930[a]	1 375[a]	1 475[a]	500g[a]	1 100[a]	1 500[a]	1 600[a]
	2 850[b]	2 850[b]	2 900[b]	2 900[b]	2 800[b]	2 800[b]	2 850[b]	2 850[b]
蛋白质和氨基酸								
色氨酸(%)	0.17	0.14	0.11	0.12	0.16	0.13	0.10	0.11
蛋氨酸(%)	0.62	0.52	0.41	0.46	0.59	0.49	0.38	0.43
脂肪								
亚油酸(%)	1.00	1.00	1.00	1.00	1.00	1.00	1.00	1.00
常量元素								
钙[d](%)	0.90	0.80	0.80	2.00	0.90	0.80	0.80	1.80
非植酸磷(%)	0.40	0.35	0.30	0.32	0.40	0.35	0.30	0.35
钾(%)	0.25	0.25	0.25	0.25	0.25	0.25	0.25	0.25
钠(%)	0.15	0.15	0.15	0.15	0.15	0.15	0.15	0.15

续表

营养素	白壳蛋鸡				褐壳蛋鸡			
	0~6周	6~12周	12~18周	18周~开产	0~6周	6~12周	12~18周	18周~开产
	150g[a]	930[a]	1 375[a]	1 475[a]	500g[a]	1 100[a]	1 500[a]	1 600[a]
	2 850[b]	2 850[b]	2 900[b]	2 900[b]	2 800[b]	2 800[b]	2 850[b]	2 850[b]
常量元素								
氯(%)	0.15	0.12	0.12	0.15	0.12	0.11	0.11	0.11
镁(mg)	600.00	500.00	400.00	400.00	570.00	470.00	370.00	370.00
微量元素								
锰(mg)	60.00	30.00	30.00	30.00	56.00	28.00	28.00	28.00
锌(mg)	40.00	35.00	35.00	35.00	38.00	33.00	33.00	33.00
铁(mg)	80.00	60.00	60.00	60.00	75.00	56.00	56.00	56.00
铜(mg)	5.00	4.00	4.00	4.00	5.00	4.00	4.00	4.00
碘(mg)	0.35	0.35	0.35	0.35	0.33	0.33	0.33	0.33
硒(mg)	0.15	0.10	0.10	0.10	0.14	0.10	0.10	0.10

续表

营养素	白壳蛋鸡				褐壳蛋鸡			
	0~6周	6~12周	12~18周	18周~开产	0~6周	6~12周	12~18周	18周~开产
	150g[a]	930[a]	1 375[a]	1 475[a]	500g[a]	1 100[a]	1 500[a]	1 600[a]
	2 850[b]	2 850[b]	2 900[b]	2 900[b]	2 800[b]	2 800[b]	2 850[b]	2 850[b]
脂溶性维生素								
A(IU)	1 500.00	1 500.00	1 500.00		1 420.00	1 420.00	1 420.00	1 420.00
D_3(IU)	1 500.00	1 500.00			190.00	190.00	190.00	280.00
E(IU)	200.00	200.00	200.00	300.00	9.50	4.70	+4.70	4.70
K(IU)	10.00	5.00	5.00	5.00	0.47	0.47	0.47	0.47
水溶性维生素								
核黄素(mg)	0.50	0.50	0.50	0.50	3.40	1.70	1.70	1.70
泛酸(mg)	3.60	1.80	1.80	2.20	9.40	9.40	9.40	9.40
烟酸(mg)	10.00	10.00	10.00	10.00	26.00	10.30	10.30	10.30

续表

营养素	白壳蛋鸡				褐壳蛋鸡			
	0~6周	6~12周	12~18周	18周~开产	0~6周	6~12周	12~18周	18周~开产
	150g[a]	930[a]	1 375[a]	1 475[a]	500g[a]	1 100[a]	1 500[a]	1 600[a]
	2 850[b]	2 850[b]	2 900[b]	2 900[b]	2 800[b]	2 800[b]	2 850[b]	2 850[b]
水溶性维生素								
烟酸 (mg)	27.00	11.00	11.00	11.00				
B_{12} (mg)	0.009	0.003	0.003	0.004	0.009 1	0.003	0.003	0.003
胆碱 (mg)	1 300.00	900.00	500.00	500.00	1 225.00	850.00	470.0	
生物素 (mg)	0.15	0.10	0.10	0.10	0.14	0.09	0.09	0.09
叶酸 (mg)	0.55	0.25	0.25	0.25	0.52	0.23	0.23	0.23
硫胺素 (mg)	1.0	1.0	0.8	0.8	1.0	1.0	0.8	0.8
吡哆醇 (mg)	3.0	3.0	3.0	3.0	2.8	2.8	2.8	2.8

注：a. 终体重。b. 典型日食能量浓度是根据玉米豆粕日粮制定的，用 kcalME/kg 表示。c. 鸡不需要粗蛋白质本身，但必须保证足够的粗蛋白用于非必需氨基酸的合成。建议值是根据玉米豆粕日粮确定的，使用合成氨基酸时日粮中粗蛋白水平可降低。d. 当日粮中含有大量非植酸磷时，钙的需要量应提高(Nelson，1984)。

2. 未成熟来航型母鸡的体重和耗料

周龄	白壳品系		褐壳品系	
	体重（克）[a]	耗料（克/周）	体重（克）[a]	耗料（g/周）
0	35	50	37	70
2	100	140	120	168
4	260	260	325	280
6	450	340	500	350
8	660	360	750	380
10	750	380	900	400
12	980	400	1 100	420
14	1 100	420	1 240	450
16	1 220	430	1 380	470
18	1 375	450	1 500	500
20	1 475	500	1 600	550

a. 自由采食时的平均遗传潜力，不同品系的生长速度和成熟体重可能不同。

3. 来航型产蛋母鸡的营养(%或含量/千克饲料,90%干物质)

营养素	不同采食量白壳蛋鸡的日粮营养浓度			需要量/(只·天)(mg或IU)		
	80[ab]	100[ab]	120[ab]	白壳蛋种母鸡(采食110g)(饲料/天)[b]	白壳蛋鸡(采食110g)(饲料/天)	褐壳蛋母鸡(采食110g)(饲料/天)[c]
蛋白质和氨基酸						
粗蛋白[d](%)	18.8	15.0	12.5	15 000	15 000	16 500
精氨酸(%)	0.88	0.70	0.58	700	700	770
组氨酸(%)	0.21	0.17	0.14	170	170	190
异亮氨酸(%)	0.81	0.65	0.54	650	650	715
亮氨酸(%)	1.03	0.82	0.68	820	820	900
赖氨酸(%)	0.86	0.69	0.58	690	690	760
蛋氨酸(%)	0.38	0.30	0.25	300	300	330
蛋氨酸+胱氨酸(%)	0.73	0.58	0.48	580	580	645

续表

营养素	不同采食量白壳蛋鸡的日粮营养浓度			需要量/(只·天)(mg 或 IU)		
	80[ab]	100[ab]	120[ab]	白壳蛋种母鸡(采食110g)(饲料/天)[b]	白壳蛋鸡(采食110g)(饲料/天)	褐壳蛋母鸡(采食110g)(饲料/天)[c]
蛋白质和氨基酸						
苯丙氨酸(%)	0.59	0.47	0.39	470	470	520
苯丙氨酸+酪氨酸(%)	1.04	0.83	0.69	830	830	910
苏氨酸(%)	0.59	0.47	0.39	470	470	520
色氨酸(%)	0.20	0.16	0.13	160	160	175
缬氨酸(%)	0.88	0.70	0.58	700	700	770
脂肪						
亚油酸(%)	1.25	1.0	0.83	1 000	1 000	1 100
常量元素						
钙[c](%)	4.06	3.25	2.71	3 250	3 250	3 600

续表

营养素	不同采食量白壳蛋鸡的日粮营养浓度			需要量/(只·天)(mg或IU)		
	80[ab]	100[ab]	120[ab]	白壳蛋种母鸡(采食110g 饲料/天)[b]	白壳蛋鸡(采食110g 饲料/天)	褐壳蛋母鸡(采食110g 饲料/天)[c]
常量元素						
氯(%)	0.16	0.13	0.11	130	130	145
镁(mg)	625	500	420	50	50	55
非植酸磷(%)	0.31	0.25	0.21	250	250	275
钾(%)	0.19	0.15	0.13	150	150	165
钠(%)	0.19	0.15	0.13	150	150	165
微量元素						
铜(mg)	—	—	—	0.010	—	—
碘(mg)	0.44	0.035	0.029	0.004	0.004	0.004

续表

营养素	不同采食量白壳蛋鸡的日粮营养浓度			需要量/(只·天)(mg或IU)		
	80[ab]	100[ab]	120[ab]	白壳蛋种母鸡(采食110g)(饲料/天)[b]	白壳蛋鸡(采食110g)(饲料/天)	褐壳蛋母鸡(采食110g)(饲料/天)[c]
微量元素						
铁(mg)	56	45	38	6.0	4.5	5.0
锰(mg)	25	20	17	2.0	2.0	2.2
硒(mg)	0.08	0.06	0.05	0.006	0.006	0.006
锌(mg)	44	35	29	4.5	3.5	3.9
脂溶性维生素						
A(IU)	3 750	3 000	2 500	300	300	300
D₃(IU)	375	300	250	30	30	33
E(IU)	6	5	4	1.0	0.5	0.55

续表

营养素		不同采食量白壳蛋鸡的日粮营养浓度			需要量/(只·天)(mg 或 IU)		
		80[ab]	100[ab]	120[ab]	白壳蛋种母鸡(采食110g 饲料/天)[b]	白壳蛋鸡(采食110g 饲料/天)	褐壳蛋母鸡(采食110g 饲料/天)[c]
脂溶性维生素							
K	IU	0.6	0.50	0.4	0.1	0.05	0.055
水溶性维生素							
B$_{12}$	mg	0.004	0.004	0.004	0.008	0.004	0.004
生物素	mg	0.13	0.10	0.08	0.01	0.01	0.011
胆碱	mg	1 310	1 050	875	105	105	115
叶酸	mg	0.31	0.25	0.21	0.03	0.025	0.028
烟酸	mg	12.5	10.0	8.3	1.0	1.0	1.1
泛酸	mg	2.5	2.0	1.7	0.7	0.2	0.22

续表

营养素		不同采食量白壳蛋鸡的日粮营养浓度			需要量/(只·天)(mg或IU)		
		80[ab]	100[ab]	120[ab]	白壳蛋种母鸡 (采食110g 饲料/天)[b]	白壳蛋鸡 (采食110g 饲料/天)	褐壳蛋母鸡 (采食110g 饲料/天)[c]
水溶性维生素							
吡哆醇	mg	3.1	2.5	2.1	0.45	0.25	0.28
核黄素	mg	3.1	2.5	2.1	0.36	0.25	0.28
硫胺素	mg	0.88	0.70	0.60	0.07	0.07	0.08

注："—"示数据缺乏。

a. 日采食量（克/只）；

b. 假设日粮 MEn 为 2900kcal/kg，产蛋率 90%；

c. 部分数据是根据白壳蛋鸡加 10% 得出，因为其体重大，每天的产蛋量也可能较多；

d. 鸡不需要粗蛋白质本身，但必须保证足够的粗蛋白和用于非必需氨基酸的合成；建议值是根据玉米-豆粕日粮确定的，使用合成氨基酸时粗蛋白可降低；

e. 满足最大蛋壳强度的需要量可能更高；

f. 高温时的需要量可能增加。

4. 根据体重、产蛋率估计母鸡代谢能需要(千焦/(天·只))

体重(kg)	产蛋率(%)					
	0	50	60	70	80	90
1.0	544	804	858	1 134	959	1 013
1.5	741	1 001	1 051	1 105	1 156	1 210
2.0	912	1 172	1 223	1 277	1 327	1 382
2.5	1 084	1 344	1 294	1 449	1 499	1 553
3.0	1 235	1 499	1 549	1 604	1 235	1 708

注:ME/(只·天)=$W^{0.75}$(173-L95T)+5.5 $\triangle$ W+2.07EE。其中 W=体重(千克),T=环境温度(℃),$\triangle$ W=体重变化(克/天),EE=日产蛋量(克)。

本表以环境温度 22℃、蛋重 60 克、体重无变化为基础算得。

5. 肉仔鸡的典型体重、饲料需要和能量消耗

周龄	体重(g) 公	体重(g) 母	每周耗料(g) 公	每周耗料(g) 母	累积耗料(g) 公	累积耗料(g) 母	每周能量摄入(kcalME/只) 公	每周能量摄入(kcalME/只) 母	累积能量摄入(kcalME/只) 公	累积能量摄入(kcalME/只) 母
1	152	144	135	131	135	131	432	419	432	419
2	376	344	290	273	425	404	928	874	1 360	1 293
3	686	671	487	444	912	848	1 558	1 422	2 918	2 715
4	1 085	965	704	642	1 616	1 490	2 256	2 056	5 174	4 771
5	1 576	1 344	960	738	2 576	2 228	3 075	2 519	8 240	7 290
6	2 088	1 741	1 141	1 001	3 717	3 229	3 651	3 045	11 900	10 335
7	2 590	2 134	1 281	1 081	4 998	4 310	4 102	3 459	16 002	13 794
8	3 077	2 506	1 432	1 165	6 430	5 475	4 585	3 728	20 587	17 522
9	3 551	2 842	1 577	1 246	8 007	6 721	5 049	3 986	25 636	21 508

注：饲喂平衡日粮的典型值，能量水平3200kcalME/kg。

6. 肉鸡营养需要(%或含量/千克饲料,90%干物质)

营养素	0～3 周[a]3 200[b]	3～6 周[a]3 200[b]	6～8 周[a]3 200[b]
蛋白质和氨基酸			
粗蛋白[c](%)	23.00	20.00	18.00
精氨酸(%)	1.25	1.10	1.00
甘氨酸＋丝氨酸(%)	1.25	1.14	0.97
组氨酸(%)	0.35	0.32	0.27
异亮氨酸(%)	0.80	0.73	0.62
亮氨酸(%)	1.20	1.09	0.93
赖氨酸(%)	1.10	1.00	0.85
蛋氨酸(%)	0.50	0.38	0.32
蛋氨酸＋胱氨酸(%)	0.90	0.72	0.60
苯丙氨酸(%)	0.72	0.65	0.56
苯丙氨酸＋酪氨酸(%)	1.34	1.22	1.04
脯氨酸(%)	0.60	0.55	0.46
苏氨酸(%)	0.80	0.74	0.68
色氨酸(%)	0.20	0.18	0.16
缬氨酸(%)	0.90	0.82	0.70
脂肪			
亚油酸(%)	1.00	1.00	1.00
常量元素			
钙[d](%)	1.00	0.92	0.80

营养素	0～3 周[a]3200[b]	3～6 周[a]3200[b]	6～8 周[a]3200[b]
常量元素			
氯(%)	0.20	0.15	0.12
镁(mg)	600	600	600
非植酸磷(%)	0.45	0.35	0.30
钾(%)	0.30	0.30	0.30
钠(%)	0.20	0.15	0.12
微量元素			
铜(mg)	8	8	8
碘(mg)	0.35	0.35	0.35
铁(mg)	80	80	80
锰(mg)	60	60	60
硒(mg)	0.15	0.15	0.15
锌(mg)	40	40	40
脂溶性维生素			
A(IU)	1 500	1 500	1 500
D_3(IU)	200	200	200
E(IU)	10	10	10
K(IU)	0.50	0.50	0.50
水溶性维生素			
B_{12}(mg)	0.01	0.01	0.007
生物素(mg)	0.15	0.15	0.12

续表

营养素	0～3 周[a]3200[b]	3～6 周[a]3200[b]	6～8 周[a]3200[b]
水溶性维生素			
胆碱(mg)	1 300	1 000	750
叶酸(mg)	0.55	0.55	0.50
烟酸(mg)	35	30	25
泛酸(mg)	10	10	10
吡哆醇(mg)	3.5	3.5	3.0
核黄素(mg)	3.6	3.6	3.0
硫胺素(mg)	1.80	1.80	1.80

a. 0～3、3～6、6～8 周的年龄划分源于研究的时间顺序,在青年阶段,根据饲料消耗已做修正。

b. 为典型日粮能量浓度,用 kcalMen/kg 日粮表示。当地原料来源和价格不同时可做调整。

c. 肉鸡不需要粗蛋白本身,但必须供给足够的粗蛋白以保证合成非必需氨基酸的氮供应。粗蛋白建议值是基于玉米-粕型日粮提出的,添加合成氨基酸时可下调。

d. 当日粮含大量非植酸磷时,钙需要量应增加(Nelson,1984)。

7. 肉鸡种母鸡营养需要(含量/(只·天),90%干物质)

营养素	单位	需要量
蛋白质和氨基酸		
蛋白质[a]	g	19.5
精氨酸	mg	1 110
组氨酸	mg	205
异亮氨酸	mg	850

续表

营养素	单位	需要量
蛋白质和氨基酸		
亮氨酸	mg	1 250
赖氨酸	mg	765
蛋氨酸	mg	450
蛋氨酸＋胱氨酸	mg	700
苯丙氨酸	mg	610
苯丙氨酸＋酪氨酸	mg	1 112
苏氨酸	mg	720
色氨酸	mg	190
缬氨酸	mg	750
矿物质		
钙	g	4.0
氯	mg	185
非植酸磷	mg	350
钠	mg	150
维生素		
生物素	μg	16

注：为种母鸡产蛋高峰期需要量。肉种鸡常需限饲以维持适宜的体重。每日能
量消耗量随年龄、生长阶段和环境温度变化而异,高峰期限通常在400～
450ME kcal/只。没有列出的营养素,请参考蛋用型母鸡的数据。

a. 肉鸡不需要蛋白质本身,但必须供给充裕的粗蛋白以保证非必需氨基
酸合成的氮供给。本推荐值是根据玉米-豆粕日粮为基础确定的,添加合
成氨基酸时粗蛋白水平略做下调。

8. 肉用种公鸡的营养需要(%或含量/(只·天),90%干物质)

营养素	单位	周龄		
		0~4	4~20	20~40
代谢能[a]	kcal	—	—	350~400
蛋白质和氨基酸				
蛋白质[b]	%	15.00	12.00	—
赖氨酸[c]	%	0.79	0.64	
蛋氨酸[c]	%	0.36	0.31	—
蛋氨酸+胱氨酸[c]	%	0.61	0.49	
矿物元素				—
钙	%	0.9	0.9	
非植酸磷	%	0.45	0.45	
蛋白质和氨基酸				—
蛋白质	g	—	—	12
精氨酸[c]	mg	—	—	680
赖氨酸[c]	mg	—	—	475
蛋氨酸[c]	mg	—	—	340
蛋氨酸+胱氨酸	mg	—	—	490

续表

营养素	单位	周龄		
		0～4	4～20	20～40
矿物元素				
钙	mg	—	—	200
非植酸磷	mg	—	—	110

注:未列出的数据请参考蛋用型后备母鸡需要量。

a. 能量需要受环境和房舍系统的影响。必须考虑这些因素以便使体重维持在适宜的范围内。

b. 肉鸡不需要蛋白质本身,但必须供给充裕的粗蛋白以保证非必需氨酸酸合成的氮供给。本推荐值是根据玉米-豆粕日粮确定的,添加合成氨酸时可适当降低粗蛋白水平

c. 氨基酸需要量是根据 Smith(1978)模型得出的估计值。

参考文献

[1] 杨宁．家禽生产学．北京：中国农业出版社，2002

[2] 杨全明，刁有祥．简明肉鸡饲养手册．北京：中国农业出版社，2002

[3] 杨山，李辉主编．现代养鸡．北京：中国农业出版社，2002

[4] 陈宽维，赵河山，张学余．优质黄羽肉鸡饲养新技术．南京：江苏科学技术出版社，2000

[5] 王长康编．现代养鸡技术与经营管理．北京：中国农业出版社，2005

[6] 张浩吉，王双同主编．规模化安全养鸡综合新技术．北京：中国农业出版社，2005

[7] 王克华主编．怎样养鸡多赚钱．南京：江苏科学技术出版社，2006

[8] 王卫国主编．蛋鸡高效饲养 7 日通．北京：中国农业出版社，2004

[9] 李英，谷子林．规模化生态放养．北京：中国农业出版社，2005

[10] 程安春主编．鸡病诊治大全．北京：中国农业出版社，2000

[11] 单永力等．现代肉鸡生产手册．北京：中国农业出版社，2001

[12] 甘孟侯，李文刚，陈洪科主编．禽病诊断与防治．北京：中国农业科技出版社，1996

[13] 黄仁录．蛋鸡标准化生产技术．北京：中国农业大学出版社，2003

[14] 李德发等．饲料工业手册．北京：中国农业大学出版社，2002

[15] 彭秀丽，邓干臻，等．养鸡新法．北京：中国农业出版社，2002

[16] 尚书旗，董佑福等．设施养殖工程技术．北京：中国农业出版社，2001

[17] 孙俊主编．消毒技术与应用．北京：化学工业出版社，2003

[18]　王春林．实用养禽手册．上海：上海科学技术文献出版社，2000

[19]　张振涛．养鸡新技术．北京：中国农业出版社，2002

[20]　周安国．饲料手册．北京：中国农业出版社，2002

[21]　朱庆主编．规模化养鸡新技术．成都：四川科学技术出版社，2003

[22]　杜元钊，洪玮．怎样办好一个蛋鸡场．北京：中国农业出版社，2002

[23]　黄仁录，李巍．肉鸡标准化生产技术．北京：中国农业大学出版社，2003

[24]　傅生强，石满仓．蛋鸡饲养管理与疾病防治技术．北京：中国农业大学出版社，2003

[25]　全光钧，等．蛋鸡良种引种指导．北京：金盾出版社，2003

[26]　邓蓉，张存根．中国肉禽产业发展研究．北京：中国农业出版社，2003

[27]　张克强，高怀友．畜禽养殖业污染物处理与处置．北京：中国农业出版社，2004

向您推荐